统计信号处理

脉冲噪声与相位噪声分析及处理

罗忠涛 / 著

电子工业出版社

Publishing House of Electronics Industry

北京 · BEIJING

图书在版编目（CIP）数据

统计信号处理：脉冲噪声与相位噪声分析及处理 / 罗忠涛著. —北京：电子工业
出版社，2023.1

ISBN 978-7-121-44504-0

Ⅰ. ①统⋯　Ⅱ. ①罗⋯　Ⅲ. ①脉冲噪声—研究②相位噪声—研究　Ⅳ. ①TN911.4
②O422.8

中国版本图书馆 CIP 数据核字（2022）第 209018 号

责任编辑：邓茗幻
文字编辑：冯　琦
印　　刷：天津千鹤文化传播有限公司
装　　订：天津千鹤文化传播有限公司
出版发行：电子工业出版社
　　　　　北京市海淀区万寿路 173 信箱　邮编：100036
开　　本：720×1 000　1/16　印张：21　字数：336 千字
版　　次：2023 年 1 月第 1 版
印　　次：2023 年 1 月第 1 次印刷
定　　价：99.00 元

凡所购买电子工业出版社图书有缺损问题，请向购买书店调换。若书店售缺，
请与本社发行部联系，联系及邮购电话：（010）88254888，88258888。

质量投诉请发邮件至zlts@phei.com.cn,盗版侵权举报请发邮件至dbqq@phei.com.cn。

本书咨询联系方式：（010）88254434，fengq@phei.com.cn。

前　言

脉冲噪声和相位噪声属于非高斯分布，与一般的高斯噪声处理相比，其处理有独特之处。本书的内容主要包括两部分：一是基于统计信号处理理论，研究脉冲噪声下的信号检测问题，给出脉冲噪声处理理论和算法，介绍脉冲噪声实验和结果；二是针对复高斯白噪声的相位域，研究莱斯相位分布及其特征，分析相位噪声下的信号检测方法及其性能。

尽管随机过程分析和统计信号处理理论已经十分成熟，本书仍努力为读者提供在所涉及研究内容和研究方法上的新信息，使读者提高在脉冲噪声和相位噪声方面的认识。本书共 10 章，第 1 章从随机过程分析和统计信号处理的角度，介绍噪声分析与检测基础；第 2 章针对脉冲噪声，介绍脉冲噪声模型、参数估计和非参数估计、相关程序；第 3 章介绍脉冲噪声非线性变换设计路线；第 4 章给出效能最大化的非线性变换函数设计实例；第 5 章进行更多问题的扩展讨论；第 6 章介绍相位噪声模型与莱斯相位分布；第 7 章分析相位噪声的数字特征计算与近似；第 8 章研究相位噪声下的信号检测；第 9 章考虑实用场景，分析相位域的弱信号检测；第 10 章分析相位域的局部最优检测。

本书的**特色内容**如下。

（1）脉冲噪声分析处理理论与实战。本书的研究基础是随机过程分析和统计信号处理理论，由于这些理论已经发展成熟，本书简单介绍概念和算法，侧重用实例进行形象解释。另外，本书介绍了大气噪声实验，给出了噪声数据特性分析过程，做到实事求是，通过实验验证噪声分析处理理论。

（2）脉冲噪声的非线性变换设计。针对脉冲噪声影响下的信号检测问题，人们常设计零记忆非线性变换，结合匹配滤波器可以取得近似最优的检测性能。针对非线性变换设计问题，本书整理了设计路线和三要素：噪声模型、函数模型和设计方法。本书以笔者的研究工作为例，介绍了最优检测的非线性变换设计方法。

（3）一些关键仿真程序分享。仿真验证环节对于信号处理来说十分重要，但将理论转化为程序有时并不容易，对于部分初学者来说是一大难题。因此，笔者结合自身研究经验，分享了个人认为存在难点的仿真程序。

（4）莱斯相位分布函数和特征分析。零均值复高斯噪声对应的随机相位噪声服从莱斯相位分布。人们对该分布的研究尚不深入，本书对相位噪声的分布函数及其特征进行分析，并针对表达式中含有的多个不可积的部分，提出了近似计算方法和数值积分方法。

（5）相位噪声下的信号检测。目前，多数信号在实数域或复数域进行检测，但一些系统也会在相位域检测信号，未来可能在相位域传输复杂信号。因此，本书研究了相位噪声下的信号检测问题，分析了无模糊相位和模糊相位、匹配滤波器最大似然检测器，以及不同信道下的检测性能。

本书面向的读者包括统计信号处理领域的初学者、对脉冲噪声及色噪声处理问题感兴趣的研究者，以及对复高斯白噪声的相位域信号感兴趣的研究者。

笔者于 2010 年开始从事统计信号处理研究，注重信号处理理论的可解释性和算法实用性，力争做到理论推导和程序验证的统一。这为本书提供了基本素材，为关键算法提供了验证程序，避免了不合理的仿真导致的错误结论。由于笔者水平有限，本书难免存在错漏和待提高之处，恳请读者指正，意见和建议可发至邮箱 luozt@cqupt.edu.cn，以使后续内容进一步完善，提高读者的阅读体验。

本书的编写得到了笔者研究团队的帮助，郭人铭和詹燕梅在本书的内容组织和实验程序的完善方面做了很多工作；本书的部分内容是笔者与卢鹏、郭人铭和詹燕梅共同讨论的结果；张鑫舒、余达敏和陈泰志等参与了部分内容的分析和验证。在此表示衷心的感谢。

　　本书的采集实验得到了合作方的大力支持，感谢中船重工集团第 722 研究所低频通信实验室的张杨勇主任和实验室成员。这些实验为本书噪声分析和处理的有效性和实用性验证提供了支持。

　　最后，感谢在统计信号处理领域无私分享研究成果的研究者、图书作者、论文作者、博主及论坛答疑者。先行者真诚无私地分享自己的研究成果和经验，为后来者提供了捷径、指明了方向。

罗忠涛
于重庆南岸南山

目　录

第 1 篇　脉冲噪声

第 2 篇　相位噪声

第 1 篇　脉冲噪声

脉冲噪声能成为一项独立的研究内容，是因为信号处理方法和性能与噪声分布有紧密关系。对于统计信号处理来说，信号处理通常指对信号进行某种加工或变换，达到提取信息的目的。与统计信号处理密切相关的课程"信号检测与参数估计"，其名称就表明了信号处理所要提取的两大信息，即信号和参数。与信号处理相比，信号分析侧重研究信号的特性，包括信号的描述、分解、变换、检测、特征提取和设计等，本书关注信号在时域、频域和幅度分布上的特性。

统计信号处理通常考虑噪声为高斯分布，信号处理方法也与高斯噪声处理方法对应。一方面，高斯分布既符合实际系统中大量噪声的幅度分布，又有中心极限定理作为理论支撑；另一方面，针对高斯噪声设计的信号处理算法具有良好的线性特征，在工程上易于实现。不过，针对一些特殊场景，噪声建模时采用高斯分布的误差很大，也就是说，实测噪声不符合高斯分布假设。在此情况下，传统方法的信号处理性能较差，必须采用与噪声分布相符的信号处理算法。

脉冲噪声（又称脉冲型噪声）是一种不服从高斯分布的典型噪声。脉冲噪声中出现幅度较大的异常值的频率比高斯噪声大得多，在概率密度函数上表现为具有明显的拖尾。脉冲噪声在自然环境和社会环境中广泛存在，如长波通信系统中的大气噪声、水声通信信道中的声学噪声、电话线路噪声、无功控的无线通信网络中的网络干扰、雷达杂波、生物医学信号噪声、图像噪声、财经数据干扰等。

噪声信号分析与信号处理技术的理论基础是随机过程分析和统计信号处理，其研究目标通常是在噪声影响下取得最优检测或估计性能。本书第 1 篇介绍与之相关的 5 个方面的工作。

第 1 章介绍噪声分析与检测基础。噪声本质上是随机过程，可以采用随机过程的特性分析方法进行分析。对于信号检测，统计信号处理的算法设计与噪声的似然函数密切相关。因此，需要介绍噪声分析与检测相关理论，为后续研究奠定基础。

第 2 章介绍脉冲噪声分布与估计，总结常用的脉冲噪声模型及其参数估计和非参数估计，并给出仿真验证程序，为脉冲噪声分析和信号处理算法的实用提供必要条件。

第 3 章总结脉冲噪声非线性变换设计路线，归纳非线性变换设计三要素，即噪声模型、函数模型和设计方法，并介绍大气噪声的非线性处理实验。

第 4 章给出效能最大化的非线性变换函数设计实例，对于双参数可变拖尾非线性变换，以效能最大化为目标，优化非线性变换函数的参数，实现近似最优检测。

第 5 章进行更多问题的扩展讨论，包括效能函数的变形和简化、未知噪声分布的非线性设计、已知噪声分布的快速设计、同频干扰联合抑制。

第 1 章
噪声分析与检测基础

总的来说，本书涉及的知识领域主要是随机过程分析和统计信号处理，所需基础知识可以通过查阅相关著作了解。为了避免重复，本书不对基础知识进行全面、精确的介绍，而是从本书内容出发，介绍笔者对基础知识的理解，并力图使本书的内容是自洽的。同时，本书会在必要的地方备注开展进一步学习所需的参考文献，方便读者开展系统学习。

本章主要内容如下。首先，介绍随机变量的概念（描述单样本点）、分布等相关知识，并延伸至随机过程（描述多样本点）；其次，介绍信号检测（在噪声的影响下）基础及通信信号检测；最后，介绍电磁环境实验。

1.1　随机变量

随机变量不是一个罕见词或高深概念。关于随机变量，读者可以在概率论与数理统计相关著作中找到详细和精确的定义，如文献[1]。介绍随机过程分析和统计信号处理的著作[1-3]常以随机变量为铺垫。下面简单介绍随机变量的概念和分布，以帮助读者理解随机变量[2][3]。

1.1.1　随机变量的概念

随机变量的词义并不复杂，可以用非随机变量辅助理解。常数显然不是随机变量，确定性变量也不是随机变量，随机变量的值随实验次数的变化而变化。例如，真空中的光速 c 不是随机变量，可以认为它是不变的；$x(t) = \sin(t)$ 不是随机变量，因为对于时刻 t 来说，$x(t)$ 是固定不变的；第 n 次掷硬币的正反面 $x(n)$ 是随机变量，因为 $x(n)$ 不确定且未知。不确定和未知是两个概念。例如，在原始社会中，光速 c 虽然未知，但不是随机变量；在现代社会中，掷硬币的正反面不确定且未知，是随机变量。因此，不确定的量一定是未知的，但未知的量可以是确定的（只不过现在未测得）。

在初步理解后，下面给出随机变量的概念。

如果变量 X 的值依随机实验的结果而定，则称 X 为随机变量，随机变量是依赖随机实验的变量。严格来说，设 E 为随机实验，其样本空间为 $S = \{e\}$。如果对于任意 $e_i \in S$，都有一个实数 $X(e_i)$ 与之对应，则得到一个定义在 S 上的单值函数 $X = X(e)$，称 $X(e)$ 为随机变量，简写为 X。本书用大写字母 X、Y、Z 等表示随机变量，用小写字母 x、y、z 等表示对应随机变量的可能取值。如果随机变量 X 的值是连续的，则称 X 为连续型随机变量；如果 X 可能取到的不同值是有限个或可列无限个，则称 X 为离散型随机变量。

理解：以掷硬币为例，设掷 1 次硬币是随机实验 E，随机变量 X 的样本空间为{正,反}，定义 $X=0$ 表示正面、$X=1$ 表示反面，则 X 是随机变量。定义并不死板，如可以定义 $Y=10$ 表示正面、$Y=11$ 表示反面，则 Y 也是随机变量。

在一些实际问题中，部分随机实验的结果需要同时用两个或两个以上随机变量描述。例如，用随机变量 X 描述脉冲噪声的幅度，这时 X 是一维随机变量，但如果需要同时描述随机信号的幅度和相位，必须用两个随机变量 X 和 Y，则 X 和 Y 构成随机矢量(X,Y)，称(X,Y)为二维随机变量。

对于更复杂的随机实验，可能需要用更多随机变量（多维随机变量）描述。随机标量（一维）和随机矢量（二维及以上）都是随机变量。

理解：以掷硬币为例，设掷 2 次硬币是随机实验 E，随机变量 X 的样本空间为{正正,正反,反正,反反}，定义随机矢量$[x_1,x_2]$，x_1 表示第 1 次掷硬币的正反面，x_2 表示第 2 次掷硬币的正反面。这里不要误以为一次实验获取的多个数据必须组成随机矢量，实际上也可以为随机标量。例如，可以定义 Y 为掷 2 次硬币的正面次数，则样本空间为{0,1,2}，是随机标量。随机实验所得数据可以直接作为随机变量，也可以通过运算映射为随机变量。

1.1.2　随机变量的分布

随机变量的值虽然是随机的，但可以通过统计来认识其特性，从而帮助我们认识和处理随机变量。例如，在掷硬币前，我们不知道实验结果，但我们知道实验结果一般有两面且两面出现的概率相等。这个信息使我们一般不会猜测"硬币侧立"这一极低概率事件。对随机变量分布的认识会对随机变量的分析和处理有很大影响。

随机变量 X 的统计特性通常用累积分布函数（Cumulative Distribution Function，CDF）和概率密度函数（Probability Density Function，PDF）描述。

1. 累积分布函数

随机变量的累积分布函数定义为随机变量 X 不超过 x 的概率，即

$$F(x) = P(X \leq x) \tag{1-1}$$

式中，$F(x)$ 为累积分布函数；$P(\cdot)$ 表示概率。累积分布函数的概念既适用于连续型随机变量，也适用于离散型随机变量。

CDF 的主要性质如下。

性质 1. $F(x)$ 是 x 的单调非减函数，对于 $x_2 > x_1$，有

$$F(x_2) \geq F(x_1) \tag{1-2}$$

性质 2. $F(x)$ 非负，其值满足

$$0 \leqslant F(x) \leqslant 1 \tag{1-3}$$

且有 $F(-\infty) = 0$ 和 $F(\infty) = 1$。

性质 3. 随机变量 X 在区间 $(x_1, x_2]$ 上的概率为

$$P(x_1 < X \leqslant x_2) = F(x_2) - F(x_1) \tag{1-4}$$

性质 4. $F(x)$ 是右连续的，即

$$F(x+0) = F(x) \tag{1-5}$$

2. 概率密度函数

随机变量的概率密度函数定义为累积分布函数 $F(x)$ 的导数，即

$$f(x) = \frac{\mathrm{d}F(x)}{\mathrm{d}x} \tag{1-6}$$

根据累积分布函数的性质，可以得到概率密度函数的性质如下。

性质 5. 概率密度函数 $f(x)$ 非负，即

$$f(x) \geqslant 0 \tag{1-7}$$

性质 6. 概率密度函数 $f(x)$ 在区间 $(-\infty, \infty)$ 上的积分为 1，即

$$\int_{-\infty}^{\infty} f(x)\mathrm{d}x = F(\infty) - F(-\infty) = 1 \tag{1-8}$$

性质 7. 概率密度函数 $f(x)$ 在区间 (x_1, x_2) 上的积分为该区间的概率

$$\int_{x_1}^{x_2} f(x)\mathrm{d}x = P(x_1 < X \leqslant x_2) = F(x_2) - F(x_1) \tag{1-9}$$

随机变量的累积分布函数和概率密度函数反映了随机变量的取值规律，是对随机变量统计特性的完整描述。

对于**随机矢量**来说，其 CDF 和 PDF 定义如下[4]。设 X 是定义在某个样本空间上的 n 维随机矢量，CDF 为

$$F_X(x) = P(X \leqslant x) = P(X_1 \leqslant x_1, \cdots, X_n \leqslant x_n) \tag{1-10}$$

假设混合偏导数存在，PDF 为

$$f_X(x) = \frac{\partial^n F_X(x)}{\partial x_1 \cdots \partial x_n} \tag{1-11}$$

随机矢量的分布性质与前面介绍的性质相似，但其条件和表达式更

复杂。这里不对随机矢量做更多介绍，有兴趣的读者可以查阅相关文献。

1.1.3 随机分布的数字特征

尽管 CDF 和 PDF 完整描述了随机变量的统计特性，但是在实际操作中，我们感兴趣的（或能获取的）可能只是随机变量的部分特性，如随机变量取值平均的规律、取值分散的程度等。这些参数可以用随机变量的数字特征描述。例如，我们关心某人胖瘦，可能只需要了解其在某段时间内的平均体重，而不是每天的体重。平均体重就是每天体重的"均值"特征。

常用的数字特征有均值、方差、协方差与相关系数、矩等[1]。

1. 均值

随机变量 X 的均值（Mean）定义为

$$E(X) = \int_{-\infty}^{\infty} xf(x)\mathrm{d}x \tag{1-12}$$

对于离散型随机变量，设随机变量 X 有 N 个可能取值，取值概率为 $p_n = P(X = x_n)$，则均值定义为

$$E(X) = \sum_{n=1}^{N} x_n p_n \tag{1-13}$$

均值又称统计平均值，具有以下性质。

（1） $E(\mathrm{c}X) = \mathrm{c}E(X)$，其中 c 为常数。

（2） $E(X_1 + X_2 + \cdots + X_n) = E(X_1) + E(X_2) + \cdots + E(X_n)$，即 n 个随机变量之和的均值等于各随机变量均值之和。

（3）如果随机变量 X 和 Y 相互独立，则 $E(XY) = E(X)E(Y)$；如果 $E(XY) = 0$，则称随机变量 X 和 Y 是正交的。这里的"独立"和"正交"不是等价概念。

2. 方差

随机变量 X 的方差（Variance）定义为

$$D(X) = E\left\{ \left[X - E(X) \right]^2 \right\} \tag{1-14}$$

由均值的性质可知，式（1-14）可以表示为

$$D(X) = E(X^2) - E^2(X) \tag{1-15}$$

方差反映了随机变量 X 的值相对其均值的偏离程度或分散程度，$D(X)$ 越大，X 的值越分散。这里 $E(X^2)$ 的物理意义倾向于随机变量的功率或能量。

随机变量的方差具有以下性质。

（1）$D(c) = 0$，c 为常数，即常数的方差为 0。

（2）$D(cX) = c^2 D(X)$，c 为常数。

（3）对于 n 个相互独立的随机变量 $X_1, X_2, \cdots, X_n$，有

$$D(X_1 + X_2 + \cdots + X_n) = D(X_1) + D(X_2) + \cdots + D(X_n) \tag{1-16}$$

3. 协方差与相关系数

对于多个随机变量，为了反映它们之间的相关性，引入协方差和相关系数两个数字特征。

设有两个随机变量 X 和 Y，定义 $\mathrm{Cov}(X,Y)$ 为 X 与 Y 的协方差（Covariance），即

$$\mathrm{Cov}(X,Y) = E\left\{\left[X - E(X)\right]\left[Y - E(Y)\right]\right\} \tag{1-17}$$

式（1-17）也可以表示为

$$\mathrm{Cov}(X,Y) = E(XY) - E(X)E(Y) \tag{1-18}$$

相关系数（Correlation Coefficient）定义为

$$r_{XY} = \frac{\mathrm{Cov}(X,Y)}{\sqrt{D(X)D(Y)}} \tag{1-19}$$

相关系数具有以下性质。

（1）$|r_{XY}| \leqslant 1$。

（2）当 X 与 Y 相互独立时，$r_{XY} = 0$。

（3）$|r_{XY}| = 1$ 的充分必要条件是 X 与 Y 依概率 1 线性相关，即 $P(Y = aX + b) = 1$，其中 a、b 为常数。

（4）$\left[E(XY)\right]^2 \leqslant E(X^2)E(Y^2)$，称该不等式为柯西—施瓦茨不等式。

如果 $r_{XY}=0$，则 X 与 Y 是不相关的；如果 $|r_{XY}|=1$，则 X 与 Y 是完全相关的。

对于随机矢量，其相关性可以用协方差矩阵描述。设有 n 维随机矢量 $\boldsymbol{X}=(X_1,X_2,\cdots,X_n)$，协方差矩阵为

$$\boldsymbol{R}=\begin{bmatrix} R_{11} & R_{12} & \cdots & R_{1n} \\ R_{21} & R_{22} & \cdots & R_{2n} \\ \vdots & \vdots & & \vdots \\ R_{n1} & R_{n2} & \cdots & R_{nn} \end{bmatrix} \tag{1-20}$$

$$R_{ij}=\mathrm{Cov}(X_i,X_j)=E\left\{\left[X_i-E(X_i)\right]\left[X_j-E(X_j)\right]\right\} \tag{1-21}$$

因为 $R_{ij}=R_{ji}$，所以协方差矩阵是对称矩阵，对于 N 个相互独立的随机变量来说，协方差矩阵为对角阵。

4. 矩

均值和方差是随机变量的一、二阶数字特征，高阶数字特征可以用 n 阶矩（n-order Moment）反映。随机变量的矩包括原点矩和中心矩。

设 X 为随机变量，均值为 m_X，X 的 k（$k=1,2,3,\cdots$）阶原点矩为

$$E\left[X^k\right] \tag{1-22}$$

X 的 k 阶中心矩为

$$E\left[(X-m_X)^k\right] \tag{1-23}$$

可以看出，原点矩是针对原点的矩，中心距是针对均值（分布中心）的矩。

对于两个随机变量，可以类似地定义混合矩。设 X、Y 为随机变量，均值分别为 m_X 和 m_Y，则 $k+l$（$k,l=1,2,3,\cdots$）阶混合矩为

$$E\left[X^kY^l\right] \tag{1-24}$$

$k+l$ 阶混合中心矩为

$$E\left[(X-m_X)^k(Y-m_Y)^l\right] \tag{1-25}$$

我们经常遇到**独立、正交和不相关**这 3 个词，具体含义如下。

（1）如果 $f(x,y)=f_X(x)f_Y(y)$，则变量相互独立。

（2）如果 $\mathrm{Cov}(X,Y)=E(XY)-E(X)E(Y)=0$，则变量不相关。

（3）如果 $E(XY)=0$，则变量正交。

这 3 个词容易混淆，部分原因是它们在一般情况下有相互包含和推导关系，在某些条件下又有等价关系。例如，独立则必不相关，不相关却未必独立；对于高斯分布变量，独立等价于不相关；如果某个变量的均值为零（常用的正弦和余弦信号均值为 0），则正交等价于不相关。虽然这 3 个词容易混淆，但是只要根据具体研究情况进行分析，就可以分清楚。

1.1.4　常见的随机分布

1. 均匀分布

均匀分布很简单。随机变量 X 在区间 $[a,b]$ 上取值的概率相等，即 $X \sim U(a,b)$，其概率密度函数为

$$f_U(x)=\begin{cases}\dfrac{1}{b-a}, & a \leqslant x \leqslant b \\ 0, & \text{其他}\end{cases} \tag{1-26}$$

均值和方差为

$$E(X)=\int_{-\infty}^{\infty}xf_U(x)\mathrm{d}x=\int_a^b\frac{x}{b-a}\mathrm{d}x=\frac{a+b}{2} \tag{1-27}$$

$$D(X)=E(X^2)-E^2(X)=\int_a^b\frac{x^2}{b-a}\mathrm{d}x-\left(\frac{a+b}{2}\right)^2=\frac{(b-a)^2}{12} \tag{1-28}$$

通常假设受未知或复杂影响的复数相位变量服从 $[0,2\pi]$ 均匀分布。

2. 高斯分布

由大数定理和中心极限定理可知，现实中的很多随机分布都具有高斯分布的特点，这种分布是正态（Normal）的，又称正态分布。

随机变量 X 服从高斯分布，即 $X \sim \mathcal{N}(\mu,\sigma^2)$，其概率密度函数为

$$f_N(x) = \frac{1}{\sqrt{2\pi}\sigma}\exp\left[-\frac{(x-\mu)^2}{2\sigma^2}\right] \tag{1-29}$$

μ 和 σ^2 分别为高斯分布随机变量的均值和方差。可以说高斯分布是最常用的噪声模型，其中零均值高斯分布具有广泛应用。

【例】　设随机变量 X 服从均值为 1、方差为 2 的高斯分布，即 $X \sim \mathcal{N}(1,2)$。①写出 X 的概率密度函数 $f_N(x)$；②画出 $F(3)$ 的计算区域。

解： ①只要知道高斯分布的均值和方差，就可以写出其概率密度函数，即

$$f_N(x) = \frac{1}{\sqrt{2\pi}\sigma}\exp\left[-\frac{(x-\mu)^2}{2\sigma^2}\right] = \frac{1}{2\sqrt{\pi}}\exp\left[-\frac{(x-1)^2}{4}\right] \tag{1-30}$$

②$F(3)$ 的计算区域如图 1-1 所示。

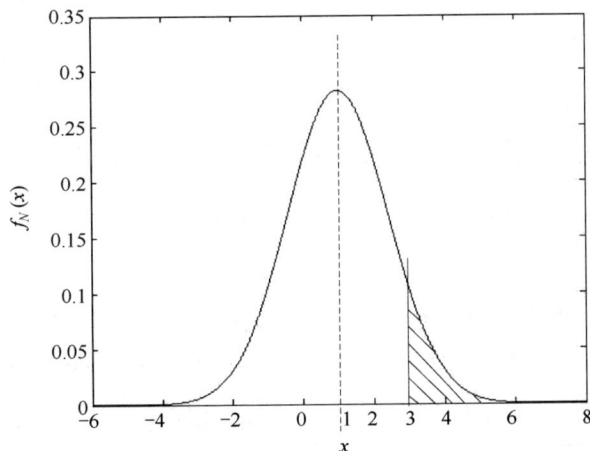

图 1-1　$F(3)$ 的计算区域

3. 复高斯分布

当一个复随机变量的实部和虚部相互独立且都服从高斯分布时，称其服从复高斯分布。其中，实部和虚部的均值为 0 且方差相同的复高斯分布具有广泛应用，因为信号接收常采用 I、Q 两路处理，两路输出的噪声相互独立，且服从零均值同方差的高斯分布。

复高斯分布的随机变量可以表示为

$$X = X_\text{r} + \text{j}X_\text{i} \tag{1-31}$$

式中，X_r 和 X_i 均服从高斯分布，即 $X_\text{r} \sim \mathcal{N}\left(\mu_\text{r}, \sigma_\text{r}^2\right)$，$X_\text{i} \sim \mathcal{N}\left(\mu_\text{i}, \sigma_\text{i}^2\right)$，则实部和虚部的累积分布函数分别为

$$\begin{cases} f_{X_\text{r}}(t) = \dfrac{1}{\sqrt{2\pi}\sigma_\text{r}} \exp\left[-\dfrac{(t-\mu_\text{r})^2}{2\sigma_\text{r}^2}\right] \\[4mm] f_{X_\text{i}}(t) = \dfrac{1}{\sqrt{2\pi}\sigma_\text{i}} \exp\left[-\dfrac{(t-\mu_\text{i})^2}{2\sigma_\text{i}^2}\right] \end{cases} \tag{1-32}$$

由于实部与虚部是独立同分布的，因此累积分布函数为

$$f_X(x_\text{r} + \text{j}x_\text{i}) = f_{X_\text{r}}(x_\text{r}) f_{X_\text{i}}(x_\text{i}) = \frac{1}{2\pi\sigma_\text{r}\sigma_\text{i}} \exp\left[-\frac{(x_\text{r}-\mu_\text{r})^2}{2\sigma_\text{r}^2} - \frac{(x_\text{i}-\mu_\text{i})^2}{2\sigma_\text{i}^2}\right] \tag{1-33}$$

假设实部和虚部是零均值同方差的，即 $\mu_\text{r} = \mu_\text{i} = 0$，$\sigma_\text{r} = \sigma_\text{i} = \sigma$，则式（1-33）可以简化为

$$f_X(x_\text{r} + \text{j}x_\text{i}) = \frac{1}{2\pi\sigma^2} \exp\left(-\frac{x_\text{r}^2 + x_\text{i}^2}{2\sigma^2}\right) = \frac{1}{2\pi\sigma^2} \exp\left(-\frac{|x|^2}{2\sigma^2}\right) \tag{1-34}$$

可以证明零均值复高斯分布的方差为 $2\sigma^2$。

实际上，复随机变量也可以视为二维随机变量，一维为实数 x_r，另一维为虚数 $\text{j}x_\text{i}$。两个随机变量之和为复随机变量，其均值为各自均值之和，即 $\mu_X = \mu_\text{r} + \text{j}\mu_\text{i}$；其方差为各自方差之和，即 $\sigma_X^2 = \sigma_\text{r}^2 + \sigma_\text{i}^2$。不过，如果实部和虚部不是独立同分布的，则 PDF 未必能简化为高斯函数的形式。

经过推导，可以得到零均值复高斯分布的模服从瑞利分布，相位在 $[0, 2\pi]$ 服从均匀分布。

4. 瑞利（Rayleigh）分布

随机变量 x 服从瑞利分布，其概率密度函数为

$$f_R(x) = \frac{x}{\sigma^2} \exp\left(-\frac{x^2}{2\sigma^2}\right), \quad x \geqslant 0 \tag{1-35}$$

瑞利分布的均值为

$$E(X) = \int_{-\infty}^{\infty} x f_R(x) \mathrm{d}x = \int_0^{\infty} \frac{x^2}{\sigma^2} \mathrm{e}^{-\frac{x^2}{2\sigma^2}} \mathrm{d}x = \int_0^{\infty} -x \mathrm{d}\mathrm{e}^{-\frac{x^2}{2\sigma^2}}$$

$$= \underbrace{-x\mathrm{e}^{-\frac{x^2}{2\sigma^2}} \Big|_0^{\infty}}_{=0} + \int_0^{\infty} \mathrm{e}^{-\frac{x^2}{2\sigma^2}} \mathrm{d}x = \sqrt{2\pi}\sigma \underbrace{\int_0^{\infty} \frac{1}{\sqrt{2\pi}\sigma} \mathrm{e}^{-\frac{x^2}{2\sigma^2}} \mathrm{d}x}_{\text{正态分布}} \quad (1\text{-}36)$$

$$= \sigma\sqrt{\frac{\pi}{2}} \approx 1.253\sigma$$

瑞利分布的方差为

$$D(X) = E(X^2) - E^2(X) = \int_0^{\infty} \frac{x^3}{\sigma^2} \mathrm{e}^{-\frac{x^2}{2\sigma^2}} \mathrm{d}x - E^2(X) = \int_0^{\infty} -x^2 \mathrm{d}\mathrm{e}^{-\frac{x^2}{2\sigma^2}} - E^2(X)$$

$$= \underbrace{-x^2\mathrm{e}^{-\frac{x^2}{2\sigma^2}} \Big|_0^{\infty}}_{=0} + \int_0^{\infty} \mathrm{e}^{-\frac{x^2}{2\sigma^2}} \mathrm{d}x^2 - E^2(X) = -2\sigma^2 \mathrm{e}^{-\frac{x^2}{2\sigma^2}} \Big|_0^{\infty} - E^2(X) \quad (1\text{-}37)$$

$$= 2\sigma^2 - \left(\sigma\sqrt{\frac{\pi}{2}}\right)^2 = \frac{4-\pi}{2}\sigma^2 \approx 0.429\sigma^2$$

5. 指数分布

随机变量 X 服从指数分布，即 $X \sim E(\lambda)$，其概率密度函数为

$$f_E(x) = \begin{cases} \lambda\mathrm{e}^{-\lambda x}, & x \geqslant 0 \\ 0, & \text{其他} \end{cases} \quad (1\text{-}38)$$

指数分布的均值为

$$E(X) = \int_{-\infty}^{\infty} x f_E(x) \mathrm{d}x = \int_0^{\infty} x\lambda\mathrm{e}^{-\lambda x} \mathrm{d}x = \int_0^{\infty} -x \mathrm{d}\mathrm{e}^{-\lambda x}$$

$$= -x\mathrm{e}^{-\lambda x} \Big|_0^{\infty} + \int_0^{\infty} \mathrm{e}^{-\lambda x} \mathrm{d}x = 0 - \frac{1}{\lambda}\mathrm{e}^{-\lambda x} \Big|_0^{\infty} = \frac{1}{\lambda} \quad (1\text{-}39)$$

可以得到

$$E(X^2) = \int_{-\infty}^{\infty} x^2 f_E(x) \mathrm{d}x = \int_0^{\infty} x^2 \lambda\mathrm{e}^{-\lambda x} \mathrm{d}x = \int_0^{\infty} -x^2 \mathrm{d}\mathrm{e}^{-\lambda x}$$

$$= -x^2\mathrm{e}^{-\lambda x} \Big|_0^{\infty} + \int_0^{\infty} 2x\mathrm{e}^{-\lambda x} \mathrm{d}x = \frac{2}{\lambda}E(X) = \frac{2}{\lambda^2} \quad (1\text{-}40)$$

指数分布的方差为

$$D(X) = E(X^2) - E^2(X) = \frac{1}{\lambda^2} \qquad (1\text{-}41)$$

对于其他可能用到的随机分布，如二项分布等，本书不进行详细介绍。读者可以查阅概率统计相关著作。

1.2　随机过程

从随机变量到随机过程，是对信号分析认识的进步。形象地说，如果随机变量是一次具有随机结果的实验，随机过程则是一连串这样的实验。例如，一次掷硬币实验的正反面结果为 X，则 X 是随机变量；如果实验是"连续掷 N 次硬币"，其结果为 $Y = (y_1, y_2, \cdots, y_n)$，则 Y 是随机矢量。但是，如果连续掷 N 次硬币，关注的是每次正反面结果的变化，就相当于做了多次"掷一次硬币"的实验，则可以理解为随机过程，每次实验的结果记为 $X(n)$。

关于随机过程的系统介绍，可以查阅文献[4]。

1.2.1　随机过程介绍

在自然界中，变化的过程通常可以分为两类，即确定过程和随机过程。如果每次观测的过程相同，且都是时间 t 的确定函数，具有确定的变化规律，则这样的过程为确定过程；如果每次观测的过程不同，且是时间 t 的不同函数，观测前不能预知观测结果，没有确定的变化规律，则这样的过程为随机过程。对连续时间随机过程进行抽样，得到的序列为离散时间随机过程，又称随机序列，连续时间随机过程和随机序列都是随机过程，连续时间随机过程用 $X(t)$ 表示，随机序列用 $X(n)$ 表示[2]。

下面介绍两个典型的随机过程，帮助读者加强认识。

（1）测量行为：$r(n) = \sin(n) + w(n)$，$r(n)$ 为使用电压表对电路电压

进行第 n 次测量的数据，$w(n)$ 为加性高斯白噪声（Additive White Gaussian Noise，AWGN）。对于每次测量，尽管电压真值 $\sin(n)$ 是确定的，但噪声的影响不确定。测量前不能预知噪声，只知道其概率分布。对于单次测量来说，$w(n)$ 为随机变量，由 PDF 描述；对于多次测量来说，$w(n)$ 为随机过程，意味着 $r(n)$ 也是随机过程。

对于随机过程 $w(n)$（$n=1,2,\cdots,N$），写出 $w(n)$ 的 PDF，就可以写出 $r(n)$ 的 PDF，从而分析其幅度分布。但是，一次实验不能表现出真值 $\sin(n)$ 是正弦函数，必须经过多次实验。通过将单次测量的随机变量扩展为多次测量的随机过程，我们可以在时间维对测量数据进行分析，以获得更多信息，包括每次测量的噪声是否有关联、噪声的方差是否变化等。例如，虽然在 $w(n)$ 的影响下，n 变化时的 $r(n)$ 可能不同，但是 $r(n)$ 的均值在时间维有很强的联系。因此，可以认为，随机变量+时间维≈随机过程，随机过程是随机变量在时间维的扩展。

（2）随机正弦波：$X(t)=A(t)\sin\left[\omega t+\varphi(t)\right]$，信号幅度 $A(t)$ 和相位 $\varphi(t)$ 是关于时刻 t 的随机变量。例如，在一个时变信道中，传输信号的衰减随时间变化，接收信号的幅度相位也会变化，接收到的正弦波就是随机过程。在雷达或通信系统中，一般假设信道在一定时间内保持不变，则这段时间内的信号可以是确定性信号（虽然相位和幅度未知，但它们是固定不变的），不是随机过程。但是，如果时间过长，超出了假设范围，则必须考虑信道变化，此时是随机过程。例如，以 0 和 π 为随机相位的 BPSK 信号是随机过程；以顺序 $0,\pi,0,\pi,\cdots$ 发送的 BPSK 信号是确定性信号，不是随机过程。

定义 1. 设随机实验 E 的样本空间为 $S=\{e\}$，对其中的每个元素以某种法则确定一个样本函数 $x_i(t)$，将由全部元素所确定的一组样本函数 $X(t,e)$ 称为随机过程（Random Process），记为 $X(t)$。对于随机序列有相似的定义，只是变量由 t 变为 n。

由上述定义可知，随机过程是一组样本函数的集合。

对于某次实验结果 e_i，随机过程 $X(t)$ 对应样本函数 $x_i(t)$，它是时刻

t 的一个确定函数。为了便于区分，通常用大写字母表示随机过程，如 $X(t)$、$Y(t)$、$Z(t)$ 等；用小写字母表示样本函数，如 $x(t)$、$y(t)$、$z(t)$ 等。

如果固定 $t=t_i$，只有随机变量 e 变化，则 $X(t_i,e)$ 是随机变量。例如，对于随机相位信号，如果固定时刻 $n=n_i$，则有

$$X(n_i,\varPhi)=A\cos(\omega_0 n_i+\varPhi) \tag{1-42}$$

$X(n_i,\varPhi)$ 是随机变量 $\varPhi$ 的函数，也是随机变量。

对于时刻 $t_1,t_2,\cdots,t_i,\cdots$，$X(t)$ 对应随机变量 $X(t_1),X(t_2),\cdots,X(t_i),\cdots$，通常将 $X(t_i)$ 称为随机过程 $X(t)$ 在 $t=t_i$ 时的状态，$X(t)$ 可以看作一组随时间变化的随机变量。

如果固定 $e=e_i$ 和 $t=t_j$，则 $X(t_j,e_i)$ 表示第 i 次实验中的第 j 次测量结果，它是随机过程的某个特定值，记为 $x_i(t_j)$。

通过上述分析可以看出，随机过程是一组样本函数的集合，也可以看作一组随机变量的集合。

1.2.2　平稳随机过程和广义平稳随机过程

对于随机过程，我们可以用 PDF 描述各样本点的幅度分布，但是不能描述随机过程的时间维信息。

为什么我们说加性高斯白噪声（White Gaussian Noise，WGN）时，要强调"白"字？有"不白"的高斯噪声吗？作为一个随机过程，WGN 中的"G"定义了各点或各时刻的幅度分布，"W"定义了各点之间的联系（"白"代表没有联系，其反义词为"有色的"，是从功率谱上说的）。例如，独立产生 100 个高斯分布数据，因为每个点都是独立产生的，所以按时间顺序将其排成一组，是 WGN 过程；如果将其从小到大排列，虽然每个点仍然是高斯分布的，但各点之间有了强烈联系（后面的点必然大于前面的点），因此这个过程并不平稳（明显均值在增大）。为了描述随机过程在时间维的变化，人们对随机过程的"平稳性"进行了分析。

随机过程最"平稳"的情况，是其统计特性不随时间变化的情况。

定义 2. 如果随机过程 $X(t)$ 的 n 阶分布函数与 $X(t+T)$ 相同，则为平稳随机过程。式（1-43）中的 n 维函数对于所有的 T、正整数 n 和 $t_1,\cdots,t_n$ 都相同。

$$F_X(x_1,\cdots,x_n;t_1,\cdots,t_n) = F_X(x_1,\cdots,x_n;t_1+T,\cdots,t_n+T) \qquad （1\text{-}43）$$

如果分布函数可微，则式（1-43）可以转化为 PDF 形式，即

$$f_X(x_1,\cdots,x_n;t_1,\cdots,t_n) = f_X(x_1,\cdots,x_n;t_1+T,\cdots,t_n+T) \qquad （1\text{-}44）$$

式（1-44）更方便运用。

上面定义的平稳随机过程对稳定性的要求很高。例如，如果随机过程在所有时刻的统计特性是一样的，那么在所有时刻的均值也是一样的，即平稳随机过程的均值 $E[X(t)]$ 为常数。

平稳随机过程对稳定性的高要求影响了实用性。为了降低对稳定性的要求，不用分布函数这一强特性描述，仅要求一阶和二阶统计特性，给出广义平稳随机过程的定义。

定义 3. 如果随机过程 $X(t)$ 满足 $E[X(t)] = \mu_X$，且有

$$E[X(t+\tau)X^*(t)] = R_{XX}(\tau) \qquad （1\text{-}45）$$

$R_{XX}(\tau)$ 与 t 无关，则为广义平稳随机过程。

广义平稳随机过程又称宽平稳随机过程。相对地，前面的平稳随机过程又称狭义平稳随机过程、窄平稳随机过程。虽然广义平稳随机过程比狭义平稳随机过程更宽泛，可以近似看作包含关系，但不是严格的包含关系，即一些广义平稳随机过程不是狭义平稳随机过程。

由经验认识（以下为经验之谈，而非严谨的科学论述。要系统精确地掌握随机过程，推荐阅读相关教材）可知，测量数据一般由有用信号和噪声组成，如 $r(n) = s(n) + w(n)$，通常考虑噪声为平稳噪声，对非平稳噪声的分析比较困难，通常也会想办法将其近似为平稳噪声。平稳噪声与有用信号叠加后，测量数据的平稳情况未知。如果有用信号 $s(n)$ 中存在随机因素，该随机因素使其均值为 0，则 $r(n)$ 是广义平稳随机过程；反之，则 $r(n)$ 不是广义平稳随机过程。即使 $r(n)$ 不是广义平稳随机过程，对其进行的自

相关和功率谱分析也是有效的。

考虑测量行为 $r(n) = \exp(j\omega n) + w(n)$，其中 $w(n)$ 为复 AWGN，属于广义平稳随机过程。$r(n)$ 的均值明显与 $\exp(j\omega n)$ 有关，不是定值，因此 $r(n)$ 不是平稳的，但是 $r(n)$ 的自相关函数与 n 无关，因为

$$
\begin{aligned}
E\left[X(n+m)X^*(n)\right] = &\ \exp\left[j\omega(n+m)\right]\exp(-j\omega n) + \\
&\ E\left\{\exp\left[j\omega(n+m)\right]w^*(n)\right\} + \\
&\ E\left[\exp(-j\omega m)w(n)\right] + E\left[w(n+m)w^*(n)\right] \\
= &\ \exp(j\omega m) + 0 + 0 + \sigma^2\delta(m)
\end{aligned}
\tag{1-46}
$$

实际上，$r(n)$ 的功率谱分析和检测估计分析等都很简单。

如果要将该过程改造为广义平稳随机过程，可以采用两种简单方法。一是假设信号的幅度是零均值的随机变量 A，则 $r(n) = A\exp(j\omega n) + w(n)$ 的均值为 0；二是假设信号的相位 φ 在区间 $[0, 2\pi]$ 上是均匀分布的，则 $r(n) = \exp\left[j(\omega n + \varphi)\right] + w(n)$ 的均值为

$$
E\left[r(n)\right] = \exp(j\omega n)\int_0^{2\pi}\exp(j\varphi)\mathrm{d}\varphi = 0
\tag{1-47}
$$

需要注意的是，这里的 A 和 φ 是随机变量（一旦发生即固定），不是随 t 变化的随机过程。试想，一个信号通过一个信道（如经过某未知空间）传输，在其被接收前，衰落幅度和相位未知（按照概率分布），是广义平稳随机过程；在其被接收后，A 或 φ 固定，不是广义平稳随机过程。但是，在两者之间，信号模型差别不大，很多性质是相通的。

1.2.3　相关函数与协方差

矩对随机过程有重要作用（还记得随机分布中的矩吗）。一阶矩（均值函数）定义为

$$
\mu_X(t) = E\{X(t)\}
\tag{1-48}
$$

二阶原点矩（自相关函数）定义为

$$
R_{XX}(t_1, t_2) = E\{X(t_1)X^*(t_2)\}
\tag{1-49}
$$

二阶中心矩（协方差函数）定义为

$$K_{XX}(t_1,t_2) = E\left\{\left[X(t_1)-\mu_X(t_1)\right]\left[X(t_2)-\mu_X(t_2)\right]^*\right\}$$
$$= R_{XX}(t_1,t_2) - \mu_X(t_1)\mu_X^*(t_2) \quad (1\text{-}50)$$

回忆前面介绍的广义平稳随机过程，实际上是对其均值函数和自相关函数进行了约束，即两者均与具体时刻 t 无关，$\mu_X(t)=\mu_X$，$R_{XX}(t_1,t_2)=R_{XX}(t_1-t_2)$。均值函数的物理意义比较容易理解，多数噪声的均值为零（也可以认为减去均值后的残余噪声为零，不影响对噪声问题的分析）；相关函数是时间维概念，下面对其进行介绍。

相关函数描述信号 $f_1(t)$ 与信号 $f_2(t)$ 延时 τ 后的相关程度。相关函数又称相关积分，其与卷积的运算方法类似。

如果复函数 $f_1(t)$ 和 $f_2(t)$ 为能量有限信号，即 $E=\int_{-\infty}^{\infty}\left|f(t)\right|^2\mathrm{d}t<\infty$，它们之间的互相关函数为

$$R_{12}(\tau)=\int_{-\infty}^{\infty}f_1(t)f_2^*(t-\tau)\mathrm{d}t=\int_{-\infty}^{\infty}f_1(t+\tau)f_2^*(t)\mathrm{d}t \quad (1\text{-}51)$$

可见，互相关函数是 τ（两个信号的时间差）的函数。需要注意，一般 $R_{12}(\tau)\neq R_{21}(\tau)$。不难证明，它们之间的关系是

$$\begin{cases} R_{12}(\tau)=R_{21}(-\tau) \\ R_{21}(\tau)=R_{12}(-\tau) \end{cases} \quad (1\text{-}52)$$

与随机变量的相关相比，信号的相关增加了时间维考虑，不仅要考虑当前时刻 $t_1=t_2=t$ 的相关性，还要考虑任意信号延时 τ 后的相关性。设想一种情况：对于 $f_1(t)$，将其延时 t_0 后得到 $f_2(t)=f_1(t-t_0)$，那么两个信号的相关性无疑是非常强的，需要在时间维进行考虑。

如果 $f_1(t)$ 与 $f_2(t)$ 是同一信号，即 $f_1(t)=f_2(t)=f(t)$，则不需要区分 R_{12} 与 R_{21}，自相关函数 $R(\tau)$ 为

$$R(\tau)=\int_{-\infty}^{\infty}f(t)f(t-\tau)\mathrm{d}t=\int_{-\infty}^{\infty}f(t+\tau)f^*(t)\mathrm{d}t \quad (1\text{-}53)$$

可以看出，对于自相关函数，有

$$R(\tau)=R^*(-\tau) \quad (1\text{-}54)$$

可见，自相关函数是关于 τ 的偶函数（复数应取共轭）。

回顾广义平稳随机过程，其自相关函数定义为

$$R_{XX}(\tau) = E\left\{X(t+\tau)X^*(t)\right\} \tag{1-55}$$

这里的期望不是针对时间 t 的（尽管前面信号的自相关是对 t 进行积分），而是针对随机分布的。

需要注意的是，即使某随机过程不是广义平稳的，也可以求自相关函数，其有助于信号分析。

对于离散信号，自相关函数和协方差矩阵计算如下[5]。

从定义上讲，离散信号与连续信号的自相关函数定义相似，协方差矩阵可以基于自相关矩阵构造，这里不再赘述。

这里特别介绍如何基于样本估计自相关函数。设离散信号为 $X(n)$（ $n=1,2,\cdots,N$ ）， N 为信号点数。对于正整数 $m < N$ ，可以计算其自相关函数为

$$R(m) = \frac{1}{N}\sum_{n=1}^{N-m} X(n+m)X^*(n), \quad 0 \leqslant m \leqslant N-1 \tag{1-56}$$

对应的 M 阶协方差矩阵为

$$\boldsymbol{R} = \begin{bmatrix} R(0) & R(1) & \cdots & R^*(M-1) \\ R(1) & R(0) & \cdots & R^*(M-2) \\ \vdots & \vdots & & \vdots \\ R(M-1) & R(M-1) & \cdots & R(0) \end{bmatrix} \tag{1-57}$$

$\boldsymbol{R}$ 是 Toeplitz 矩阵（主对角线上的元素相等，与主对角线平行的线上的元素也相等），且 $\boldsymbol{R}=\boldsymbol{R}^{\mathrm{H}}$ ，即 $\boldsymbol{R}$ 与其共轭转置矩阵相等。

1.2.4 功率谱

确知信号的功率谱与随机过程的功率谱有所不同。下面先介绍"信号与系统"中确知信号的功率与功率谱认识，再介绍随机过程的功率谱密度（Power Spectral Density，PSD）函数。

可以认为信号的瞬时功率是幅度的模的平方，如信号 $f(t)$ 在时刻 t 的瞬时功率为 $|f(t)|^2$ 。我们知道，功率在时域的积分为能量，对一段时

间内的能量进行平均就可以得到平均功率。

将功率定义为信号 $f(t)$ 在时间区间 $(-\infty,\infty)$ 上的平均功率，用 P 表示，即

$$P \overset{\text{def}}{=} \lim_{T \to \infty} \frac{1}{2T} \int_{-T}^{T} \left| f(t) \right|^2 \mathrm{d}t \qquad (1\text{-}58)$$

如果是实函数，则平均功率可以表示为

$$P \overset{\text{def}}{=} \lim_{T \to \infty} \frac{1}{2T} \int_{-T}^{T} f^2(t) \mathrm{d}t \qquad (1\text{-}59)$$

功率有限信号的能量趋于无穷，即 $\int_{-\infty}^{\infty} f^2(t)\mathrm{d}t \to \infty$。为了方便分析，从 $f(t)$ 中截取一段，即 $|t| \leqslant T/2$，得到截尾函数 $f_T(t)$，可以表示为

$$f_T(t) = f(t) \left[u\left(t + \frac{T}{2}\right) - u\left(t - \frac{T}{2}\right) \right] \qquad (1\text{-}60)$$

式中，$u(\cdot)$ 表示单位阶跃函数。如果 T 是有限值，则 $f_T(t)$ 的能量也是有限的。

下面从频率的角度分析。令

$$F_T(\mathrm{j}\omega) = \mathcal{F}\left[f_T(t) \right] \qquad (1\text{-}61)$$

式中，$\mathcal{F}(\cdot)$ 表示傅里叶变换。信号 $f(t)$ 的傅里叶变换可以表示为

$$F(\mathrm{j}\omega) = \int_{-\infty}^{\infty} f(t) \mathrm{e}^{-\mathrm{j}\omega t} \mathrm{d}t \qquad (1\text{-}62)$$

$f(t)$ 可以由傅里叶逆变换得到

$$f(t) = \frac{1}{2\pi} \int_{-\infty}^{\infty} F(\mathrm{j}\omega) \mathrm{e}^{\mathrm{j}\omega t} \mathrm{d}\omega \qquad (1\text{-}63)$$

式 (1-62) 与式 (1-63) 为傅里叶变换对，常用式 (1-64) 中的形式表示它们的关系。

$$f(t) \leftrightarrow F(\mathrm{j}\omega) \qquad (1\text{-}64)$$

既然 $F(\mathrm{j}\omega)$ 描述了信号在频率 ω 处的幅度。那么，与时域的瞬时功率类似，频域的幅度为 $F(\mathrm{j}\omega)$，其功率为 $\left| F(\mathrm{j}\omega) \right|^2$。不过，人们并不在乎这个量，而是换了一个思路。

由 Parseval 等式 $E = \int_{-\infty}^{\infty} \left| f(t) \right|^2 \mathrm{d}t = \frac{1}{2\pi} \int_{-\infty}^{\infty} \left| F(\mathrm{j}\omega) \right|^2 \mathrm{d}\omega$ 可知，$f_T(t)$ 的能量 E_T 可以表示为

$$E_T = \int_{-\infty}^{\infty} \left| f_T(t) \right|^2 \mathrm{d}t = \frac{1}{2\pi} \int_{-\infty}^{\infty} \left| F_T(\mathrm{j}\omega) \right|^2 \mathrm{d}\omega \qquad (1\text{-}65)$$

由于

$$\int_{-\infty}^{\infty} \left| f_T(t) \right|^2 \mathrm{d}t = \int_{-T/2}^{T/2} \left| f(t) \right|^2 \mathrm{d}t \qquad (1\text{-}66)$$

由式（1-59）和式（1-65）可以得到 $f(t)$ 的平均功率为

$$P \overset{\mathrm{def}}{=} \lim_{T\to\infty} \frac{1}{T} \int_{-T/2}^{T/2} f^2(t)\mathrm{d}t = \frac{1}{2\pi} \int_{-\infty}^{\infty} \lim_{T\to\infty} \frac{\left| F_T(\mathrm{j}\omega) \right|^2}{T} \mathrm{d}\omega \qquad (1\text{-}67)$$

当 T 增大时， $f_T(t)$ 的能量增大， $\left| F_T(\mathrm{j}\omega) \right|^2$ 也增大。当 $T\to\infty$ 时，$f_T(t) \to f(t)$，此时 $\left| F_T(\mathrm{j}\omega) \right|/T$ 可能趋于某极限值。定义功率谱密度函数 $S(\omega)$ 为单位频率的信号功率，简称功率谱，则信号的平均功率为

$$P = \int_{-\infty}^{\infty} S(\omega)\mathrm{d}f = \frac{1}{2\pi} \int_{-\infty}^{\infty} S(\omega)\mathrm{d}\omega \qquad (1\text{-}68)$$

比较式（1-67）和式（1-68），可得

$$S(\omega) = \lim_{T\to\infty} \frac{\left| F_T(\mathrm{j}\omega) \right|^2}{T} \qquad (1\text{-}69)$$

可见，确知信号的功率谱 $S(\omega)$ 是 ω 的偶函数，它只取决于频谱函数的模，与相位无关。功率谱反映了信号功率在频域的分布情况，且 $S(\omega)$ 覆盖的面积在数值上等于信号的总功率。

不过，式（1-69）不利于求功率谱。下面讨论信号的功率谱与自相关函数的关系。

如果 $f_1(t)$ 和 $f_2(t)$ 是功率有限信号，式（1-51）与式（1-53）失去意义，此时的相关函数定义如下。

互相关函数为

$$R_{12}(\tau) = \lim_{T\to\infty} \left[\frac{1}{T} \int_{-T/2}^{T/2} f_1(t) f_2(t-\tau)\mathrm{d}t \right] \qquad (1\text{-}70)$$

自相关函数为

$$R(\tau) = \lim_{T\to\infty} \left[\frac{1}{T} \int_{-T/2}^{T/2} f(t) f(t-\tau)\mathrm{d}t \right] \qquad (1\text{-}71)$$

对式（1-71）进行傅里叶变换，可以得到

$$\begin{aligned}
\mathcal{F}\big[R(\tau)\big] &= \mathcal{F}\left[\lim_{T\to\infty}\frac{1}{T}\int_{-T/2}^{T/2}f(t)f(t-\tau)\mathrm{d}t\right] \\
&= \mathcal{F}\left[\lim_{T\to\infty}\frac{1}{T}\int_{-\infty}^{\infty}f_T(t)f_T(t-\tau)\mathrm{d}t\right] \\
&= \mathcal{F}\left[\lim_{T\to\infty}\frac{1}{T}f_T(\tau)*f_T(-\tau)\right] \\
&= \lim_{T\to\infty}\frac{1}{T}\big|F_T(\mathrm{j}\omega)\big|^2
\end{aligned} \tag{1-72}$$

比较式（1-69）和式（1-72），有

$$\begin{cases}
S(\omega)=\mathcal{F}\big[R(\tau)\big] \\
R(\tau)=\mathcal{F}^{-1}\big[S(\omega)\big]
\end{cases} \tag{1-73}$$

可以得到，功率有限信号的功率谱与自相关函数是傅里叶变换对。

虽然随机信号不能用频谱表示（其频谱与波形类似，具有很强的随机性），但是可以利用自相关函数求其功率谱，从而用功率谱描述随机信号的频域特性。

对于离散信号 $X(n)$ 来说，先估计其自相关函数 $R(m)$，然后对其进行离散傅里叶变换（Discrete Fourier Transformation，DFT），得到 $R(m)$ 的频谱，即 $X(n)$ 的功率谱。可以根据此功率谱，分析 $X(n)$ 的频率特性。例如，如果功率谱在某频率处幅度极高，则 $X(n)$ 在该频率处有很大成分。

对于单边功率谱和双边功率谱，我们知道功率谱的自变量是频率，如果考虑正频率和负频率，则为双边功率谱；如果只考虑正频率，则为单边功率谱。如果是实信号，则单边功率谱的值是双边功率谱的值的 2 倍。

1.2.5　白噪声与色噪声

回忆前面的例子：独立产生 100 个高斯分布数据，因为每个点都是独立产生的，所以按时间顺序将其排成一组是 WGN 过程；如果将其从小到大排列，虽然每个点仍然是高斯分布的，但各点之间有了强联系，因此这个过程并不平稳。即使随机过程是平稳的，它也可以不是“白”的。

先解释"白"与"色"这两个字，它们用于描述功率谱是否平坦，其名称源于光谱。我们平时所见的白光，其实是红、橙、黄、绿、蓝、靛、紫 7 色光的综合，不同色的光的频率不同。7 色光在各自频率上的功率相等，则可以合成"白光"；否则呈现"有色光"。因此，"白"用于描述平坦功率谱（功率谱为常数）；"色"用于描述起伏功率谱（功率谱不为常数）。

对于傅里叶变换来说，单位冲激信号（连续）或单位脉冲信号（离散）的傅里叶变换为常数。那么，白噪声的自相关函数可以表示为

$$R_{\text{w}}(\tau) = \delta(\tau) \tag{1-74}$$

自相关函数的意义是相隔时间 τ 的信号的相关程度。因此，$\delta(\tau)$ 意味着该随机过程的信号点只与当前时刻（也就是其自身）有关，与其他任何时刻都无关。

以高斯白噪声为例，即

$$X(n) = w(n), \quad w(n) \sim \mathcal{N}(0, \sigma^2) \tag{1-75}$$

其自相关函数为

$$\begin{aligned}
R_{\text{w}}(m) &= E\left[X(n+m)X^*(n)\right] \\
&= \begin{cases} E\left[X(n)X^*(n)\right] = \sigma^2, & m = 0 \\ 0, & m \neq 0 \end{cases} \\
&= \sigma^2 \delta(m)
\end{aligned} \tag{1-76}$$

这里利用了噪声的独立性。从连续噪声的角度很好理解，其功率谱为常数

$$\mathcal{F}\left[R_{\text{w}}(m)\right] = \sigma^2 \tag{1-77}$$

对于高斯色噪声，其分布为高斯分布，但功率谱不是平坦的。根据随机过程理论，高斯白噪声通过 ARMA 滤波器后，功率谱变化为

$$R_{\text{c}}(\omega) = \left|H(\text{j}\omega)\right|^2 \tag{1-78}$$

下面举例说明，设某系统的输入 $v(n)$ 和输出 $u(n)$ 满足以下关系

$$u(n+1) = u(n) + v(n) \tag{1-79}$$

很明显，有

$$R_c(1) = E\left[u(n+1)u^*(n)\right]$$
$$= E\left[u(n)u^*(n) + v(n)u^*(n)\right] \qquad (1\text{-}80)$$
$$= \sigma^2$$

因此，自相关函数不是单位脉冲信号，必然是色噪声。$R_c(\omega)$ 的计算涉及更多关于"协方差矩阵与谱估计"的知识，可以参考文献[6]。对于该过程是否还是"高斯分布"，目前未看到相关证明，可靠的是，我们可以仿真验证！敬请关注。

1.3　信号检测基础

信号检测与参数估计是两大常见命题。笔者认为检测比估计简单，信号检测问题是统计信号处理中的基本问题，在现实生活中有广泛应用，如雷达、声呐、无线通信等领域。

统计信号处理中的检测，是检验测定"信号的状态"（状态可能是离散的；如果状态是连续的，可以认为是估计问题），检测结果受噪声影响。例如，雷达的目标检测基于接收数据检测是否有目标回波（波束形成、脉冲压缩、多普勒处理都是为了提高检测性能）；通信的调制解调基于接收数据检测信号状态（如双方约定采用相位 0 和 π 对应信息码-1 和+1）。更多关于检测的介绍，推荐阅读信号检测与估计、统计信号处理相关教材。

1.3.1　二元检测问题简述

假设检验是数理统计学中根据一定的假设条件由样本推断总体的一种方法。如果有 M 种假设（Hypothesis），则称 M 元假设。二元检测是一种简单假设检验，其输出为两种假设之一。

假设发送端的有用信号和噪声干扰分别为 $s(t)$ 和 $n(t)$，接收端的接

收信号为 $x(t) = s(t) + n(t)$ ，其中 $x(t)$ 、 $s(t)$ 、 $n(t)$ 分别建模为随机变量 X 、 S 、 N ，则有 $X = S + N$ 。

二元检测的根本任务是利用随机变量 X 的测量值在两种假设中做判决，这两种假设的先验概率分别为 p 和 $1-p$ 。在二元假设下，两个信号的幅度、频率、相位及信号形式可能不同，这些不同使信息得以传递。

s_0 和 s_1 表示两个可能的信号，则有以下二元假设

$$H_0 : \quad S\text{的传输信号为}s_0, \quad X = s_0 + N \tag{1-81}$$

$$H_1 : \quad S\text{的传输信号为}s_1, \quad X = s_1 + N \tag{1-82}$$

对于二元假设 H_0 、 H_1 ，我们记录其先验概率（在事件发生前，两种假设已有的概率信息，如掷硬币的正反面二元假设的先验概率分别为 50%）

$$P(H_0\text{为真}) = P(H = H_0) = P(H_0) = p_0 \tag{1-83}$$

$$P(H_1\text{为真}) = P(H = H_1) = P(H_1) = p_1 \tag{1-84}$$

检测完成后，我们会做判决。 H_0 和 H_1 对应的判决分别为 D_0 和 D_1 。

对两种假设和两种判决进行组合有 4 种情况： H_0 为真时做判决 D_0 ，即联合事件 (H_0, D_0) ； H_0 为真时做判决 D_1 ，即 (H_0, D_1) ； H_1 为真时做判决 D_0 ，即 (H_1, D_0) ； H_1 为真时做判决 D_1 ，即 (H_1, D_1) 。

在 4 种情况中， (H_0, D_0) 和 (H_1, D_1) 是正确的（做了正确判决），是我们愿意看到的； (H_0, D_1) 和 (H_1, D_0) 是错误的（做了错误判决），是我们需要避免的。因此，应提高做正确判决的概率 $P(H_0, D_0) + P(H_1, D_1)$ ，降低做错误判决的概率 $P(H_0, D_1) + P(H_1, D_0)$ 。

联合概率通过条件概率计算，即

$$P(H_0, D_1) = P(H_0|D_1) P(D_1) \tag{1-85}$$

可以得到错误概率为

$$P_e = P(H_0|D_1) P(D_1) + P(H_1|D_0) P(D_0) \tag{1-86}$$

信号检测有很多准则，本书不讨论代价问题（有兴趣的读者可以通过查阅贝叶斯准则相关资料来了解考虑错误代价的较为全面的准则），这里先介绍常用的最大后验概率准则，再说明它与最大似然准则、最小错误概

率准则的关系。

最大后验概率准则可以描述为在接收数据为 $X = x$ 的情况下取得最大后验概率的假设为真。其实是比较条件概率 $P(H_1|X = x)$ 与 $P(H_0|X = x)$（表示在 $X = x$ 情况下发生某种假设的可能性，且各假设发生概率之和为 1）。

如果 $P(H_1|X = x) > P(H_0|X = x)$，则做判决 D_0；如果 $P(H_1|X = x) < P(H_0|X = x)$，则做判决 D_1，得到检测器为

$$P(H_1 | X = x) \underset{D_0}{\overset{D_1}{\gtrless}} P(H_0 | X = x) \tag{1-87}$$

根据概率公式，有

$$P(H_0 | X = x) = \frac{P(X = x | H_0) P(H_0)}{f_X(X = x)} \tag{1-88}$$

可以得到贝叶斯公式为

$$\frac{f(x|H_1)P(H_1)}{f_X(x)} \underset{D_0}{\overset{D_1}{\gtrless}} \frac{f(x|H_0)P(H_0)}{f_X(x)} \tag{1-89}$$

式中，$f(x|H_i)$ 表示在 H_i 为真的条件下 $X = x$ 的概率（严格来说，如果要表示概率密度函数，f 应写为 $f_{X|H_i}$，这里进行了简化）；$f_X(x)$ 表示 $X = x$ 的总概率，很难计算但可以约去（只要 x 能发生，就意味着 X 的概率密度在实际测量的 x 处为正）。因此，式（1-89）简化为

$$P(H_1) f(x|H_1) \underset{D_0}{\overset{D_1}{\gtrless}} P(H_0) f(x|H_0) \tag{1-90}$$

为了直观地反映检测统计量，写成以下形式

$$\frac{f(x|H_1)}{f(x|H_0)} \underset{D_0}{\overset{D_1}{\gtrless}} \frac{P(H_0)}{P(H_1)} \tag{1-91}$$

式中，左边为似然比，右边为门限，其由先验概率决定。注意 $P(H_i|X = x)$ 与 $f(x|H_i)$ 的区别：前者表示在 $X = x$ 条件下数据来自 H_i 的可能性，不易计算；后者表示在 H_i 为真的条件下 $X = x$ 的概率，可根据 H_i 下的信号与噪声分布计算。

考虑先验概率问题。先验概率在某些事件中不可预知，在某些事件中又很简单。例如，在雷达系统中，很难预测敌机来袭的概率（粗略估计的先验概率不适用）；在通信系统中，0 和 1 的先验概率被设计为相同的值（为了传输尽量多的信息）。

在 $P(H_0) = P(H_1) = 0.5$ 时，式（1-91）右边的门限为 1。为了简化似然比的运算，对式（1-91）两边求自然对数，得到

$$\ln f(x|H_1) - \ln f(x|H_0) \underset{D_0}{\overset{D_1}{\gtrless}} 0 \tag{1-92}$$

可见，公式结构发生了变化（由除运算变成了简单的加减运算）。此外，对数运算可以简化高斯分布的指数运算。

在 $P(H_0) = P(H_1) = 0.5$ 时，最大后验概率准则等价于最大似然准则。当不同的假设具有相同的先验概率时（如通信系统等概率发送不同的码元），能够取得最小错误概率。

1.3.2　高斯白噪声下的信号检测

高斯白噪声是统计信号处理的经典噪声。高斯分布的概率密度函数为

$$f(x) = \frac{1}{\sqrt{2\pi\sigma^2}} \exp\left[-\frac{(x-\mu)^2}{2\sigma^2}\right] \tag{1-93}$$

式中，μ 表示均值；σ^2 表示方差。

在高斯白噪声下，确知信号的最优检测方法是采用匹配滤波器。这是一个已知结论，下面进行简单推导。

设发送端发送信号 s_0 和 s_1 的概率比为 $\eta = p_0 / p_1$；接收端对每个信号有 N 个采样值，每个采样值由信号和噪声组成，二元假设下的信号模型为

$$\begin{cases} H_0: & x(n) = s_0(n) + w(n) \\ H_1: & x(n) = s_1(n) + w(n) \end{cases} \tag{1-94}$$

式中，$n = 1, 2, \cdots, N$；$x(n)$ 是接收信号；$w(n)$ 是均值为 0、方差为 σ^2 的

高斯白噪声。注意，当 n 变化时，采样值噪声分布相同但相互独立，即独立同分布。这里 $w(n)\sim\mathcal{N}(0,\sigma^2)$，$n$ 变化时 $w(n)$ 相互独立，是广义平稳随机过程，但 n 变化时 $x(n)$ 不相互独立，因为其含有 $s(n)$ 分量。

推导检测器

$$\frac{f(x\mid H_1)}{f(x\mid H_0)}\underset{D_0}{\overset{D_1}{\gtrless}}\eta\Rightarrow\frac{\displaystyle\prod_{n=1}^{N}\frac{1}{\sqrt{2\pi\sigma^2}}\exp\left\{-\frac{\left[x(n)-s_1(n)\right]^2}{2\sigma^2}\right\}}{\displaystyle\prod_{n=1}^{N}\frac{1}{\sqrt{2\pi\sigma^2}}\exp\left\{-\frac{\left[x(n)-s_0(n)\right]^2}{2\sigma^2}\right\}}\underset{D_0}{\overset{D_1}{\gtrless}}\eta$$

$$\Rightarrow\exp\sum_{n=1}^{N}\left\{-\frac{\left[x(n)-s_1(n)\right]^2}{2\sigma^2}+\frac{\left[x(n)-s_0(n)\right]^2}{2\sigma^2}\right\}\underset{D_0}{\overset{D_1}{\gtrless}}\eta \quad（1\text{-}95）$$

$$\Rightarrow\sum_{n=1}^{N}\left[\frac{x(n)s_1(n)-x(n)s_0(n)}{\sigma^2}+\frac{s_0^2(n)-s_1^2(n)}{2\sigma^2}\right]\underset{D_0}{\overset{D_1}{\gtrless}}\ln\eta$$

$$\Rightarrow T(x)=\sum_{n=1}^{N}x(n)\left[s_1(n)-s_0(n)\right]\underset{D_0}{\overset{D_1}{\gtrless}}\eta'$$

式中，η' 为判决门限，有

$$\eta'=\frac{1}{2}\left[\sum_{n=1}^{N}s_1^2(n)-\sum_{n=1}^{N}s_0^2(n)\right]+\sigma^2\ln\eta \quad（1\text{-}96）$$

该检测器的处理过程是将接收到的信号 $x(n)$ 分别与 $s_0(n)$ 和 $s_1(n)$ 匹配，用 $s_1(n)$ 匹配结果减去 $s_0(n)$ 匹配结果。当得到的值大于 η' 时做判决 D_1；当得到的值小于 η' 时做判决 D_0。

对于通信系统，在很多情况下，不同信号的幅度相同，存在

$$\sum_{n=1}^{N}s_1^2(n)=\sum_{n=1}^{N}s_0^2(n)=E_s \quad（1\text{-}97）$$

式中，E_s 为信号能量，其与噪声方差之比构成了一种信噪比，即

$$\mathrm{SNR}=\frac{E_s}{\sigma^2} \quad（1\text{-}98）$$

对于雷达系统，目标回波可能存在或不存在，设无目标时的 $s_0(n)=0$，此时检测器变为

$$T(x) = \sum_{n=1}^{N} x(n) s_1(n) \underset{H_0}{\overset{H_1}{\gtrless}} \frac{1}{2} E_s + \sigma^2 \ln \eta \qquad (1\text{-}99)$$

1.3.3　高斯色噪声下的信号检测

由信号检测的经典理论可知，在高斯色噪声下确知信号的最优检测方法是采用白化滤波器。其原理是先对实测噪声数据进行白化处理，再进行广义匹配滤波检测。

设高斯色噪声中确知信号检测的模型为

$$\begin{cases} H_0: & \boldsymbol{r} = \boldsymbol{w} \\ H_1: & \boldsymbol{r} = \boldsymbol{s} + \boldsymbol{w} \end{cases} \qquad (1\text{-}100)$$

式中，$\boldsymbol{r}$ 为接收信号向量；$\boldsymbol{s}$ 为发送信号向量；$\boldsymbol{w}$ 为高斯色噪声向量，$\boldsymbol{w} \sim \mathcal{N}(\boldsymbol{0}, \boldsymbol{C})$；$\boldsymbol{C}$ 为 $\boldsymbol{w}$ 的协方差矩阵。可以推导得到

$$\begin{cases} p(\boldsymbol{r} \mid H_0) = \dfrac{1}{(2\pi)^{\frac{N}{2}} \det^{\frac{1}{2}}(\boldsymbol{C})} \exp\left[-\dfrac{1}{2} \boldsymbol{r}^{\mathrm{H}} \boldsymbol{C}^{-1} \boldsymbol{r} \right] \\[4mm] p(\boldsymbol{r} \mid H_1) = \dfrac{1}{(2\pi)^{\frac{N}{2}} \det^{\frac{1}{2}}(\boldsymbol{C})} \exp\left[-\dfrac{1}{2} (\boldsymbol{r} - \boldsymbol{s})^{\mathrm{H}} \boldsymbol{C}^{-1} (\boldsymbol{r} - \boldsymbol{s}) \right] \end{cases} \qquad (1\text{-}101)$$

在假设 H_0 下，$\boldsymbol{r} \sim \mathcal{N}(\boldsymbol{0}, \boldsymbol{C})$；在假设 H_1 下，$\boldsymbol{r} \sim \mathcal{N}(\boldsymbol{s}, \boldsymbol{C})$。取对数可得

$$L(\boldsymbol{r}) = \ln \frac{p(\boldsymbol{r} \mid H_1)}{p(\boldsymbol{r} \mid H_0)} \underset{D_0}{\overset{D_1}{\gtrless}} \ln \gamma \qquad (1\text{-}102)$$

式中，γ 表示门限。$L(\boldsymbol{r})$ 为

$$\begin{aligned} L(\boldsymbol{r}) &= -\frac{1}{2} \left[(\boldsymbol{r} - \boldsymbol{s})^{\mathrm{H}} \boldsymbol{C}^{-1} (\boldsymbol{r} - \boldsymbol{s}) - \boldsymbol{r}^{\mathrm{H}} \boldsymbol{C}^{-1} \boldsymbol{r} \right] \\ &= -\frac{1}{2} \left[\boldsymbol{r}^{\mathrm{H}} \boldsymbol{C}^{-1} \boldsymbol{r} - 2 \boldsymbol{r}^{\mathrm{H}} \boldsymbol{C}^{-1} \boldsymbol{s} + \boldsymbol{s}^{\mathrm{H}} \boldsymbol{C}^{-1} \boldsymbol{s} - \boldsymbol{r}^{\mathrm{H}} \boldsymbol{C}^{-1} \boldsymbol{r} \right] \qquad (1\text{-}103) \\ &= \boldsymbol{r}^{\mathrm{H}} \boldsymbol{C}^{-1} \boldsymbol{s} - \frac{1}{2} \boldsymbol{s}^{\mathrm{H}} \boldsymbol{C}^{-1} \boldsymbol{s} \end{aligned}$$

将与数据无关的项放入门限，可以得到检测器为

$$T(\boldsymbol{r}) = \boldsymbol{r}^{\mathrm{H}} \boldsymbol{C}^{-1} \boldsymbol{s} \underset{D_0}{\overset{D_1}{\gtrless}} \gamma' \qquad (1\text{-}104)$$

对于 AWGN，$C = \sigma^2 I$，式（1-104）可以简化为

$$\frac{r^{\mathrm{H}} s}{\sigma^2} \underset{D_0}{\overset{D_1}{\gtrless}} \gamma' \Rightarrow r^{\mathrm{H}} s \underset{D_0}{\overset{D_1}{\gtrless}} \gamma'' \qquad (1\text{-}105)$$

式（1-105）的结构与高斯白噪声下推导得到的检测器式（1-95）相似。

在式（1-104）中，C 是 w 的协方差矩阵，可以分解为 $C^{-1} = D^{\mathrm{H}} D$。因此，有

$$\begin{aligned} T(r) &= r^{\mathrm{H}} C^{-1} s = r^{\mathrm{H}} D^{\mathrm{H}} D s \\ &= r'^{\mathrm{H}} s' = r''^{\mathrm{H}} s = r^{\mathrm{H}} s'' \end{aligned} \qquad (1\text{-}106)$$

式中，$r'=Dr$，$s'=Ds$，$r''=C^{-1}r$，$s=C^{-1}s$。为了证明线性变换 D 确实能够产生 AWGN，令 $w'=Dw$，对 w' 求协方差矩阵，有

$$\begin{aligned} C_{w'} &= E\left(w'w'^{\mathrm{H}}\right) = E\left(Dww^{\mathrm{H}}D^{\mathrm{H}}\right) = DE\left(ww^{\mathrm{H}}\right)D^{\mathrm{H}} \\ &= DCD^{\mathrm{H}} = D\left(D^{\mathrm{H}}D\right)^{-1}D^{\mathrm{H}} = I \end{aligned} \qquad (1\text{-}107)$$

可以将式（1-107）中的 D 称为预白化器。实际上，原始接收信号通过 D 后，其中的色噪声白化。高斯色噪声下的信号检测如图 1-2 所示。

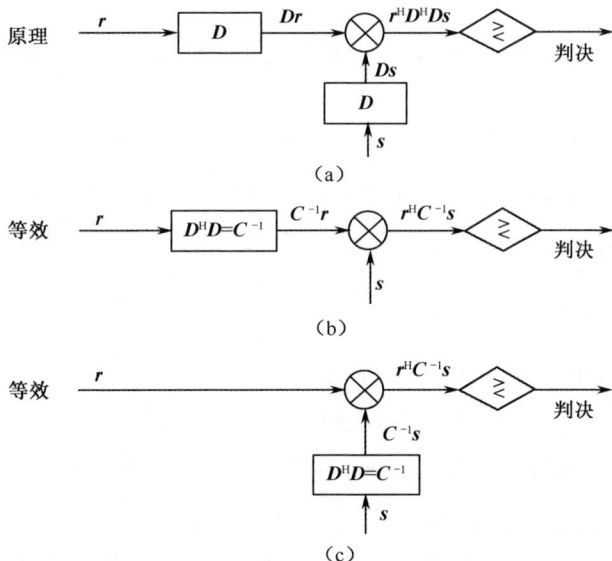

图 1-2　高斯色噪声下的信号检测

在系统分析高斯色噪声下的信号检测问题后，可以结合图 1-2 理解白化处理的内涵和所担任的角色。

图 1-2（a）给出了检测器为 $r^H D^H Ds$ 的检测结构，对 r 中的高斯色噪声进行白化处理，得到 $r'=Dr$；考虑 r' 中含有的噪声分量为高斯白噪声 $w' = Dw$，待检测信号变为 $s' = Ds$，采用匹配滤波器可以取得最好的检测效果，其检测统计量为 $r^H D^H Ds$。

由于 $r^H D^H Ds = r^H C^{-1} s$，图 1-2（b）给出了一个等效检测结构。该结构接近传统检测结构（r 直接通过匹配滤波器 s），相当于不改变匹配滤波，其在滤波前左乘 C^{-1}。需要注意的是，r'' 中含有的噪声分量 $w''=C^{-1}w$ 不是高斯白噪声。

图 1-2（c）给出了另一个等效检测结构。该结构也接近传统检测结构，其将匹配滤波改为失配滤波 $s''=C^{-1}s$，使数字信号处理的实现更方便，与传统检测结构相比，其不需要改变接收信号，只需要计算一个新的相关滤波器和修改检测门限。

1.3.4　关于信噪比定义的讨论

我们会在各种文献中看到多种信噪比定义。例如，高斯白噪声的设置说明了关于方差和功率谱的两种定义。信噪比表示信号与噪声的幅度或功率比，可以有不同的定义方法，因此在讨论信噪比时，应当介绍定义方法。

1. 连续信号的信噪比

考虑在时间 T 内，接收信号为

$$r(t) = s(t) + w(t), \; s(t) = As_0(t) \tag{1-108}$$

式中，$s_0(t)$ 表示信号的基本波形，其能量为 $E_0 = \int_T |s_0(t)|^2 \mathrm{d}t$，提取 $s_0(t)$ 是为了单独分析幅度 A 的影响。

对于信号来说，在时间 T 内的总能量为 $A^2 E_0$，其平均功率为 $A^2 P_0$，其中 $P_0 = E_0/T$ 表示 $s_0(t)$ 的平均功率。

对于高斯白噪声来说，不能直接描述其幅度，而是说其功率谱密度为 N_0，它描述在时间 T 内收集到的噪声能量平均分布在带宽 B（$B \to \infty$）内的密度。这就反映了一个问题，噪声能量是无限的吗？从客观上讲是无限的。虽然噪声能量是无限的，但是带宽 B 不可能无限大，需要分析的噪声是带宽 B 内的部分，这部分噪声（我们所关心的噪声）的能量是有限的。

噪声功率谱密度为 N_0，其功率为 BN_0。功率与时间的积为能量，因此噪声能量为 BTN_0。

连续信号的信噪比为

$$\mathrm{SNR}_{ct} = \frac{A^2 E_0}{BTN_0} = \frac{A^2 P_0}{BN_0} \tag{1-109}$$

可以看出，带宽越大，连续信号的信噪比越小。式（1-109）表示，当一个系统通过滤波器（带宽为 B）时，如果能够减小带宽（保证信号能够无损通过），则噪声幅度减小，这是合理的。在工程上，一般系统会采用低通滤波器或带通滤波器，以滤除通带外的干扰和噪声。

2. 离散信号的信噪比

考虑在时间 T 内对式（1-108）的模拟信号进行采样，采样频率为 $f_s = B$（采样信号频带是 $-B/2 \sim B/2$），采样点有 $N = f_s T = BT$ 个。设采样后的离散信号为

$$r(n) = As_1(n) + w(n), \ n = 1,2,\cdots,N \tag{1-110}$$

对于离散信号来说，其能量和平均功率为

$$\begin{cases} A^2 \sum_{n=1}^{N} |s_1(n)|^2 = A^2 E_s \\ A^2 E_s / N = A^2 P_s \end{cases} \tag{1-111}$$

式中，E_s 表示 $s_1(n)$ 的能量，P_s 表示 $s_1(n)$ 的平均功率。

对于噪声来说，每个点的能量即方差 σ^2，N 个点的能量为 $N\sigma^2$。因此，离散信号的信噪比为

$$\mathrm{SNR}_{dt} = \frac{A^2 E_s}{N\sigma^2} = \frac{A^2 P_s}{\sigma^2} \tag{1-112}$$

3. 连续信号与离散信号的关系

在仿真中，我们无法建立连续信号，必须考虑采样后的离散信号，而且现代信号处理一般是离散信号处理。下面确定连续信号与离散信号的关系。设 $s_1(n)$ 为 $s_0(t)$ 采样后的离散信号，有

$$s_1(n) = s_0(nT_s) \tag{1-113}$$

信号 $s_1(n)$ 的能量为

$$E_s = \sum_{n=1}^{N} |s_1(n)|^2 = \sum_{n=1}^{N} |s_0(nT_s)|^2 = \frac{1}{T_s} \sum_{n=1}^{N} |s_0(nT_s)|^2 T_s$$
$$\approx \frac{1}{T_s} \int_0^T |s_0(t)|^2 \, \mathrm{d}t = BE_0 \tag{1-114}$$

可以看出，采样后的离散信号的能量与带宽成正比，采样频率提高、采样点增多能量会增大。

连续信号的噪声能量为 BTN_0，离散信号的噪声能量为 $N\sigma^2$。由于 $N = BT$，可以认为噪声方差 σ^2 与噪声功率谱密度 N_0 成正比（目前还没有确凿的证据可以证明两者相等）。

假设采样前后的噪声能量相同，此时离散信号的信噪比为

$$\mathrm{SNR_{dc}} = \frac{A^2 BE_0}{N\sigma^2} = \frac{A^2 E_0}{T\sigma^2} = \frac{A^2 P_0}{\sigma^2} \tag{1-115}$$

4. 对信噪比的认识

从式（1-115）中可以看出，采样信号的信噪比与采样频率无关，这是符合客观规律的。

利用有用信号的具体形式 $s(t)$ 和 $s(n)$ 可以清晰描述相关问题。很多时候人们不讨论信号的基本波形 $s_0(t)$，因此将其剥离，专门通过 A 调整信号能量，其与信噪比的关系较为简单，使用也很方便。但是，这就要求对 $s_0(t)$ 的能量 E_0 做出解释。例如，如果将能量归一化，则 $E_0=1$；如果将幅度归一化，则能量为 T 或 N。

对于噪声，应给出噪声功率谱密度 N_0 和噪声方差 σ^2。

建议统一基于连续时间或离散时间对相关参数做出解释。

（1）如果基于连续时间，需要给出噪声功率谱密度 N_0、幅度 A、$s_0(t)$ 的平均功率 E_0/T，信噪比为

$$\begin{cases} \mathrm{SNR}_{\mathrm{ct}} = \dfrac{A^2}{N_0}\dfrac{E_0}{T}, & \text{不考虑带宽} \\[3mm] \mathrm{SNR}_{\mathrm{ct}} = \dfrac{A^2}{BN_0}\dfrac{E_0}{T}, & \text{考虑带宽} \end{cases} \tag{1-116}$$

（2）如果基于离散时间，需要给出噪声方差 σ^2、幅度 A、$s_1(n)$ 的平均功率 E_s/N，信噪比为

$$\mathrm{SNR}_{\mathrm{dt}} = \frac{A^2}{\sigma^2}\frac{E_s}{N} = \frac{A^2 P_s}{\sigma^2} \tag{1-117}$$

（3）如果不统一基于连续时间或离散时间对相关参数做出解释，则只能在理解的基础上给出信噪比（此时采样频率、持续时间、采样点数等可能都会用到），如

$$\mathrm{SNR}_{\mathrm{dc}} = \frac{BA^2 E_0}{N\sigma^2} = \frac{A^2 E_0}{T\sigma^2} \tag{1-118}$$

这里对信噪比定义进行专门介绍，是因为在一些文献中，对信噪比设置的介绍不足，导致读者难以衡量算法性能。如果只提"在某信噪比下的性能为多少"，其具体意义比较模糊（如 MATLAB 中的 snr 函数有多种计算方式）。经过上述介绍，我们发现关于信噪比的说明可以很简单。

例如，文献[7]在介绍信噪比时指出，"加入仿真的 MSK 信号，各码元的采样点数 $M=512$。定义信噪比为 $\mathrm{SNR}_{\mathrm{sc}} = E_s/\sigma^2$，$E_s$ 为单码元信号能量。"这样，可以方便有需要的读者根据具体介绍进行换算并重现仿真过程。

1.3.5 信噪比与检测性能

如前所述，信噪比的定义可以是不同的，但也有一些常用的定义。

下面以 BFSK 调制的误码率性能分析为例，介绍信噪比与检测性能的关系。

设信号幅度 $A>0$，二元信号模型为

$$\begin{cases} H_0: & x(n) = As_0(n) + w(n) \\ H_1: & x(n) = As_1(n) + w(n) \end{cases} \quad (1\text{-}119)$$

当信源发送 0 码时，模型符合 H_0；当信源发送 1 码时，模型符合 H_1。$w(n)$ 是零均值加性高斯白噪声。

推导检测器

$$\frac{f(x|H_1)}{f(x|H_0)} \underset{D_0}{\overset{D_1}{\gtrless}} \eta \Rightarrow \ln f(x|H_1) - \ln f(x|H_0) \underset{D_0}{\overset{D_1}{\gtrless}} \ln \eta$$

$$\Rightarrow \frac{1}{\sigma^2} \left\{ \left[\sum_{n=1}^{N} x(n)s_1(n) - \frac{1}{2}A\sum_{n=1}^{N} s_1^2(n) \right] - \quad (1\text{-}120) \right.$$

$$\left. \left[\sum_{n=1}^{N} x(n)s_0(n) - \frac{1}{2}A\sum_{n=1}^{N} s_0^2(n) \right] \right\} \underset{D_0}{\overset{D_1}{\gtrless}} \ln \eta$$

因此，构造

$$T(x) = \sum_{n=1}^{N} x(n) \left[s_1(n) - s_0(n) \right] \underset{D_0}{\overset{D_1}{\gtrless}} \frac{1}{2} A \left[\sum_{n=1}^{N} s_1^2(n) - \sum_{n=1}^{N} s_0^2(n) \right] + \sigma^2 \ln \eta \quad (1\text{-}121)$$

因为等概率发送 0 码和 1 码，所以 $\eta=1$。考虑不同信号的能量相同，$\sum_{n=1}^{N} s_1^2(n) = \sum_{n=1}^{N} s_0^2(n)$，因此判决门限为 0，检测器为

$$T(x) = \sum_{n=1}^{N} x(n) \left[s_1(n) - s_0(n) \right] \underset{D_0}{\overset{D_1}{\gtrless}} 0 \quad (1\text{-}122)$$

该检测器的处理过程是将接收到的信号 $x(n)$ 分别与 $s_0(n)$ 和 $s_1(n)$ 匹配，用 $s_1(n)$ 匹配结果减去 $s_0(n)$ 匹配结果。当得到的值大于 0 时做判决 D_1；当得到的值小于 0 时做判决 D_0。

下面从检测统计量分布的角度推导检测性能。由于 $w(n) \sim \mathcal{N}\left(0, \sigma^2\right)$，且有

$$\begin{cases} \sum s_0^2(n) = \sum s_1^2(n) = E_s \\ \sum s_0(n)s_1(n) = 0 \end{cases} \quad (1\text{-}123)$$

可以得到

$$\begin{cases} H_0: & T(x) = \sum \big[As_0(n)+w(n)\big]s_1(n) - \big[As_0(n)+w(n)\big]s_0(n) \\ & = -AE_s + \sum[s_1(n)-s_0(n)]w(n) \sim \mathcal{N}\big(-AE_s, 2\sigma^2 E_s\big) \\ H_1: & T(x) = \sum \big[As_1(n)+w(n)\big]s_1(n) - \big[As_1(n)+w(n)\big]s_0(n) \\ & = AE_s + \sum[s_1(n)-s_0(n)]w(n) \sim \mathcal{N}\big(AE_s, 2\sigma^2 E_s\big) \end{cases} \tag{1-124}$$

由于检测门限为 0，可以得到 BFSK 调制的误码率为 Q 函数

$$\begin{aligned} P_{e,\text{BFSK}} &= \int_0^\infty \frac{1}{\sqrt{2\pi 2\sigma^2 E_s}} \exp\left[-\frac{1}{2}\frac{(x+AE_s)^2}{2\sigma^2 E_s}\right]dx \\ &= \int_{A\sigma\sqrt{E_s/2}}^\infty \frac{1}{\sqrt{2\pi}} \exp\left(-\frac{y^2}{2}\right)dy \\ &= Q\left(\sqrt{\frac{A^2 E_s}{2\sigma^2}}\right) \end{aligned} \tag{1-125}$$

类似地，可以得到 BPSK 调制的误码率为

$$P_{e,\text{BPSK}} = Q\left(\sqrt{\frac{A^2 E_s}{\sigma^2}}\right) \tag{1-126}$$

两者的信噪比有一定的差距。因为 Q 是减函数，所以误码率会随信噪比的增大而降低。这符合信噪比越大则检测性能越好的常识。

尽管其他著作也会介绍 BFSK 调制和 BPSK 调制的误码率，但上述推导从统计信号处理原理的角度出发，基本没有使用其他概念和技巧，属于基础推导。

前面提到离散信号的信噪比为

$$\text{SNR}_{\text{dt}} = \frac{A^2 E_s}{N\sigma^2} \tag{1-127}$$

误码率公式中的信噪比为

$$\text{SNR}_{\text{pe}} = \frac{A^2 E_s}{\sigma^2} \tag{1-128}$$

式（1-127）与式（1-128）成正比。在通信场景下，人们通常更愿意采用 SNR_{pe}，因为它可以直接计算为误码率，不用再考虑其他参数（如

N）。既然在不同场景下有不同的信噪比衡量方式，我们在介绍自己的研究和仿真时，可以尽量细致地说明仿真设置，以方便读者快速换算和应用。

本书中的仿真场景多为通信场景，因此采用 SNR_{pe}。信噪比一般有幅度和功率两种计算方法，其转换为 dB 值应当是一致的，即

$$\text{SNR}_{\text{pe}}\left(\text{dB}\right)=10\lg\text{SNR}_{功率}=20\lg\text{SNR}_{幅度} \tag{1-129}$$

噪声方差和幅度、能量的关系为

$$\text{SNR}_{\text{pe}}\left(\text{dB}\right)=10\lg\frac{A^2 E_s}{\sigma^2}\Rightarrow\sigma=A\sqrt{E_s}10^{-\frac{\text{SNR}_{\text{pe}}(\text{dB})}{20}} \tag{1-130}$$

设置步骤如下。

（1）生成通信信号 $s_0(t)$，并进行能量归一化，因此 $E_s=1$。

（2）根据想要的信噪比，计算噪声方差。考虑 $A=1$，则噪声方差为

$$\text{SNR}_{\text{pe}}\left(\text{dB}\right)=-20\lg\sigma^2\Rightarrow\sigma=10^{-\frac{\text{SNR}_{\text{pe}}(\text{dB})}{20}} \tag{1-131}$$

生成的接收信号为

$$x(n)=s_0(n)+\sigma w(n),\quad w(n)\sim\mathcal{N}\left(0,1\right) \tag{1-132}$$

或

$$x(n)=\frac{1}{\sigma}s_0(n)+w(n),\quad w(n)\sim\mathcal{N}\left(0,1\right) \tag{1-133}$$

对于接收判决器和性能计算来说，两者是等效的（判决门限依然是 0，信噪比无变化）。

1.4　通信信号检测

本节以通信系统为例，对统计信号处理进行分析并介绍相关算法的应用。通信系统的信号传输如图 1-3 所示[4]。

发送设备将信源输出的信号变为发送信号，一般是电磁波，也可能是声波、光波等。发送信号的频谱、功率等与信道匹配，适合在信道中传输。

例如，信号要调制至高频发送的原因是发送天线尺寸一般与所发送的电磁波波长在同一数量级，因此手机无法发送兆赫兹级信号（尽管 4G 通信的子带带宽大约是 20MHz）。发送设备一般由载波发生器、调制器、滤波器、放大器等构成。

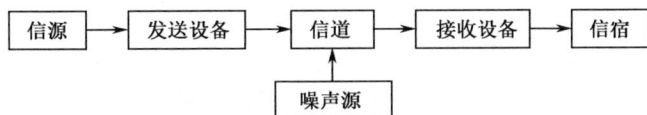

图 1-3　通信系统的信号传输

接收设备的功能是从接收信号中提取所需要的信号。虽然放大信号是接收设备最先执行的任务，特别是在无线通信系统中，接收信号很弱，对信号做进一步处理前要先放大，但接收设备的主要功能是解调信号。接收设备会产生噪声，可以将其等效为在信道中引入的噪声（或者说，可以将接收天线和采集环节理解为信道的一部分）。

1.4.1　通信信号调制方式

在卫星通信、移动通信、微波通信、光纤通信等现代通信中，信道中传输的都是数字已调信号。数字基带信号通过调制器改变正弦载波信号的幅度、频率或相位，产生数字振幅已调信号、数字频率已调信号或数字相位已调信号。因为数字调制器可以通过电子开关键控载波实现，所以工程上常将数字已调信号称为键控信号。以二进制为例，包括二进制相移键控（BPSK）、二进制幅移键控（BASK）、二进制频移键控（BFSK）及最小频移键控（MSK）等，本节对 BPSK 和 MSK 进行介绍。

1. 二进制相移键控

二进制相移键控（Binary Phase Shift Keying，BPSK）是一种最简单的调制方式，又称 2PSK，发送码元为+1 或-1，载波相位改变±π/2。乘

以载波信号后，BPSK 信号的时域表达式为

$$s_{\text{BPSK}}(t) = s(t)\cos\omega_c t = \begin{cases} \cos(2\pi f_c t), & 1\text{码} \\ -\cos(2\pi f_c t), & 0\text{码} \end{cases} \quad (1\text{-}134)$$

式中，$s(t)$ 为二进制信息。式（1-134）表示 1 码对应的 BPSK 信号与本码元内的载波同相，0 码对应的 BPSK 信号与本码元内的载波反相。

本书的建模方法如下。设数据比特为 b_k，发送信号的相位差为 π。将 BPSK 信号看作脉冲幅度调制信号，其基带脉冲是幅度为 1 的矩形脉冲，可以写为

$$s_{\text{BPSK}}(t) = b_k \cos\left(2\pi f_c t + \frac{\pi}{2}\right), \ (k-1)T_b \leqslant t \leqslant kT_b \quad (1\text{-}135)$$

式中，T_b 为码元宽度，$b_k = \pm 1$。

BPSK 调制波形如图 1-4 所示，设信息码元为 100110，BPSK$_1$ 的载波频率为信息速率的 1.5 倍，BPSK$_2$ 的载波频率等于信息速率。可见，BPSK 调制波形与信息码元的关系为"异变同不变"，如果本码元与前一码元相异，则本码元内波形的初相位相对前一码元内波形的末相位变化；否则，不变。

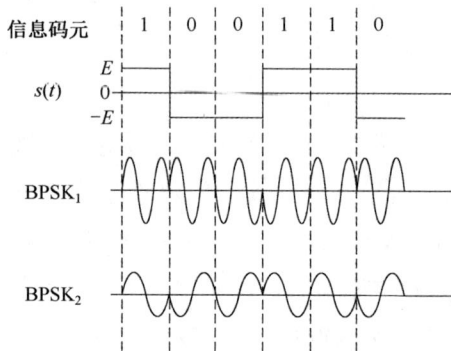

图 1-4 BPSK 调制波形

2. 最小频移键控

最小频移键控（Minimum Shift Keying，MSK）是常用的相位连续调制方式，其满足两个载波正交且频率间隔最小及相位连续变化两个条件，从这两个条件出发，可以得到 MSK 信号的表达式。

设两个载波分别为 $\cos 2\pi f_1 t$ 和 $\cos 2\pi f_2 t$，则它们正交的条件为

$$\begin{cases} f_2 + f_1 = \dfrac{m}{2T_b} = m\dfrac{R_b}{2} \\[3mm] f_2 - f_1 = \dfrac{n}{2T_b} = n\dfrac{R_b}{2} \end{cases} \tag{1-136}$$

式中，m 和 n 为正整数；T_b 为码元宽度；$R_b = 1/T_b$ 为信息速率。显然，当 $n=1$ 时，两个正交载波的频差最小，即 MSK 信号的两个载波的频差为

$$f_2 - f_1 = \frac{1}{2T_b} = \frac{R_b}{2} \tag{1-137}$$

令

$$f_c = \frac{1}{2}\left(f_2 + f_1\right) = \frac{m}{4T_b} = m\frac{R_b}{4} \tag{1-138}$$

则有

$$\begin{cases} f_1 = f_c - \dfrac{R_b}{4} \\[3mm] f_2 = f_c + \dfrac{R_b}{4} \end{cases} \tag{1-139}$$

式中，f_c 为 MSK 信号的中心频率（或载波频率），其等于 $R_b/4$ 的整数倍。

在仿真中，将 MSK 信号建模为

$$s_{\mathrm{MSK}}(t) = \cos\left(2\pi f_c t + \frac{\pi D_k}{2T_b}t + \varphi_k\right) = \cos\left[2\pi f_c t + \theta(t)\right] \tag{1-140}$$

式中，$(k-1)T_b \leqslant t \leqslant kT_b$；$\theta(t) = \dfrac{\pi D_k}{2T_b}t + \varphi_k$；$f_c$ 为载波频率；T_b 为码元宽度；D_k 为第 k 个码元的信息，$D_k = \pm 1$；φ_k 为第 k 个码元的相位常数，在 $(k-1)T_b \leqslant t \leqslant kT_b$ 时保持不变。计算得到

$$\begin{cases} D_k = +1 \Rightarrow f_1 = f_c + \dfrac{1}{4T_b} \\[3mm] D_k = -1 \Rightarrow f_0 = f_c - \dfrac{1}{4T_b} \end{cases} \tag{1-141}$$

由此得到调制指数为

$$\begin{cases} f_{\mathrm{mod}} = f_1 - f_0 = \dfrac{1}{2T_b} \\ h_{\mathrm{mod}} = f_{\mathrm{mod}}T_b = \dfrac{1}{2} \end{cases} \quad （1\text{-}142）$$

φ_k 的值需要保证信号相位在码元转换时刻是连续的，因此递归条件为

$$\varphi_k = \varphi_{k-1} + \frac{\pi}{2}(k-1)(D_k - D_{k-1}) = \begin{cases} \varphi_{k-1}, & D_k = D_{k-1} \\ \varphi_{k-1} \pm \pi(k-1), & D_k \neq D_{k-1} \end{cases} \quad （1\text{-}143）$$

因此，φ_k 的值为 0 或 π，具体由多个参数确定，也就是说，对于 MSK 调制来说，前后码元间存在相关性。简单来说，φ_k 的作用是使+1 和-1 在相交处的相位一致。对于相干解调来说，可设 φ_k 起始参考值为零。

1.4.2　直接序列扩频技术

扩展频谱技术简称扩频技术，其特点是传输信号所占带宽远大于数据传输速率。直接序列扩频（Direct Sequence Spread Spectrum，DSSS）使发送信号与一个大带宽信号相乘，即扩频函数或扩频码序列。由于扩频码序列与传输信号无关，又是信号解码所需要的，因此在实现扩频（所得信号的带宽与扩频信号的带宽近似相等）的同时，还能提高信号的抗干扰能力、增强保密性、增加码分多址和精确定时测距等功能。

与码元宽度相比，扩频码序列很窄，而扩频信号带宽远大于原始信号带宽。设 W 为扩频信号带宽，B 为原始信号带宽。一般认为 $1 \leqslant W/B \leqslant 2$ 为窄带通信，$W/B > 50$ 为宽带通信，$W/B > 100$ 为扩频通信。W/B 为处理增益，表明了扩频系统的信噪比改善程度，扩频系统的抗干扰能力与 W/B 有关。

对于直接序列扩频系统的扩频码序列来说，为了通过相关运算完全逆转扩频操作，希望扩频码序列的自相关函数呈现 δ 函数的特性。其中最常用的是伪随机（PN）序列（可以预先确定且可以重复实现的序列为确定序列；既不能预先确定又不能重复实现的序列为随机序列；不能预先确定但可以重复实现的序列为伪随机序列），包括 m 序列、Gold 序列和

Kasami 序列。

m 序列是常用的扩频码序列之一，其由 n 级移位寄存器构成，序列长度为 $N = 2^n - 1$。设 $N = 7$，扩频过程如图 1-5 所示。

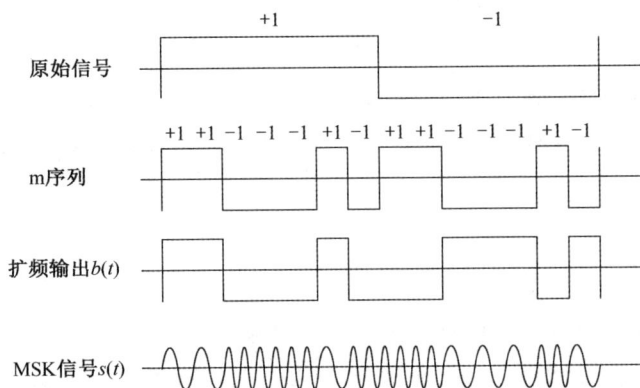

图 1-5　扩频过程

1.4.3　直扩 MSK 信号

本节以甚低频通信为例，介绍加性高斯白噪声影响下的信号处理和仿真。本书的通信场景仿真均以本节的设置为参考，因此进行详细介绍，以便读者充分认识本书的仿真验证工作。

甚低频（Very Low Frequency，VLF）广泛应用于水下通信、地质勘探、地震监测及深海资源探测等领域，如对舰艇的远程指挥和通信。VLF 通信应用波长为 10km～100km（频率为 3kHz～30kHz）的电磁波。

甚低频通信主要采用 MSK 调制方式和直接序列扩频技术。因为 MSK 信号具有相位变化连续、能量集中、包络恒定、频带利用率高、带外辐射小等优点，所以在甚低频通信中有广泛应用。此外，通信系统采用的调制解调技术使其本身具有一定的抗干扰能力，如扩频技术可以将干扰信号的能量分散到整个频带上，从而抑制通信频带内的干扰能量。

下面给出直接序列扩频下的 MSK 信号，并与 BPSK 信号对比。

令脉冲信号为

$$g(t,T)=\begin{cases}1,& 0<t\leqslant T\\0,& \text{其他}\end{cases}\qquad(1\text{-}144)$$

设载波频率为 f_c，初相位为 0。令

$$g_c(t,T_c)=\exp(2\pi f_c t)g(t,T_c)\qquad(1\text{-}145)$$

设扩频码序列的码长为 M_{ds}，第 m_{ds} 个码元为 c_m，码元宽度为 T_c，时长为 $T=M_{ds}T_c$。载波频率为 f_c，初相位为 0。连续时间的扩频码序列表示为

$$s(t)=\sum_{m_{ds}=1}^{M_c}c_{m_{ds}}g_c[t-(m_{ds}-1)T_c,T_c],\ t\in(0,T]\qquad(1\text{-}146)$$

设采样频率为 f_s，周期为 T_s，一个扩频码有 $M=f_sT$ 个采样点，一个码元有 f_sT_c 个采样点。为了便于表达和分析，设 $f_sT_c=M_c$ 为整数。则离散时间的扩频码序列表示为

$$s(m)=\sum_{m=1}^{M}c_{m_{ds}}g_c[m-(m_{ds}-1)M_c,M_c],\ m\in1,2,\cdots,M\qquad(1\text{-}147)$$

设发送信号为 $\boldsymbol{d}=[d_1,d_2,\cdots,d_p,\cdots,d_P]$，共有 P 个二元码（±1），采样长度为 $N=PM$。

对于 BPSK 调制，其模拟形式为

$$s_{BPSK}(t)=\sum_{p=1}^{P}d_p s[t-(p-1)T]\qquad(1\text{-}148)$$

离散形式为

$$s_{BPSK}(n)=\sum_{p=1}^{P}d_p s(m_p),\ m_p=n-(p-1)M\qquad(1\text{-}149)$$

对于 MSK 调制，其模拟形式为

$$s_{MSK}(t)=\sum_{p=1}^{P}\exp\left(d_p\frac{\pi t}{2T_b}+\varphi_p\right)s[t-(p-1)T],\ m_p=n-(p-1)M\qquad(1\text{-}150)$$

离散形式为

$$s_{MSK}(n)=\sum_{p=1}^{P}\exp\left(d_p\frac{n\pi}{2M}+\varphi_p\right)s(m_p),\ m_p=n-(p-1)M\qquad(1\text{-}151)$$

当 $n=pM$ 时，符号过渡，且

$$\varphi_p = \begin{cases} \varphi_{p-1}, & d_p = d_{p-1} \\ \varphi_{p-1} \pm (p-1)\pi, & d_p \neq d_{p-1} \end{cases} \quad （1\text{-}152）$$

因此，在采样后，一个发送信号的持续长度为 M，内含一个完整的 PN 序列，含 M_{ds} 个码元，一个码元含 M_c 个采样点。

不过，这种由直扩 BPSK 信号移植得到的直扩 MSK 信号有一个缺点，即不同符号间的频谱其实是重叠的。综合多个文献的描述，笔者认为直扩 MSK 信号的调制方式为：在一个符号周期内，采用相同的频率（+1 对应 $+f_b/2$，−1 对应 $-f_b/2$，$f_b = 1/4T_c$ 具有足够大的频偏）；一个符号含一组扩频码，码元宽度为 T_c，根据扩频码分别乘以 +1 或 −1。这样，既达到了真正的扩频效果，又使匹配滤波和解扩名副其实。需要说明的是，笔者不确定实际 VLF 通信系统是否采用本书中的调制和扩频方法。

由此，直扩 MSK 信号为

$$s_{\text{MSK}}(t) = s_{\text{ds}}(t) \cos\left(2\pi f_c t + \frac{\pi D_k}{2T_c} t + \varphi_k \right), \ (k-1)T_b \leqslant t \leqslant kT_b \quad （1\text{-}153）$$

$$s_{\text{ds}}(t) = \sum_{m_{\text{ds}}=1}^{M_c} c_{m_{\text{ds}}} g_c\left[t - (m_{\text{ds}}-1)T_c, T_c \right], \ 0 < t \leqslant T_b \quad （1\text{-}154）$$

值得说明的是，这里的算法采用将解调解扩纳入匹配滤波器一步完成的处理方式，对信号具体形式不敏感，因为匹配滤波器中决定误码率的关键因素是信号功率，而非信号具体形式。信号未达到扩频效果会对非 AWGN 下的处理算法性能有一定影响，因为一些算法是专门针对扩频系统提出的。

1.4.4 直扩 MSK 信号解调

通信系统为了从接收数据中恢复信号，需要解决调制信号的解调问题或扩频信号的解扩问题。通信领域对此问题已有研究和讨论，尽管可能不是从统计信号处理的角度进行的。不过，从统计信号处理的角度，可以对调制解调的算法和性能有原理上的认识。例如，通信领域从星座图的角度讨论 BPSK 信号和 BASK 信号的调制性能差异，但文献[2]从检测统计量分布的角度，对不同信号的解调性能给出了原理性推导。

本节介绍两类解调方法，再结合通信原理进行分析。为简化分析，这里不讨论同步、时延、频率色散问题。

设接收数据为

$$r(n) = s(n) + v(n) \tag{1-155}$$

式中，$v(n)$ 表示加性高斯白噪声。延续前面的信号模型，$r(n)$ 为测量值，对应第 p 个码元有 $n=(p-1)M+1,(p-1)M+2,\cdots,pM$ ，记为 $\boldsymbol{r}_p(\cdot)$ 。

对于解扩与解调，可以采用先解扩、再解调、最后检测（解码信息）的传统处理方法，步骤为：①在伪码解扩器中，用一个与伪码相同的抗干扰伪码与对应码元相乘；②分 I、Q 两路，采用匹配滤波器进行处理，得到检测量；③根据门限进行判决，输出检测结果。

为了方便，在理论研究中，直接采用包含 PN 序列的匹配滤波器 $s(n)$ ，长度为 M ，$n=(p-1)M+1,(p-1)M+2,\cdots,pM$ ，记为 $\boldsymbol{s}_p(\cdot)$ 。选取较大值作为判决结果，判决准则为

$$\hat{d}_p = \begin{cases} +1, & \left| \boldsymbol{r}_p^{\mathrm{H}}(n)\boldsymbol{s}_p^1(n) \right| \geqslant \left| \boldsymbol{r}_p^{\mathrm{H}}(n)\boldsymbol{s}_p^0(n) \right| \\ -1, & \left| \boldsymbol{r}_p^{\mathrm{H}}(m)\boldsymbol{s}_p^1(n) \right| < \left| \boldsymbol{r}_p^{\mathrm{H}}(n)\boldsymbol{s}_p^0(n) \right| \end{cases} \tag{1-156}$$

式中，上标表示 ±1 信号，如 $b^0=-1$，$b^1=+1$。式（1-156）中的变量为

$$\begin{cases} \boldsymbol{r}_p^{\mathrm{H}}(n)\boldsymbol{s}_p^1(n) = \sum\limits_{n=(p-1)M+1}^{pM} \boldsymbol{r}_p^*(n)\boldsymbol{s}_p^1(n) \\ \boldsymbol{r}_p^{\mathrm{H}}(n)\boldsymbol{s}_p^0(n) = \sum\limits_{n=(p-1)M+1}^{pM} \boldsymbol{r}_p^*(n)\boldsymbol{s}_p^0(n) \end{cases} \tag{1-157}$$

对于该方法，MSK 信号的初相位不影响信号检测。在处理中，只需要对接收数据进行解扩和解调，并用绝对幅度进行比较。

将解扩和解调后的解码数据 $\hat{\boldsymbol{d}}=[\hat{d}_1,\hat{d}_2,\cdots,\hat{d}_P]$ 与发送信号 $\boldsymbol{d}=[d_1,d_2,\cdots,d_P]$ 比较，从而统计误码率。

MSK 信号的解调方法有很多种，实际上比较容易混淆，尤其是与统计信号处理方法的对应问题比较复杂。综合来看，解调方式主要有逐码元

解调和多码元解调两类。

1）逐码元解调

（1）差分检测是一种相干解调，不利用信号绝对相位，只比较两个连续码元的相位。相关的误码率分析可以查阅文献[8]。

（2）鉴频检测通过直接检测瞬时频率大于或小于载波频率来解调数据。其接收机结构简单，但不是最优的，因为没有利用传输比特间的连续相位特性。

（3）包络非相干解调使接收数据与两个正交基函数相关，再对相关输出结果进行平方律检波。

（4）相干解调和匹配滤波在已知信道噪声为 AWGN 时的检测性能最好，但其仅基于当前码元波形，未考虑调制的记忆性，因此逐码元解调为次优，误码率比 BPSK 调制低 3dB。

2）多码元解调

与逐码元解调不同，多码元解调通过观测接收信号的多码元来完成当前码元的判决输出。由于多码元解调充分考虑了接收信号的记忆性，与逐码元解调相比，其可以获得更好的检测性能，保障了系统传输的可靠性。与逐码元解调类似，多码元解调可以分为相干解调和非相干解调。

（1）最大似然序列检测基于维特比判决法，相干解调通过观测接收信号的 P 个码元，完成第 1 个码元的检测。基于最大似然方法做判决。在计算似然比的过程中，在信噪比较大的情况下可以优化统计量。基于维特比判决法设计信号相干接收机，可以简化接收机结构。维特比判决法在搜索最小路径时，充分利用了 MSK 信号前后码元的相关性，因此其性能比逐码元解调好。

（2）最大似然分组检测在载波初相位未知时，对多码元进行检测。对于第 1 个码元为 +1 或 −1，分别有 2^{P-1} 种可能。计算其最大似然函数，然后对初相位进行平均，累加得到 +1 似然比和 −1 似然比。在两个似然比中，选取较大值做判决。为了减小计算量，也可以选取单一可能性下的最大值做判决，此为次优判决。

上述方法的复杂度和误码率可能相同。从一般意义上讲，考虑越全面的算法，性能越好。

下面对一种 MSK 信号解码的实现方法（可达到与 BPSK 信号相同的误码率）进行介绍。设第 p 个码元的波形为

$$s_p = \cos\left(2\pi f_c t + \frac{\pi D_p}{2T_b}t + \varphi_p\right) \tag{1-158}$$

相应地，当第 p 个码元的信息不为 D_p 时，波形为

$$\overline{s}_p = \cos\left(2\pi f_c t - \frac{\pi D_p}{2T_b}t + \varphi_p + p\pi\right) \tag{1-159}$$

两者的相关系数为

$$
\begin{aligned}
\int_{T_b} s_p \overline{s}_p \mathrm{d}t &= \int_{T_b} \cos\left(2\pi f_c t + \frac{\pi D_p}{2T_b}t + \varphi_p\right) \\
&\quad \cos\left(2\pi f_c t - \frac{\pi D_p}{2T_b}t + \varphi_p + p\pi\right)\mathrm{d}t \\
&= \int_{T_b} \frac{1}{2}\left\{\cos\left[4\pi f_c t + 2\varphi_p + (p-1)\pi\right] + \right. \\
&\quad \left. \cos\left(\frac{\pi D_p}{T_b}t - p\pi\right)\right\}\mathrm{d}t
\end{aligned}
\tag{1-160}
$$

当 $f_c T_b$ 等于 0.25 的整数倍时，式（1-160）的结果为 0。这表明不同码元的波形是正交的，符合 MSK 波形正交的要求。

第 $p+1$ 个码元的波形为

$$
\begin{aligned}
s_{p+1} &= \cos\left(2\pi f_c t + \frac{\pi D_{p+1}}{2T_b}t + \varphi_{p+1}\right) \\
&= \begin{cases} \cos\left(2\pi f_c t + \dfrac{\pi D_p}{2T_b}t + \varphi_p\right), & D_{p+1} = D_p \\[2ex] \cos\left(2\pi f_c t + \dfrac{\pi D_{p+1}}{2T_b}t + \varphi_p + p\pi\right), & D_{p+1} \neq D_p \end{cases}
\end{aligned}
\tag{1-161}
$$

可以看到，第 p 个码元影响了第 $p+1$ 个码元。因此，需要通过对第 p 个和第 $p+1$ 个码元的数据进行联合处理，来获得对 D_p 的检测。

$[D_p, D_{p+1}]$ 的匹配滤波器为

$$w_{rr} = [s_p, s_{p+1}] \tag{1-162}$$

式中，r 表示正确（right，相反则为错误 false）。列举其余情况，分别为 $[D_p, D'_{p+1}]$、$[D'_p, D'_{p+1}]$、$[D'_p, D_{p+1}]$，即

$$\begin{cases} w_{rf} = [s_p, s'_{p+1}] \\ w_{ff} = [s'_p, s''_{p+1}] \\ w_{fr} = [s'_p, s'''_{p+1}] \end{cases} \tag{1-163}$$

式中，上标表示不同信号，波形为

$$s'_{p+1} = \cos\left(2\pi f_c t - \frac{\pi D_{p+1}}{2T_b} t + \varphi'_{p+1}\right)$$

$$= \begin{cases} \cos\left(2\pi f_c t - \dfrac{\pi D_p}{2T_b} t + \varphi_p + p\pi\right), & D_{p+1} = D_p, \ D'_{p+1} = D_p \\ \cos\left(2\pi f_c t - \dfrac{\pi D_{p+1}}{2T_b} t + \varphi_p\right), & D_{p+1} \neq D_p, \ D'_{p+1} \neq D_p \end{cases} \tag{1-164}$$

$$s''_{p+1} = \cos\left(2\pi f_c t - \frac{\pi D_{p+1}}{2T_b} t + \varphi''_p\right) = \cdots \tag{1-165}$$

$$s'''_{p+1} = \cos\left(2\pi f_c t + \frac{\pi D_{p+1}}{2T_b} t + \varphi'''_p\right)$$

$$= \begin{cases} \cos\left(2\pi f_c t + \dfrac{\pi D_p}{2T_b} t + \varphi'_p\right), & D_{p+1} = D_p, \ D'_{p+1} = D'_p \\ \cos\left(2\pi f_c t + \dfrac{\pi D_{p+1}}{2T_b} t + \varphi'_p + p\pi\right), & D_{p+1} \neq D_p, \ D'_{p+1} \neq D'_p \end{cases} \tag{1-166}$$

真实信号与 4 种滤波器的输出为

$$\begin{aligned} [s_p, s_{p+1}][s_p, s_{p+1}] &= 1+1 = 2 \\ [s_p, s_{p+1}][s_p, s'_{p+1}] &= 1+0 = 1 \\ [s_p, s_{p+1}][s'_p, s''_{p+1}] &= 0+0 = 0 \\ [s_p, s_{p+1}][s'_p, s'''_{p+1}] &= 0 + \cos\left(\varphi_p - \varphi'_p - p\pi\right) = -1 \end{aligned} \tag{1-167}$$

式中，$\cos\left(\varphi_p - \varphi'_p - p\pi\right) = -1$，式（1-168）决定了不同码元的相位差为 $\varphi_p - \varphi'_p = (p-1)\pi$，因此 $\varphi_p - \varphi'_p - p\pi = -\pi$。

$$\varphi_k = \varphi_{k-1} + \left(D_k - D_{k-1}\right)\left[\frac{\pi}{2}(k-1)\right]$$

$$= \begin{cases} \varphi_{k-1}, & D_k = D_{k-1} \\ \varphi_{k-1} \pm (k-1)\pi, & D_k \neq D_{k-1} \end{cases} \tag{1-168}$$

对于第 p 个码元的判决来说，我们可以将前两种情况合为一体，将后两种情况合为一体。假设信号是等概率发送的，那么各种情况出现的概率为 1/4。因此，利用 MSK 记忆性的最优处理是：①将第 p 个码元和第 $p+1$ 个码元的数据取出，排列为 $[r_p, r_{p+1}]$；②生成 00、01、11、10 情况下的波形，得到 4 种滤波器；③经过滤波器，判决准则为

$$[r_p, r_{p+1}]\left\{[\boldsymbol{0}_p, \boldsymbol{0}_{p+1}] + [\boldsymbol{0}_p, \boldsymbol{1}_{p+1}]\right\} \underset{D_p=1}{\overset{D_p=0}{\gtrless}} [r_p, r_{p+1}]\left\{[\boldsymbol{1}_p, \boldsymbol{1}_{p+1}] + [\boldsymbol{1}_p, \boldsymbol{0}_{p+1}]\right\} \tag{1-169}$$

例如，设发射机随机发送两个码元，生成 00、01、10、11 的概率各 1/4；接收机进行处理，采用 00、01、10、11 码元滤波。不失一般性，设当前码元为 01，则输出幅度为 1、2、0、-1（注意，"0 后接 1 的初相位为 π" 与 "1 后接 1 的初相位为 0"，故符号相反），因此判断第一个码元为 0 的正确位置有 1 和 2（平均 1.5）；判断第一个码元为 1 的错误位置有 0 和-1（平均-0.5），正确位置与错误位置的平均距离为 2，为单码元处理平均距离（0 与 1 的距离）的 2 倍。当发送三码元时，距离为 2.5。与之相比，在 BPSK 调制下，单码元、二码元和三码元的距离都是 2，故积累无增益（其他码元的判断与本码元独立，对本码元无影响）。

从抗噪声性能来看，在信噪比相同的情况下，BFSK 调制比 BPSK 调制的误码率低 3dB，其原因可以理解为两种调制方式的判决门限不同。以等概率发送 0 和 1 为例，对于 BFSK 调制来说，判决是 0 与 1 的比较（在无噪声情况下，正确码相关器输出为 1，错误码相关器输出为 0）；对于 BPSK 调制来说，判决是-1 与 1 的比较。因此，两种调制方式的误码率相差 3dB。

MSK 调制可以理解为用极性相反的半个正弦波形或余弦波形调制两个正交载波，与 OQPSK 调制采用偏置的两路正交 BPSK 信号有相似之处。因此，当采用匹配滤波器分别接收各正交分量时，MSK 信号的误码率性能与 BPSK、QPSK 及 OQPSK 等信号的性能类似（相关讨论可以参

考文献[2]）。但是，如果将 MSK 信号当作 FSK 信号，用相干解调法在每个码元持续时间内解调，则误码率比 BPSK 信号低 3dB。FSK 信号的优势是信道抗干扰能力强、不受信道参数变化的影响，特别适用于衰落信道。

在色噪声情况下，解调时需要进行白化处理[9][10]。其原理与高斯色噪声下的信号检测原理一致。需要注意应严谨推导检测门限，不能按照习惯做法不加分辨地认为不同码元的统计量一定关于 0 对称。

1.4.5　AWGN 下的仿真

下面在 MATLAB 中仿真 MSK 信号，分析其时频特性及在高斯白噪声下的误码率性能。

1. 通信信号调制

MSK 信号为

$$s(t) = \sum_{p=1}^{P} \exp\left[\mathrm{j}(2\pi f_c t + \frac{\pi d_p}{2T_b} t + \varphi_p) \right] \tag{1-170}$$

式中，f_c 为载波频率；P 表示发送的信息数；T_b 表示码元宽度；$d_p = \pm 1$ 表示第 p 个信息；φ_p 表示第 p 个码元内信号的初相位，其作用是保证 MSK 信号的相位连续，则有

$$\varphi_p = \begin{cases} \varphi_{p-1}, & d_p = d_{p-1} \\ \varphi_{p-1} + (p-1)\pi, & d_{p-1} = 1, \ d_p = -1 \\ \varphi_{p-1} - (p-1)\pi, & d_{p-1} = -1, \ d_p = 1 \end{cases} \tag{1-171}$$

为了充分利用载波特性，考虑采用直接序列扩频技术对 MSK 信号进行扩频调制。下面用"符号"表示发送信息，用"码元"表示扩频后的码字。产生 MSK 序列的过程如下。

（1）产生需要传输的符号 d_p，+1、−1 等概率产生。

（2）由预先设置的扩频码序列对发送信息进行扩频，得到扩频码。

（3）对扩频码进行 MSK 调制，得到发送信号波形。

（4）对发送信号采样，得到 MSK 序列。

MSK 信号仿真参数如表 1-1 所示。下面根据表 1-1 中的参数进行仿真。

表 1-1   MSK 信号仿真参数

参数	符号	值
采样频率	f_s	72kHz
载波频率	f_c	9kHz
MSK 符号时长	T	2ms
扩频码序列	pn_m	[1, -1, -1, 1]
扩频码序列长度	M_{ds}	4
PN 序列时长	T_b	0.5ms
一个码元所占采样点数	M_c	$T_b f_s$
一个符号所占采样点数	M	$M_c M_{ds}$
一个符号所占时长	T	M / f_s

2. 信号分析

时域与频域波形如图 1-6 所示。将信噪比设为 0dB，MSK 信号的时域波形如图 1-6（a）所示，可以看出，MSK 信号相位连续；噪声幅度明显大于 MSK 信号幅度，无法从噪声数据中观察 MSK 波形。MSK 信号的频域波形如图 1-6（b）所示，显然，实信号幅度是偶函数。MSK 信号的频谱集中在 f_c 附近，0 码和 1 码的频率集中在 $f_c \pm 1/4T_b = 8.5$kHz 或 9.5kHz 附近。

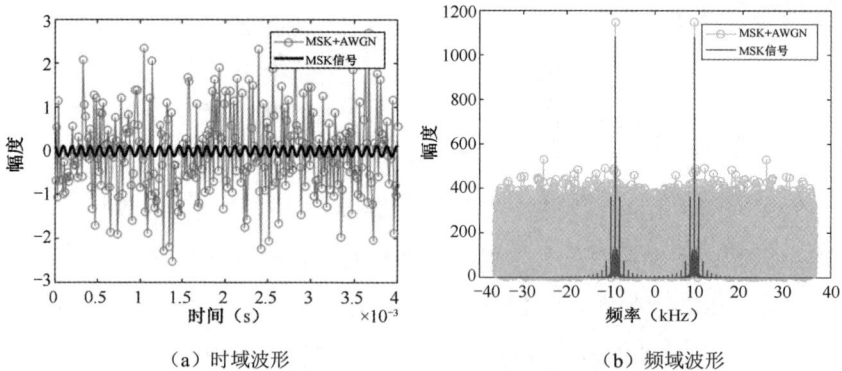

（a）时域波形   （b）频域波形

图 1-6   时域与频域波形

自相关函数与功率谱如图 1-7 所示，可以看出，MSK 信号的幅度较低，但含噪声信号在时延为 0s 处的自相关程度很高，这是因为 AWGN 的自相关函数为单位脉冲信号,其强度即噪声方差;含噪声信号的功率谱比 MSK 信号的幅度高,原因是 AWGN 的功率谱关于频率的变化很小。

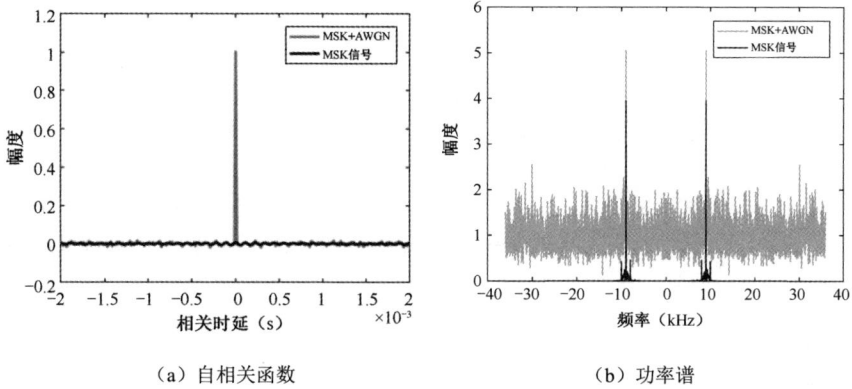

(a)自相关函数   (b)功率谱

图 1-7   自相关函数与功率谱

3. 误码率仿真

设接收信号为

$$r(m) = A_s s(m) + w(m), \quad m = 1, 2, \cdots, M \qquad (1\text{-}172)$$

式中,$s(m)$ 为 MSK 信号;A_s 为 $s(m)$ 的幅度;$w(m)$ 表示方差为 σ^2 的零均值加性高斯白噪声。仿真加性高斯白噪声影响下的通信误码率,采用表 1-1 中的参数。设信噪比 $\mathrm{SNR} = 10\lg(AE_s^2/\sigma^2)$,进行 10^5 次蒙特卡罗实验,得到误码率仿真结果如图 1-8 所示。

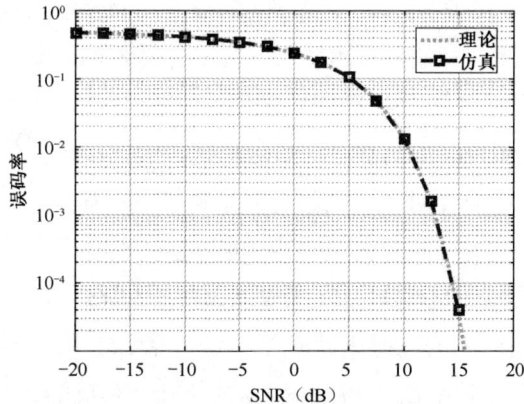

图 1-8   误码率仿真结果

由图 1-8 可知，理论误码率和仿真误码率是一致的，表明理论推导的误码率计算方法所得结果与仿真的误码率吻合，两者可以相互验证。

1.5　电磁环境实验

下面对低频通信场景的电磁环境噪声模拟、测量和分析实验进行介绍。

1.5.1　实验简介

该实验关注低频通信技术，旨在利用低频电磁信号实现超远距离通信。超低频、甚低频等低频信号具有传输衰减小、传播距离远、对介质的穿透力强等优点，可以在地球周围空间实现超远距离传输。因此，低频信号广泛应用于各领域，如水下通信、地震监测、地下矿产开采及深海资源探测等方面[10][11]。

低频噪声是制约低频通信性能的主要因素之一。针对低频噪声问题，开展低频噪声实验、噪声特性分析和通信处理技术研究。首先，模拟低频噪声环境，采集噪声数据；其次，基于实测数据，进行噪声特性分析；最后，考虑通信处理技术，即信号检测技术，仿真低频噪声影响下的收信处理。

与大地探测相关的分析和实验表明，在收信环境中存在各种噪声干扰，主要由电气设备、电力线、工业接地等人类活动产生，统称为环境噪声。多种低频噪声干扰源会产生具有复杂特性的电磁噪声，表现为外部干扰和工频噪声。除了可能的大气噪声，地形起伏不定产生的静电场及地表不均匀体产生的感应电流都会进入收信设备，从而影响低频通信。人类活动及人工电磁场产生的电磁干扰包括有线广播、电子电器设备和供电传输系统等，其工作频率在 300Hz 内，对低频通信有很大影响。

总的来说，影响低频通信的干扰源种类繁多，所产生噪声的时频特性复杂，难以用现有噪声模型描述，因此有必要进行噪声采集实验，分析验证低频噪声特性。

1.5.2　实验环境

这里介绍的电磁环境实验，是在实验室中布置多种电气设备，模拟通信接收环境。该实验在屏蔽室中进行，以屏蔽大气噪声的影响。实验场景如图 1-9 所示。

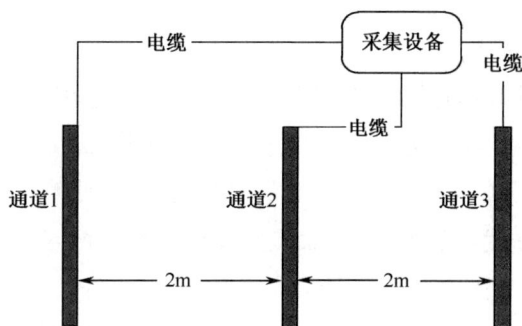

图 1-9　实验场景

计划在室内用自研采集设备及噪声发生设备采集多种电磁环境下的实测数据，并进行仿真测试。

主要设备如下。

采集设备：

（1）1 台 CEMT-03 大地电磁探测仪。

（2）3 根 MS-01 磁传感器（平坦区 0.1V/nT）。

噪声发生设备：

（1）两个 12V-80A 铅酸电池充电器。

（2）一个 400~800W 逆变器。

（3）一台计算机。

（4）屏蔽室内通过开关控制的电灯等室内用电设备。

通过搭配不同的噪声源进行多次实验，采集噪声数据，实测数据采样频率为 4096Hz。具体包括未开设备、少量设备、大量设备、全部设备及全部设备侧置等情况。

1.5.3　功率谱分析

下面对实测数据进行功率谱分析，观察低频噪声的有色性，并验证白化处理的有效性。

1. 功率谱计算

典型噪声的功率谱如图 1-10 所示，可以看出功率谱在 50Hz 和 150Hz 处出现尖峰，幅度非常高，符合人们关于"工频干扰功率很高"的认识。在工频频点外的频谱上，分布着大量幅度远高于底噪声的频点，可视为未知机理的点频干扰。此外，结合底噪声起伏不定的特点可以看出，整个功率谱呈现明显的色噪声特性。

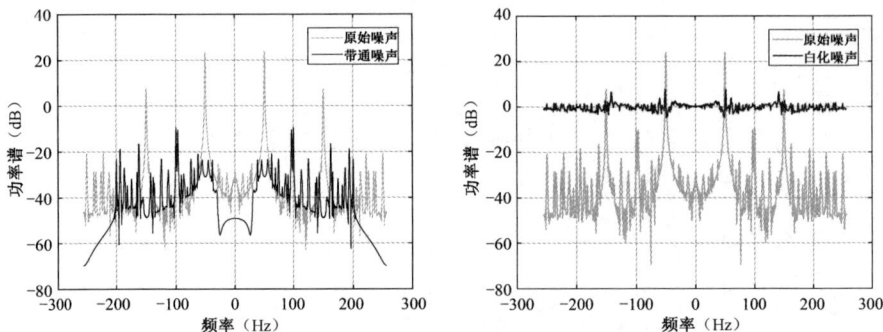

图 1-10　典型噪声的功率谱

这里提到数据中有干扰和噪声，两者该如何区分呢？可以认为，除了有用信号，其他都是噪声；干扰是噪声的一种，具有明显特点或来源。例如，工频干扰的特点是频率为 50Hz，源于电力线及其辐射。干扰和噪声可能不是广义平稳随机过程，但利用其进行分析也很有效。例如，当 φ 为均匀分布时，$\exp(\mathrm{j}\omega n + \mathrm{j}\varphi)$ 是广义平稳随机过程，但它与非广义平稳随机过程的 $\exp(\mathrm{j}\omega n)$ 信号性质相似。

2. 滤波处理

下面考虑滤波处理，设计数字带通滤波器或陷波器，以消除强干扰。考虑带通滤波方法如下：①对噪声数据进行傅里叶变换；②令 $\pm 30\mathrm{Hz}$ 内保持原状（带通）；③令 $\pm 200\mathrm{Hz}$ 外的频谱幅度为零（带阻）；④削减 $50\mathrm{Hz}$ 和 $150\mathrm{Hz}$ 附近频谱至平均水平；⑤傅里叶逆变换到时域。

从图 1-10 中可以看出，滤波前，功率谱含有非常明显的工频信号及很强的线谱信号（频谱宽度很小），其数量很多，频率间隔一般具有一定的规律，底噪声随频率变化很小（相对于线谱信号）；滤波后，通带内功率谱含有很强的线谱信号，其数量很多，频率间隔一般具有一定的规律，底噪声随频率变化，可以认为是一种色噪声。

3. 白化处理

采用 1.3.3 节的噪声处理方法，获得白化噪声。从图 1-10 中可以看出，与原始噪声相比，白化噪声的功率谱比较平坦。因此，可以说白化噪声近似为白噪声。这是一般的带通、带阻滤波无法实现的。

总的来说，通带外的频点功率被有效抑制；通带内的噪声功率依然非常明显，不但存在大量幅度较大的窄带干扰频点，而且底噪声仍有起伏，且毛刺很多。因此，可以认为测试数据是很强的多频点干扰与较弱色噪声的组合。这表明，低频噪声在经过带通滤波后仍然有明显的色噪声特性，单纯的带通滤波难以抑制低频色噪声。

4. 环境与通道

本实验通过不同设备的开启、关闭及位置变化模拟不同的环境。CEMT-03 大地电磁探测仪共有 3 个测量通道。下面分别对相同环境不同通道情况和不同环境相同通道情况进行分析。

相同环境不同通道情况如图 1-11 所示。对比通道 1、通道 2 和通道 3 的功率谱可知，不同通道的功率谱变化较大，说明噪声数据与采集方式有关。即使在相同环境下使用相同采集设备，不同的探测针方向也会导致噪声大不相同。在对不同通道数据进行相关性分析时，笔者未发现它们具有稳定的强相关性。

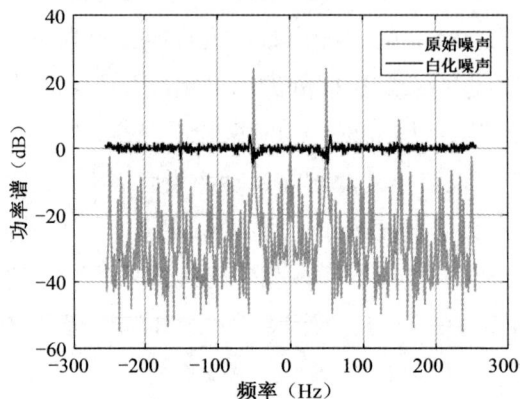

（a）通道 1

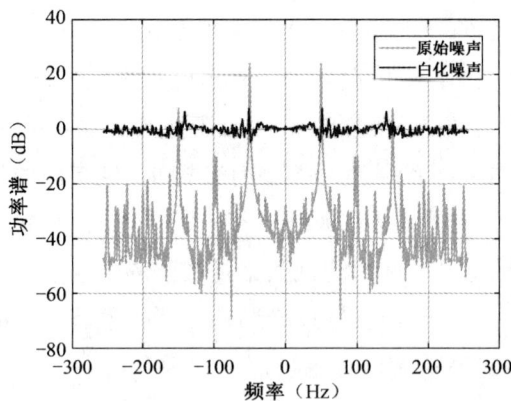

（b）通道 2

图 1-11　相同环境不同通道情况

（c）通道 3

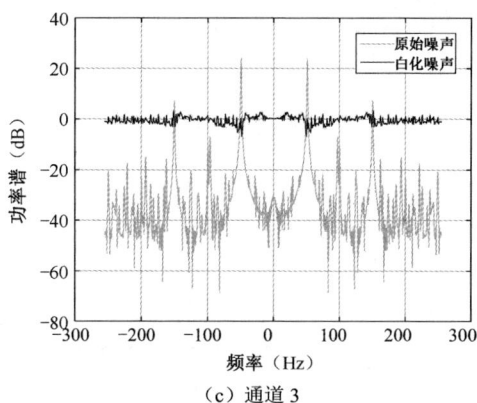

图 1-11　相同环境不同通道情况（续）

不同环境相同通道情况如图 1-12 所示。采用通道 2，可以看到，开启设备越多，噪声功率谱越复杂。

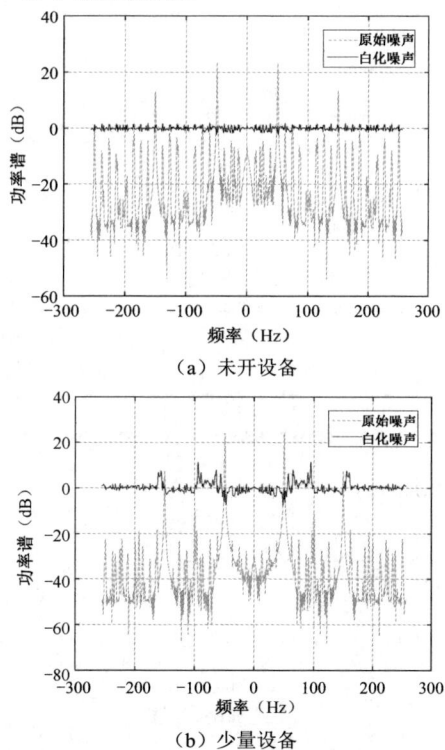

（a）未开设备

（b）少量设备

图 1-12　不同环境相同通道情况

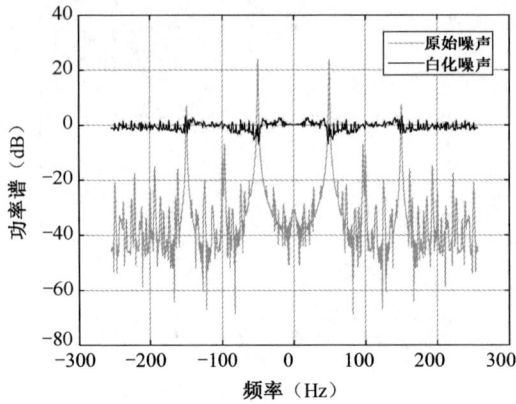

（c）大量设备

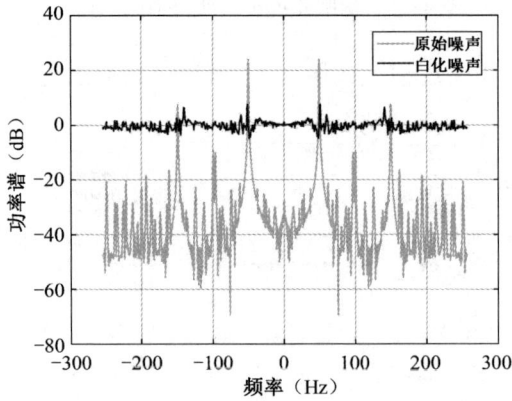

（d）全部设备

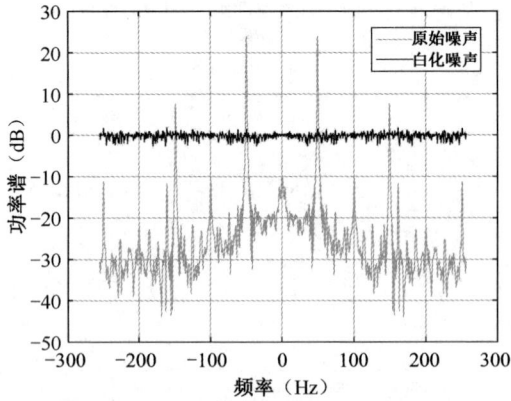

（e）全部设备侧置

图 1-12　不同环境相同通道情况（续）

上述实验表明，多干扰源下的低频噪声确实有很强的色噪声特性，且具有以下特点：①谱峰（垂线）多，幅度变化大；②基底在-250～250Hz缓慢变化（构成了仿真噪声的一个难点）；③滤波后的基底不平坦，可以认为是色噪声；④开启设备越多，功率谱越复杂。

通过对比环境和通道变化时的噪声功率谱，我们发现噪声特性与客观环境、采集设备及采集方式等细节有很强的关系。受这种多样性和敏感性的影响，给出噪声特性的一般性结论比较困难。不过，白化处理的确能够使噪声功率谱平坦，可以认为得到了白噪声。

1.5.4　通信仿真

实验分析表明，多干扰源下的低频噪声确实有很强的色噪声特性，仅消除工频干扰是不够的。该特性会极大影响误码率性能，造成的破坏远大于同功率的高斯白噪声。因此，需要利用低频噪声的色噪声特性，研究具有噪声抑制能力的通信处理技术。

下面采用文献[9]中的通信处理算法，使用实测噪声数据，结合模拟的 MSK 信号，进行低频通信仿真，统计误码率性能。实测噪声数据需要经过处理，才能作为仿真接收数据。

采样频率：原数据采样频率为 4096Hz，实验中的采样频率为 256Hz或 512Hz，需要对原数据进行减采样。根据两个采样频率的倍数关系，对原数据进行抽取，获得采样数据。

带通滤波：数据中含有大量工频干扰及倍频干扰。在将数据作为噪声样本前，进行滤波处理，滤除 30Hz 以下和 200Hz 以上的信号，构成带通滤波器。MSK 信号频率为 70～80Hz，不会受影响。

随机截取：原数据长度大于仿真数据长度，可以对噪声数据进行随机截取，以体现噪声的随机性。蒙特卡罗实验通过两步完成随机截取：第一步是在减采样时选取不同的开始时间；第二步是在选取仿真数据长度时（减采样后肯定有冗余），随机选取开始时间。

　　参数设置：MSK 信号载波频率为 76Hz，采样频率为 512Hz。采用长度为 16 的伪随机序列对 MSK 信号进行调制，信息码元时长为 1s。在处理时间内，MSK 信号序列长度 $M=1000$。假设系统已取得理想同步，考虑 MSK 调制的记忆性，对单码元检测与双码元序列检测进行仿真。

　　信噪比：对测试数据滤波后，调整其幅度，以符合信噪比要求。使测试数据的能量与相同长度的高斯白噪声（WGN）的能量相等，这样可以使 MSK 信号对测量噪声的信噪比与高斯白噪声下 MSK 信号的信噪比对应。为了进行比较，在误码率仿真中对信噪比相同的高斯白噪声下的误码率进行了统计。在多数情况下，实测噪声对应的误码率性能优于 WGN 对应的误码率性能；采用噪声抑制后的误码率性能更好。

　　仿真设置：实测数据采样频率为 4096Hz，通过减采样处理模拟采样频率为 512Hz 的低频噪声（相当于选第 $i+8I$ 个点构成新数据，i 和 I 为整数）；用 MATLAB 编程仿真，模拟 MSK 信号；信噪比设置为 MSK 信号能量与高斯白噪声功率谱之比（这与前面讨论的信噪比不同，是为了仿真延长检测时间的效果），根据 SNR 推算噪声方差。

　　仿真方案：噪声与信号的组合为模拟的接收数据。对接收数据的处理如下。①直接基于接收数据进行匹配滤波（AP-MF）；②接收数据经过带通滤波后，进行匹配处理（BP-MF）；③直接对接收数据进行白化处理（AP-WF）；④接收数据经过带通滤波后，进行白化处理（BP-WF）；⑤接收数据经过带通滤波后，进行相似约束下的滤波器设计处理（BP-DF）。

　　通信仿真流程如图 1-13 所示。

　　单码元检测如图 1-14 所示。从图 1-14 中可以看出，采用 AP-MF 的效果最差，采用 BP-MF 的误码率性能略有优化；采用 AP-WF 和 BP-WF 能大大优化误码率性能，且采用 BP-WF 的性能更好，说明有必要进行带通滤波。但当 SNR 较大时，白化处理性能不稳定。采用 BP-DF 时，利用相似约束值 $\varepsilon=0.1$ 设计滤波器，对应的误码率曲线在 SNR 较大时依旧平滑，在 SNR 较小时与 BP-WF 基本相同。因此，滤波器设计处理解决了白化处理中存在的不稳定问题，误码率性能更好。

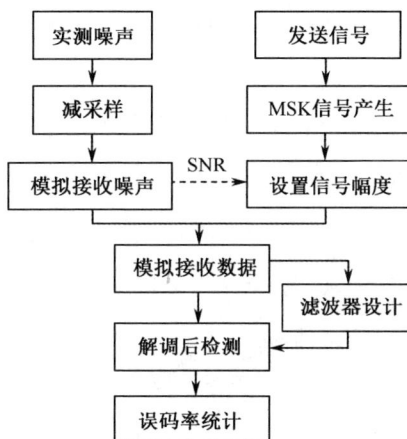

图 1-13　通信仿真流程

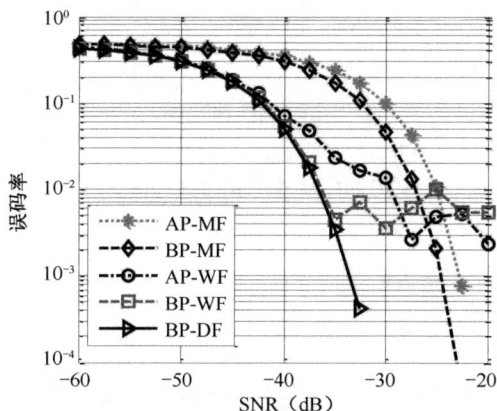

图 1-14　单码元检测

　　双码元序列检测如图 1-15 所示。从图 1-15 中可以看出，进行各种处理的误码率性能差异与单码元检测相似，对比图 1-14 与图 1-15 可知，在处理方法相同的情况下，双码元序列检测比单码元检测的效果更好。

　　针对低频噪声特性和通信处理研究，本节开展了低频噪声实验与分析。通过模拟低频噪声环境，实测噪声数据并进行特性分析，结果表明，低频噪声中含有很多强干扰成分，具有明显的色噪声特性。考虑对接收数据的多种处理方法，由性能仿真结果可知，采用 BP-DF 时，误码率性能最好，性能稳定；白化处理的误码率低于匹配滤波，但是性能不稳定；传统带通滤波的噪声抑制效果有限，误码率性能优化不大。此外，在信噪比相同的情况下，双码元序列检测的误码率性能明显优于单码元检测，能够大大改善系统性能。

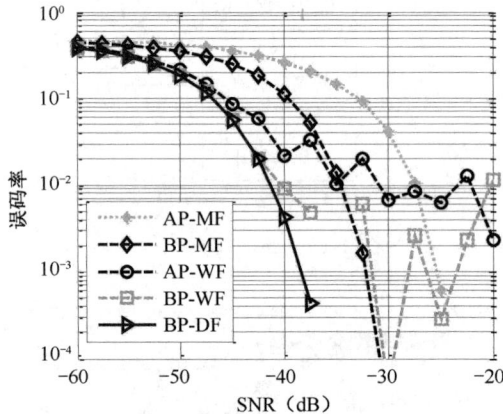

图 1-15 双码元序列检测

1.5.5 实验总结

本实验进行了低频通信环境和电磁噪声的模拟与采集工作，分析了实测噪声的功率谱，仿真了接收数据的多种处理方法，统计了在不同信噪比下采用不同方法的误码率。结合前期理论研究，对实测数据与仿真结果的分析与总结如下。

（1）低频噪声具有明显的窄带干扰和色噪声特性。低频噪声受到了工频噪声及其谐波的严重影响，在非谐波频率区域，噪声数据也含有很多高功率窄带干扰点；低频噪声功率谱的低噪水平不是固定的，而是起伏的，属于色噪声的范畴，对此类噪声的抑制无法用窄带干扰的抑制方法实现。另外，色噪声的严重程度与实验设备数量大致具有正相关关系，窄带干扰在各种设备开关情况下的密集程度是相似的。

（2）低频噪声下的通信性能可以通过滤波器设计处理来改善。用实测噪声和模拟 MSK 信号仿真接收数据，统计结果显示，采用 BP-DF 能有效增大信噪比，平均约增大 10～15dB。其中，单码元检测约增大 10～20dB，双码元序列检测约增大 11～12dB。

（3）采用不同处理方法的实验结果表明，带通滤波在一定程度上有助于改善误码率性能，但是改善很小；经过带通滤波后进行白化处理虽然能有效抑制噪声并增大信噪比，但是在信噪比较大的区域表现很不稳定；滤波器设计处理既能实现与白化滤波相似的性能改善，又能在不同情况下保持稳定，是低频噪声抑制的可靠手段。

参 考 文 献

[1]　盛骤, 谢式千, 潘承毅. 概率论与数理统计（第四版）[M]. 北京：高等教育出版社, 2010.

[2]　Steven M Kay. 统计信号处理基础[M]. 罗鹏飞, 译. 北京：电子工业出版社, 2014.

[3]　罗鹏飞, 张文明. 随机信号分析与处理简明教程[M]. 北京：电子工业出版社, 2009.

[4]　Henry Stark, John W Woods. 概率、统计与随机过程[M]. 罗鹏飞, 等译. 北京：电子工业出版社, 2015.

[5]　Luo Zhongtao, Lu Kun, Chen Xuyuan, et al. Wideband Signal Design for Over-the-Horizon Radar in Cochannel Interference[J]. Journal on Advances in Signal Processing, 2014, 1:159.

[6]　何子述. 现代数字信号处理及其应用[M]. 北京：清华大学出版社, 2009.

[7]　罗忠涛, 卢鹏, 张杨勇, 等. 抑制脉冲型噪声的限幅器自适应设计[J]. 电子与信息学报, 2019, 41(5):1160-1166.

[8]　　Andreas F M. 无线通信[M]. 田斌, 译. 北京：电子工业出版社, 2015.

[9]　　Zhang Yangyong, Zheng Huan, Ding Kui, et al. Code-Aided Interference Suppression for Communication System with MSK Modulation[C]//2016 IEEE International Symposium on Signal Processing and Information Technology (ISSPIT), Limassol, Cyprus: IEEE Press, 2016:274-279.

[10]　罗忠涛, 卢鹏, 张杨勇, 等. 低频电磁噪声实验及通信处理分析[J]. 舰船科学技术, 2018, 40(9):113-116, 143.

[11]　陆建勋. 极低频与超低频无线电技术[M]. 哈尔滨：哈尔滨工程大学出版社, 2013.

第 2 章

脉冲噪声分布与估计

在多数情况下，采集数据的噪声近似服从高斯分布，因此统计信号处理也常考虑噪声服从高斯分布。此时，可以采用高斯分布模型。高斯噪声在统计信号处理中较为常见。但是，在某些场景下，噪声不服从高斯分布，而是呈现为大量幅度较大的脉冲。对于这样的脉冲噪声，需要采用特别的处理方法，最优的处理方法必然依赖噪声特性。为了描述噪声幅度的分布特征，人们采用了多种噪声模型，从而形成了不同的信号处理方法[1][2]。

本章介绍常用的脉冲噪声模型，包括对称 α 稳定（Symmetric α-Stable，SαS）分布模型、Class A 模型和高斯混合模型；分析脉冲噪声模型的参数估计，解决在有噪声样本后如何估计模型参数的问题；介绍非参数估计，采用不依赖模型、完全依靠数据的由幅度分布拟合总体分布的方法。实际上，这种未知样本分布模型的估计方法在模式识别及机器学习领域也经常使用。

2.1 脉冲噪声模型

高斯噪声普遍存在于实际系统中，但非高斯噪声在一些特定场景中有决定性影响。例如，长波通信中的大气噪声，以及电力线通信中由电晕效应引起的噪声等含有大量幅度较大的脉冲[1][3][4]。此类噪声在概率密度函数（PDF）上表现为具有明显的拖尾，被称为脉冲噪声[1][5]。

目前，关于脉冲噪声的模型，可以分为两类：统计物理模型和数学经验模型[1]。

统计物理模型综合考虑噪声源的空间分布特征、噪声源发射噪声的波形特征、噪声在信道中的传播特性及接收机对噪声的滤波效果等。建立统计物理模型可以描述脉冲噪声产生过程。典型的统计物理模型有基于泊松或泊松簇过程建立的模型、Middleton 建立的 Class A 模型和 Class B 模型等。由于考虑了脉冲噪声的产生机理，统计物理模型的适用范围广、精度高、参数有明确的物理意义。然而，由于客观世界本身就很复杂，统计物理模型的复杂度通常很高，不便进行相关理论分析和算法设计。

数学经验模型不直接考虑噪声产生机理，而是选择适当的数学模型对观测噪声的统计特性进行拟合。例如，很多研究者利用对数正态模型、指数瑞利模型、Field-Lewenstei 模型、Hall 模型和 SαS 分布模型对大气噪声建模，以及利用高阶双曲理论对电话线路中的脉冲噪声建模等。目前常用的数学经验模型主要包括高斯混合模型、t 分布模型、广义高斯模型和 SαS 分布模型等。

本书以 Class A 模型、SαS 分布模型和高斯混合模型为例，介绍脉冲噪声模型。

2.1.1　SαS 分布模型

在脉冲噪声的数学经验模型中，SαS 分布模型应用最广泛[2]。SαS 分布模型不仅被成功应用于大气噪声建模，还在其他脉冲噪声场景中得到了广泛应用，如水下声学噪声、电话线路噪声、雷达杂波、电力线通信信道脉冲噪声和无线网络中的网络干扰等。利用 SαS 分布模型分析脉冲噪声的优势是：其既有经验模型数学定义完善、特征函数可解析表达、形式简洁等特点，便于进行理论分析，又与统计物理模型密切相关。实际上，基于脉冲噪声的产生机理，有研究者分别针对大气噪声和网络干扰这两种典型场景严格证明了基于泊松过程建立的脉冲噪声服从 SαS 分布。

SαS 分布模型较难运用的原因之一是其 PDF 没有闭合表达式，也不存在 α 阶以上的统计量。要精确描述 α 稳定分布，不是通过 PDF，而是通过特征函数，即

$$\Phi_{\alpha s}(\omega) = \exp\left\{ j a \omega - \gamma |\omega|^{\alpha} \left[1 + j\beta \operatorname{sgn}(\omega)\phi(\omega, \alpha) \right] \right\} \tag{2-1}$$

式中，$\operatorname{sgn}(\cdot)$ 为符号函数，且有

$$\phi(\omega, \alpha) = \begin{cases} \tan\left(\dfrac{\pi\alpha}{2}\right), & \alpha \neq 1 \\ \dfrac{2}{\pi}\log|\omega|, & \alpha = 1 \end{cases} \tag{2-2}$$

α 稳定分布的参数 α、β、γ 和 a 完全确定了其统计特性，各参数的具体意义如下。

（1）α 为特征指数，满足 $0 < \alpha \leqslant 2$。α 越小，PDF 的拖尾越重。

（2）β 为对称参数，满足 $-1 \leqslant \beta \leqslant 1$。该参数决定了 SαS 分布的 PDF 对称程度。

（3）γ 为分散系数，又称离差，满足 $\gamma > 0$。其决定了随机变量偏离位置参数的程度，可类比高斯分布的方差。当 $\alpha = 2$、$\beta = 0$（SαS 分布退化为高斯分布）时，高斯分布的方差为 2γ。

（4）a 为位置参数，为 PDF 在横轴上的偏移位置。当 $\beta = 0$ 时，a 为 PDF 的对称中心。

α 稳定分布具有解析的特征函数，运用数值方法，对 α 稳定分布的特征函数取傅里叶逆变换可以得到其 PDF 为

$$f(x) = \frac{1}{2\pi} \int_{-\infty}^{\infty} \Phi_{\alpha s}(\omega) e^{j\omega x} d\omega \tag{2-3}$$

仅在一些特殊情况下存在解析的 PDF，在其他情况下无法得到 PDF 的解析形式。部分特殊情况如下。

（1）当 $\alpha = 1$、$\beta = 0$ 时，为柯西分布。

（2）当 $\alpha = 2$、$\beta = 0$ 时，为高斯分布。

（3）当 $\alpha = \dfrac{1}{2}$、$\beta = 1$ 时，为 Levy 分布。

柯西分布、高斯分布和 Levy 分布的 PDF 分别如式（2-4）、式（2-5）和式（2-6）所示。

$$f_{C}(x)=\frac{\gamma^{\frac{1}{\alpha}}}{\pi}\frac{1}{\left(\gamma^{\frac{1}{\alpha}}\right)^2+(x-a)^2} \tag{2-4}$$

$$f_{G}(x)=\frac{1}{\sqrt{2\pi(2\gamma)}}\exp\left[-\frac{(x-a)^2}{2(2\gamma)}\right] \tag{2-5}$$

$$f_{L}(x)=\sqrt{\frac{\gamma^{\frac{1}{\alpha}}}{2\pi}}\frac{1}{(x-a)^{\frac{3}{2}}}\exp\left[-\frac{\gamma^{\frac{1}{\alpha}}}{2(x-a)}\right] \tag{2-6}$$

对于非特殊情况的 α 稳定分布，其 PDF 只能通过数值仿真得到。可以先仿真特征函数，再进行傅里叶逆变换。在仿真过程中，需要特别注意 ω 的取值范围和间隔。

用于描述脉冲噪声的 α 稳定分布是对称 α 稳定（Symetric α-Stable，SαS）分布，其参数是 $\beta=0$、$a=0$，即 PDF 关于 y 轴对称，噪声具有零均值。

2.1.2　Class A 模型

20 世纪 70 年代，Middleton 等最早从统计理论的角度出发，在充分考虑噪声源的属性和噪声在时间、空间传播上的分布后，推导得到噪声特征函数，在此基础上进一步推导得到噪声的幅度累积分布函数和幅度概率密度函数。这种非高斯噪声可以细分为 Class A、Class B 及 Class C 3 类[6][7]。其中，Class A 模型的噪声带宽比接收机带宽窄，且当噪声源发射结束时，噪声在接收机前端产生的暂态响应可以忽略。蒋宇中对 Class A 模型进行了深入研究[1]。

Class A 模型常用于脉冲噪声研究，其概率密度函数可以写为

$$f(x)=\mathrm{e}^{-A}\sum_{m=0}^{\infty}\frac{A^m}{m!\sqrt{2\pi}\sigma_m}\mathrm{e}^{\frac{-x^2}{2\sigma_m^2}} \tag{2-7}$$

式中，A 表示脉冲指数；m 表示脉冲分量数；$\sigma_m^2 = \sigma^2(m/A + \Gamma)/(1 + \Gamma)$，$\sigma^2$ 表示平均功率，Γ 表示高斯脉冲功率比，指输入干扰的独立高斯部分的强度与非高斯部分的强度之比。Γ 越小，噪声脉冲性越强。

Class A 模型的 PDF 可视为无穷级数求和，无闭合表达式，虽然其看起来比较复杂，但实际上很好理解。对于第 m 阶，级数其实是高斯分布的 PDF，即

$$\frac{1}{\sqrt{2\pi}\sigma_m} e^{\frac{-x^2}{2\sigma_m^2}} \tag{2-8}$$

当 m 增大时，PDF 的系数 $A^m/m!$ 迅速变小。因此，在数值仿真中，控制 m 的取值范围可以得到较为精确的表达式。笔者的仿真经验是，m 取 10 时就可以达到较高精度，因此计算量不算大。

2.1.3　高斯混合模型

混合模型的总体建模思路是以小方差高斯噪声为背景噪声，以大方差噪声为脉冲分量，将两者组合为混合噪声。由于脉冲分量可以采用多种分布，所以混合模型也有多种。目前，高斯混合模型最常用[3][4]，其次是柯西高斯混合模型和高斯—拉普拉斯混合模型。

混合模型的 PDF 可以表示为

$$f_{\text{mix}}(x) = \frac{\varepsilon}{\sqrt{2\pi\sigma_1^2}} \exp\left(-\frac{x^2}{2\sigma_1^2}\right) + (1-\varepsilon) f_{\text{imp},\sigma_2}(x) \tag{2-9}$$

式中，ε 表示高斯噪声发生概率；σ_1^2 表示高斯分量方差；σ_2^2 表示脉冲分量方差；$f_{\text{imp},\sigma_2}(x)$ 表示脉冲分量的幅度概率密度函数。

混合模型也可以采用多分量，如 K 分量高斯混合模型[8][9]，用 $K=0$ 的高斯分量表示背景噪声；$K>0$ 的高斯分量有较大方差，可以表示脉冲噪声。

实际上，混合模型也可以看作随机过程。该过程的每个样本以一定概率取背景噪声或脉冲噪声。例如，2 分量高斯混合模型等价于伯努利—高

斯（Bernoulli-Gaussian）模型，每个样本的高斯成分和脉冲成分的发生概率服从伯努利分布。此外，随机过程也可以灵活定义，如将噪声建模为 Nakagami-m 分布，脉冲成分为 Class A 分布，其发生概率服从泊松分布。

　　比较而言，高斯混合（GM）模型最简单，Class A 模型次之，SαS 分布模型最复杂。从实际噪声分布来看，想了解模型适用于什么场景，需要具体问题具体分析。

2.2　脉冲噪声模型的参数估计

　　在统计学中，获取未知数据的分布主要有参数估计方法和非参数估计方法两类。参数估计（Parametric Estimation）方法是在噪声模型已知而参数未知时采用的方法，如总体 X 的 PDF 形式 $f(x,\theta)$ 已知，但参数 θ 未知。在这种情况下，可以通过已有样本 $x_1,x_2,\cdots,x_n$ 构造适当的统计量 $\hat{\theta}$ ，并将其作为参数 θ 的估计。对于一般的噪声模型，常见的参数估计方法有最小二乘估计和极大似然估计等方法；对于脉冲噪声模型，本节介绍其参数估计方法，2.3 节介绍其非参数估计（Non-Parametric Estimation）方法。

　　噪声模型的参数估计具有很强的实用性。在某个场景中，如果我们由经验已知噪声服从的分布模型，但未知噪声参数，可以采集一些噪声样本，基于噪声样本估计噪声参数，再根据所估计的参数，描绘噪声的具体分布特征，从而优化信号处理。

2.2.1　SαS 模型的参数估计

　　对于 SαS 分布，我们知道其特性由其特征函数的 4 个参数 α 、 β 、 γ 和 a 确定。这 4 个参数分别确定 SαS 分布的拖尾特性、对称特性、分散特性和位置特性。对于对称分布来说，对称参数 $\beta=0$ ，因此其特性完全由 α 、 γ 和 a 确定。

　　本节讨论如何根据一组服从 SαS 分布的噪声数据估计这 3 个参数[2][6]。

为方便说明，用新的参数表示分散系数 γ，令

$$c = \gamma^{\frac{1}{\alpha}} \qquad (2\text{-}10)$$

当 $\alpha > 1$ 时，其一阶特征（期望）存在，可求样本均值，即位置参数 a 的一致估计。但由于 SαS 分布缺少闭合形式的 PDF，对参数估计的分析很困难，传统的依赖显式 PDF 的数学统计方法不再适用。可以采用由 Nikias C. L. 和 Shao M. 提出的样本分位数法，这是一种有效的 α 参数和 γ 参数估计方法[1][2]。下面先介绍分位数与顺序统计量，再介绍 α 参数和 γ 参数估计。

1. 分位数与顺序统计量

假设 $F(x)$ 是随机变量 X 的分布函数，则其 $f(0 < f < 1)$ 分位数 x_f（本节中 f 表示分位数）定义为

$$F(x_f) = f \qquad (2\text{-}11)$$

随机样本 $X_1, X_2, \cdots, X_N$ 的顺序统计量定义为它们的升序排列，表示为 $X_{(1)}, X_{(2)}, \cdots, X_{(N)}$，满足 $X_{(1)} \leqslant X_{(2)} \leqslant \cdots \leqslant X_{(N)}$。$f$ 分位数的估计量可以由式（2-12）得到。

$$\hat{x}_f = X_{(i)} + \left[X_{(i+1)} - X_{(i)} \right] \frac{f - q(i)}{q(i+1) - q(i)} \qquad (2\text{-}12)$$

式中，$q(i) = (2i-1)/(2N)$，且 $i(0 \leqslant i \leqslant N)$ 由 $q(i) \leqslant f < q(i+1)$ 确定。如果 $i = 0$ 或 $i = N$，则分别取 $\hat{x}_f = X_{(1)}$ 或 $\hat{x}_f = X_{(N)}$。

理解：大家常用的中位数是 50%分位数。顺序统计量是按从小到大的顺序排列的样本。得到了顺序统计量，就好找分位数了。在找分位数的过程中，引入 $q(i)$，将其作为数值分位数。

2. α 参数估计

α 参数可以通过 $\hat{v}_\alpha$ 查表得到，$\hat{v}_\alpha$ 为

$$\hat{v}_\alpha = \frac{\hat{x}_{0.95} - \hat{x}_{0.05}}{\hat{x}_{0.75} - \hat{x}_{0.25}} \qquad (2\text{-}13)$$

式中，$\hat{x}_{0.95}$、$\hat{x}_{0.05}$、$\hat{x}_{0.75}$ 和 $\hat{x}_{0.25}$ 均为 f 分位数（f 分别为 95%、5%、75%、25%）。由 $\hat{v}_\alpha$ 估计 α 的查找表如表 2-1 所示。

表 2-1 由 $\hat{v}_\alpha$ 估计 α 的查找表

$\hat{v}_\alpha$	2.439	2.5	2.6	2.7	2.8	3.0	3.2	3.5
α	2.0	1.916	1.808	1.729	1.664	1.563	1.484	1.391
$\hat{v}_\alpha$	4.0	5.0	6.0	8.0	10.0	15.0	25.0	5.0
α	1.279	1.128	1.029	0.896	0.818	0.698	0.593	1.128

3. γ 参数估计

假设已知 α 参数，可以通过查表计算 c 参数，从而得到 γ 参数的估计值。c 参数为

$$c = \frac{\hat{x}_{0.75} - \hat{x}_{0.25}}{\hat{v}_c(\alpha)} \tag{2-14}$$

由 α 估计 $\hat{v}_c(\alpha)$ 的查找表如表 2-2 所示。

表 2-2 由 α 估计 $\hat{v}_c(\alpha)$ 的查找表

α	2.00	1.90	1.80	1.70	1.60	1.50	1.40	1.30
$\hat{v}_c(\alpha)$	1.908	1.914	1.921	1.927	1.933	1.390	1.946	1.955
α	1.20	1.10	1.00	0.90	0.80	0.70	0.60	0.50
$\hat{v}_c(\alpha)$	1.965	1.980	2.000	2.040	2.098	2.189	2.337	2.588

由式（2-10）可以得到分散系数 γ 为

$$\gamma = e^{\alpha \ln c} \tag{2-15}$$

在查表过程中，需要用到插值法。由于表中的值是离散的，而基于样本计算的值是连续的，因此需要用插值法计算连续的估计值。如果基于样本计算的值已经超出表中范围，则该表不再适用（这种情况很可能是该组样本不服从 SαS 分布）。

2.2.2 Class A 模型的参数估计

Class A 模型的特征函数有简单的数学形式，利用这一特点可以推导

得到 Class A 模型的参数估计方法[1][10]。

1. Class A 模型的特征函数

由前面的内容可知，对于 Class A 模型，有

$$\sigma_m^2 = \sigma^2 \frac{\dfrac{m}{A} + \Gamma}{1 + \Gamma} \tag{2-16}$$

为了使式（2-16）更简洁，定义新的变量 $K = A\Gamma$ ，有

$$\sigma_m^2 = \sigma^2 \frac{m + K}{A + K} \tag{2-17}$$

为了推导 Class A 模型的特征函数，回顾正态分布的特征函数。设随机变量 Y 服从均值为 0、方差为 σ 的正态分布，即 $Y \sim \mathcal{N}\left(0, \sigma^2\right)$ 。变量 Y 的概率密度函数为

$$f_N(y) = \frac{1}{\sqrt{2\pi}\sigma} e^{-\frac{y^2}{2\sigma^2}} \tag{2-18}$$

变量 Y 的特征函数为

$$\psi_N(\omega) = \int_{-\infty}^{\infty} f_N(y) e^{j\omega y} \mathrm{d}y = \int_{-\infty}^{\infty} \frac{1}{\sqrt{2\pi}\sigma} e^{-\frac{y^2}{2\sigma^2}} e^{j\omega y} \mathrm{d}y = e^{-\frac{\sigma^2 \omega^2}{2}} \tag{2-19}$$

考虑 Class A 模型的特征函数，根据定义有

$$\psi_A(\theta, \omega) = \int_{-\infty}^{\infty} f_A(x) e^{j\omega x} \mathrm{d}x = \int_{-\infty}^{\infty} e^{-A} \sum_{m=0}^{\infty} \frac{A^m}{m! \sqrt{2\pi}\sigma_m} e^{\frac{-x^2}{2\sigma_m^2}} e^{j\omega x} \mathrm{d}x \tag{2-20}$$

根据式（2-19），得到

$$\psi_A(\theta, \omega) = \sum_{m=0}^{\infty} \frac{e^{-A} A^m}{m!} \int_{-\infty}^{\infty} \frac{1}{\sqrt{2\pi}\sigma_m} e^{\frac{-x^2}{2\sigma_m^2} + j\omega x} \mathrm{d}x = \sum_{m=0}^{\infty} \frac{e^{-A} A^m}{m!} e^{-\frac{\sigma_m^2 \omega^2}{2}} \tag{2-21}$$

将式（2-17）代入式（2-21），得到

$$\psi_A(\theta, \omega) = e^{-A} \sum_{m=0}^{\infty} \frac{A^m}{m!} e^{-\frac{\sigma^2 \frac{m+K}{A+K} \omega^2}{2}} = e^{-A} \sum_{m=0}^{\infty} \frac{A^m}{m!} e^{-\frac{\sigma^2 \frac{m}{A+K} \omega^2}{2}} e^{-\frac{\sigma^2 \frac{K}{A+K} \omega^2}{2}} \tag{2-22}$$

整理得到

$$\psi_A(\theta,\omega) = e^{-\frac{\sigma^2\frac{K}{A+K}\omega^2}{2}-A}\sum_{m=0}^{\infty}\frac{A^m}{m!}e^{-\frac{\sigma^2\frac{m}{A+K}\omega^2}{2}} = e^{-\frac{\sigma^2\frac{K}{A+K}\omega^2}{2}-A}\underbrace{\sum_{m=0}^{\infty}\frac{\beta^m e^{-\beta}e^{\beta}}{m!}}_{\beta=Ae^{-\frac{\sigma^2\frac{1}{A+K}\omega^2}{2}}} \quad (2\text{-}23)$$

$$= e^{-\frac{\sigma^2\frac{K}{A+K}\omega^2}{2}-A}e^{\beta}\sum_{m=0}^{\infty}\frac{\beta^m e^{-\beta}}{m!} = \exp\left(-\frac{\sigma^2\frac{K}{A+K}\omega^2}{2}-A+\beta\right)$$

式（2-23）的推导用到等式 $\sum_{m=0}^{\infty}\frac{\beta^m e^{-\beta}}{m!}=1$，得到 Class A 模型的特征函数为

$$\psi_A(\theta,\omega) = \exp\left[-\frac{K\sigma^2\omega^2}{2(A+K)}-A+Ae^{-\frac{\sigma^2\omega^2}{2(A+K)}}\right] \quad (2\text{-}24)$$

2. 基于特征函数的 Class A 模型参数估计方法

设 $x_0, x_1, \cdots, x_{N-1}$ 是 X 的随机样本，我们的目标是估计模型参数 $\theta=[\Omega,A,K]^T$。其中 $\Omega=\sigma^2$，N 表示样本大小。对式（2-24）取对数，Class A 模型特征函数的对数可以表示为

$$\ln\psi_A(\theta,\omega) = -\frac{K\Omega\omega^2}{2(A+K)}-A+A\exp\left[-\frac{\Omega\omega^2}{2(A+K)}\right] \quad (2\text{-}25)$$

特征函数可以用样本均值估计，即

$$\hat{\psi}_A(\omega) = \frac{1}{N}\sum_{i=1}^{N}\exp(j\omega x_i) \quad (2\text{-}26)$$

误差函数可以表示为

$$\boldsymbol{F}(\theta) = \begin{bmatrix} -\dfrac{K\Omega\omega_0^2}{2(A+K)}-A+Ae^{-\frac{\Omega\omega_0^2}{2(A+K)}}-\ln\hat{\psi}_A(\omega_0) \\[2ex] -\dfrac{K\Omega\omega_1^2}{2(A+K)}-A+Ae^{-\frac{\Omega\omega_1^2}{2(A+K)}}-\ln\hat{\psi}_A(\omega_1) \\[2ex] \vdots \\[2ex] -\dfrac{K\Omega\omega_M^2}{2(A+K)}-A+Ae^{-\frac{\Omega\omega_M^2}{2(A+K)}}-\ln\hat{\psi}_A(\omega_M) \end{bmatrix}_{M\times 1} \quad (2\text{-}27)$$

误差函数关于 $\boldsymbol{\theta}$ 的梯度矩阵为

$$\boldsymbol{D}(\boldsymbol{\theta}) = \frac{\partial \boldsymbol{F}(\boldsymbol{\theta})}{\partial \boldsymbol{\theta}^{\mathrm{T}}} = \begin{bmatrix} D_\Omega(\omega_0) & D_A(\omega_0) & D_K(\omega_0) \\ D_\Omega(\omega_1) & D_A(\omega_1) & D_K(\omega_1) \\ \vdots & \vdots & \vdots \\ D_\Omega(\omega_M) & D_A(\omega_M) & D_K(\omega_M) \end{bmatrix}_{M \times 3} \qquad (2\text{-}28)$$

梯度矩阵 $\boldsymbol{D}(\boldsymbol{\theta})$ 中的元素可以表示为

$$\begin{cases} D_\Omega(\omega_k) = \dfrac{\partial F(\boldsymbol{\theta},\omega_k)}{\partial \Omega} = \dfrac{-K\omega_k^2}{2(A+K)} - \dfrac{A\omega_k^2}{2(A+K)}\exp\left[\dfrac{-\Omega\omega_k^2}{2(A+K)}\right] \\[3mm] D_A(\omega_k) = \dfrac{\partial F(\boldsymbol{\theta},\omega_k)}{\partial A} = \dfrac{\Omega K\omega_k^2}{2(A+K)^2} - 1 + \exp\left[\dfrac{-\Omega\omega_k^2}{2(A+K)}\right]\left[1 + \dfrac{A\Omega\omega_k^2}{2(A+K)^2}\right] \\[3mm] D_K(\omega_k) = \dfrac{\partial F(\boldsymbol{\theta},\omega_k)}{\partial K} = \dfrac{-\Omega\omega_k^2}{2(A+K)} + \dfrac{\Omega K\omega_k^2}{2(A+K)^2} + \dfrac{\Omega A\omega_k^2}{2(A+K)^2}\exp\left(\dfrac{-\Omega\omega_k^2}{A+K}\right) \end{cases} \qquad (2\text{-}29)$$

这样就得到了基于最小均方梯度的 Class A 模型参数估计方法。它的正则化形式如下。

（1）初始化：设 $\boldsymbol{\theta}^0 = \boldsymbol{e}_3$，上标表示迭代步数。

（2）对于 $k = 0,1,2,\cdots,M$，利用式（2-27）、式（2-28）计算 $\boldsymbol{F}(\boldsymbol{\theta}^k)$ 和 $\boldsymbol{D}(\boldsymbol{\theta}^k)$。

（3）计算修正量 $\Delta\boldsymbol{\theta}^k = -\left[\boldsymbol{D}(\boldsymbol{\theta}^k)^{\mathrm{T}}\boldsymbol{D}(\boldsymbol{\theta}^k) + \delta\boldsymbol{I}\right]^{-1}\boldsymbol{D}(\boldsymbol{\theta}^k)^{\mathrm{T}}\boldsymbol{F}(\boldsymbol{\theta}^k)$。

（4）计算更新值 $\boldsymbol{\theta}^{k+1} = \boldsymbol{\theta}^k + \mu\Delta\boldsymbol{\theta}^k$。

（5）如果 $\boldsymbol{F}(\boldsymbol{\theta}^k)^{\mathrm{T}}\boldsymbol{F}(\boldsymbol{\theta}^k)$ 小于期望误差则停止，否则转到步骤（2）。

这里 μ 是步长，引入正则化参数 δ 的目的是克服矩阵运算数值不稳定的情况。$\boldsymbol{I}$ 是 3×3 单位矩阵，注意 $\Delta\boldsymbol{\theta}^k$ 是方程 $\boldsymbol{D}(\boldsymbol{\theta}^k)\Delta\boldsymbol{\theta}^k = -\boldsymbol{F}(\boldsymbol{\theta}^k)$ 的最小二乘解。

2.2.3　高斯混合模型的参数估计

高斯混合（Gaussian Mixed，GM）模型用 $k = 0$ 的高斯分量表示背景

高斯噪声，$k>0$ 的高斯分量具有较大方差，用于表示脉冲噪声。GM 模型可以表示为

$$p(\boldsymbol{x}) = \sum_{k=1}^{K} \pi_k \mathcal{N}(\boldsymbol{x} \mid \mu_k, \sigma_k) \qquad (2\text{-}30)$$

式中，$\mathcal{N}(\boldsymbol{x} \mid \mu_k, \sigma_k)$ 表示 GM 模型的第 k 个分量，μ_k 和 σ_k 分别表示其均值和方差；π_k 表示各分量被选中的概率，满足

$$\sum_{k=1}^{K} \pi_k = 1, \quad 0 \leqslant \pi_k \leqslant 1 \qquad (2\text{-}31)$$

1. GM 模型的后验概率

在介绍 GM 模型参数估计前，要改写 GM 模型的形式，改写后的 GM 模型可以方便地用 EM（Expectation Maximization）算法估计参数。引入一个新的 K 维随机变量 $\boldsymbol{z}$，$z_k (1 \leqslant k \leqslant K)$ 只能取 0 或 1。$z_k = 1$ 表示第 k 个分量被选中，$p(z_k = 1) = \pi_k$；$z_k = 0$ 表示第 k 个分量没有被选中。因此，z_k 需要满足两个条件

$$z_k \in (0,1) \qquad (2\text{-}32)$$

$$\sum_{k=1}^{K} z_k = 1 \qquad (2\text{-}33)$$

例如，当 $K = 2$ 时，如果从第 1 个分量中取点，则 $\boldsymbol{z} = (1,0)$；如果从第 2 个分量中取点，则 $\boldsymbol{z} = (0,1)$。$z_k = 1$ 的概率为 π_k，设 z_k 是独立同分布（IID）的，则可以写出 $\boldsymbol{z}$ 的联合概率分布形式，即

$$p(\boldsymbol{z}) = p(z_1)p(z_2)\cdots p(z_K) = \prod_{k=1}^{K} \pi_k^{z_k} \qquad (2\text{-}34)$$

因为 z_k 只能取 0 或 1，且 $\boldsymbol{z}$ 中只有一个 z_k 为 1，其他的 $z_j (j \neq k)$ 全为 0，所以式（2-34）是成立的。

GM 模型中的分量都服从正态分布，所以有

$$p(\boldsymbol{x} \mid z_k = 1) = \mathcal{N}(\boldsymbol{x} \mid \mu_k, \sigma_k) \qquad (2\text{-}35)$$

式（2-34）可以写为

$$p(\boldsymbol{x} \mid \boldsymbol{z}) = \prod_{k=1}^{K} \mathcal{N}(\boldsymbol{x} \mid \mu_k, \sigma_k)^{z_k} \qquad (2\text{-}36)$$

根据条件概率公式，可以得到

$$
\begin{aligned}
p(\boldsymbol{x}) &= \sum_{z} p(\boldsymbol{z}) p(\boldsymbol{x} \mid \boldsymbol{z}) \\
&= \sum_{z} \left[\prod_{k=1}^{K} \pi_k^{z_k} \mathcal{N}\left(\boldsymbol{x} \mid \mu_k, \sigma_k\right)^{z_k} \right] \\
&= \sum_{k=1}^{K} \pi_k \mathcal{N}\left(\boldsymbol{x} \mid \mu_k, \sigma_k\right)
\end{aligned}
\tag{2-37}
$$

可以看到，式（2-30）和式（2-37）的形式相同，且式（2-37）引入了新的变量 z，通常称为隐含变量。隐含的意义是：我们知道数据可以分成 K 类，但是随机抽取一个数据点，不知道这个数据点属于哪类，我们观察不到它的归类情况，因此引入隐含变量 z 来描述这个现象。

注意在贝叶斯的思想下，$p(z)$ 是先验概率，$p(\boldsymbol{x} \mid \boldsymbol{z})$ 是似然概率，那么可以求出后验概率为

$$
\begin{aligned}
\gamma(z_k) &= p(z_k = 1 \mid \boldsymbol{x}) \\
&= \frac{p(z_k = 1) p(\boldsymbol{x} \mid z_k = 1)}{p(\boldsymbol{x}, z_k = 1)} \\
&= \frac{\pi_k \mathcal{N}\left(\boldsymbol{x} \mid \mu_k, \sigma_k\right)}{\displaystyle\sum_{j=1}^{K} \pi_j \mathcal{N}\left(\boldsymbol{x} \mid \mu_j, \sigma_j\right)}
\end{aligned}
\tag{2-38}
$$

式中，$\gamma(z_k)$ 表示第 k 个分量的后验概率。

改写 GM 模型的形式并引入隐含变量 z 和后验概率 $\gamma(z_k)$ 是为了能够方便地用 EM 算法估计 GM 模型的参数。

2. 用 EM 算法估计 GM 模型的参数

在 GM 模型中，有 3 个参数需要估计，分别是 $\boldsymbol{\pi}$、$\boldsymbol{\mu}$、$\boldsymbol{\sigma}$。因此，式（2-30）可以表示为

$$
p(\boldsymbol{x} \mid \boldsymbol{\pi}, \boldsymbol{\mu}, \boldsymbol{\sigma}) = \sum_{k=1}^{K} \pi_k \mathcal{N}\left(\boldsymbol{x} \mid \mu_k, \sigma_k\right)
\tag{2-39}
$$

为了估计 GM 模型的 3 个参数，需要分别求出这 3 个参数的最大似然估计。

1）μ_k 的估计

样本符合 IID，式（2-39）中所有分量的概率密度函数连乘得到似然

函数，对似然函数取对数得到对数似然函数，再对 μ_k 求导并令导数为 0 得到 μ_k 的最大似然估计，即

$$0 = -\sum_{n=1}^{N} \frac{\pi_k \mathcal{N}(x_n \mid \mu_k, \sigma_k)}{\sum_{j=1}^{K} \pi_j \mathcal{N}(x_n \mid \mu_j, \sigma_j)} \sigma_k^{-1} (x_n - \mu_k) \qquad (2\text{-}40)$$

式中，N 表示样本点数。注意，式（2-40）中的分数项正好是式（2-38）中的后验概率形式。式（2-40）两边乘以 σ_k，整理得到

$$\mu_k = \frac{1}{N_k} \sum_{n=1}^{N} \gamma(z_{nk}) x_n \qquad (2\text{-}41)$$

式中，$\gamma(z_{nk})$ 表示样本点 x_n 属于第 k 个分量的后验概率，$N_k = \sum_{n=1}^{N} \gamma(z_{nk})$ 表示属于第 k 个分量的样本点数。因此，μ_k 表示所有点的加权平均和，每个点的权值是 $\sum_{n=1}^{N} \gamma(z_{nk})$，权值与第 k 个分量有关。

2）σ_k 的估计

同理，求 σ_k 的最大似然估计，可以得到

$$\sigma_k = \frac{1}{N_k} \sum_{n=1}^{N} \gamma(z_{nk})(x_n - \mu_k)(x_n - \mu_k)^{\mathrm{T}} \qquad (2\text{-}42)$$

3）π_k 的估计

在求 π_k 的最大似然估计时，需要注意 π_k 有限制条件 $\sum_{k=1}^{K} \pi_k = 1$，因此需要加入拉格朗日算子，即

$$\ln p(\boldsymbol{x} \mid \boldsymbol{\pi}, \boldsymbol{\mu}, \boldsymbol{\sigma}) + \lambda \left(\sum_{k=1}^{K} \pi_k - 1 \right) \qquad (2\text{-}43)$$

对 π_k 求导且令导数为 0，有

$$0 = \sum_{n=1}^{N} \frac{\mathcal{N}(x_n \mid \mu_k, \sigma_k)}{\sum_{j=1}^{K} \pi_j \mathcal{N}(x_n \mid \mu_j, \sigma_j)} + \lambda \qquad (2\text{-}44)$$

式（2-44）两边乘以 π_k，可以得到

$$0 = \sum_{n=1}^{N} \frac{\pi_k \mathcal{N}(x_n \mid \mu_k, \sigma_k)}{\sum_{j=1}^{K} \pi_j \mathcal{N}(x_n \mid \mu_j, \sigma_j)} + \lambda \pi_k \qquad (2\text{-}45)$$

可以改写为

$$0 = N_k + \lambda \pi_k \tag{2-46}$$

因为 N_k 表示属于第 k 个分量的样本点数，所以对 N_k 从 $k=1$ 到 $k=K$ 求和后得到总的样本点数 N。式（2-46）两边同时对 k 求和，可得

$$0 = \sum_{k=1}^{K} N_k + \lambda \sum_{k=1}^{K} \pi_k = N + \lambda \tag{2-47}$$

将 $\lambda = -N$ 代入式（2-46），可以得到更简洁的 π_k 表达式，即

$$\pi_k = \frac{N_k}{N} \tag{2-48}$$

3. EM 算法

（1）定义分量数 K，对每个分量 k 设置 μ_k、σ_k、π_k 的初始值，然后计算式（2-39）的对数似然函数。

（2）根据当前的 μ_k、σ_k、π_k 计算后验概率 $\gamma(z_{nk})$，即

$$\gamma(z_{nk}) = \frac{\pi_k \mathcal{N}(\boldsymbol{x} \mid \mu_k, \sigma_k)}{\sum_{j=1}^{K} \pi_j \mathcal{N}(\boldsymbol{x} \mid \mu_j, \sigma_j)} \tag{2-49}$$

（3）根据（2）中计算得到的 $\gamma(z_{nk})$ 更新 μ_k、σ_k、π_k，即

$$\mu_k = \frac{1}{N_k} \sum_{n=1}^{N} \gamma(z_{nk}) x_n \tag{2-50}$$

$$\sigma_k = \frac{1}{N_k} \sum_{n=1}^{N} \gamma(z_{nk})(x_n - \mu_k)(x_n - \mu_k)^{\mathrm{T}} \tag{2-51}$$

$$\pi_k = \frac{N_k}{N} \tag{2-52}$$

式中

$$N_k = \sum_{n=1}^{N} \gamma(z_{nk}) \tag{2-53}$$

（4）根据（3）中求得的新参数，重新计算对数似然函数。

（5）检查参数是否收敛或对数似然函数是否收敛，如果不收敛则返回（2）。

2.3　非参数估计

参数估计要求已知分布模型或假设分布模型。但是，如果所假设的分布模型与噪声实际分布模型不匹配，参数估计结果会有较大偏差。

当需要估计的概率密度函数形式未知时，无法用最大似然估计方法或贝叶斯估计方法进行参数估计，此时应该用非参数估计方法，通过数据的幅度分布拟合总体分布。下面介绍非参数估计方法。

2.3.1　Parzen 窗方法和直方图法

我们在图像处理中经常遇到直方图，其可以描述各像素灰度值的分布情况。在收集样本后，也可以用直方图描述各样本幅度的分布情况。

直方图法是最简单的非参数估计方法，但精度较低。Parzen 窗方法在概率密度函数的估计中有广泛应用，文献[11]介绍了几种非参数估计方法，其中包括 Parzen 窗方法。

很多概率密度函数估计方法的核心思想都是非常简单的，尽管关于收敛性的严格证明可能需要用到很多技巧。

向量 x 落在区域 $\mathcal{R}$ 的概率为

$$P = \int_{\mathcal{R}} p(x)\mathrm{d}x \tag{2-54}$$

因此，P 是概率密度函数 $p(x)$ 的平滑（或取平均）版本，可以通过估计概率 P 来估计概率密度函数。假设 n 个样本 $x_1, \cdots, x_n$ 都是根据概率密度函数 $p(x)$ 的独立同分布抽样得到的。显然，其中 k 个样本落在区域 $\mathcal{R}$ 的概率服从二项式定理，即

$$P_k = \binom{n}{k} P^k (1-P)^{n-k} \tag{2-55}$$

k 的期望为

$$E(k) = nP \tag{2-56}$$

k 的分布在均值附近有非常明显的波峰。因此，可以想到 k/n 是概率 P 的一个很好的估计。当样本数 n 非常大时，这个估计将非常准确。假设 $p(x)$ 是连续的，且区域 $\mathcal{R}$ 足够小，以至于概率密度函数几乎没有变化，则有

$$\int_{\mathcal{R}} p(x') \mathrm{d}x' \approx p(x)V \tag{2-57}$$

式中，V 是区域 $\mathcal{R}$ 的体积。观察式（2-54）、式（2-56）和式（2-57），可以得到 $p(x)$ 的估计为

$$p(x) \approx \frac{k}{nV} \tag{2-58}$$

一些问题有待讨论——部分问题是理论性的，另一部分与实现有关。如果固定体积 V 的值，并且能够获得越来越多的训练样本，那么 k/n 能够以我们所希望的形式收敛，所获得的其实是 $p(x)$ 的平滑版本，即

$$\frac{P}{V} = \frac{\int_{\mathcal{R}} p(x) \mathrm{d}x}{\int_{\mathcal{R}} \mathrm{d}x} \tag{2-59}$$

如果希望得到 $p(x)$，而不是平滑版本，必须要求体积 V 趋于零。如果在固定样本数 n 的前提下，令体积 V 趋于零，则区域 $\mathcal{R}$ 会变得非常小，以至于其中可能不含任何样本。也就是说，此时 $p(x) \approx 0$，这样的估计结果毫无意义。

如果碰巧有 1 个或 2 个样本落在 x 处，那么估计的结果将无穷大，也是毫无意义的。

实际上，我们能够获得的样本数总是有限的，体积 V 不能取得任意小。因此，如果要使用这种估计方法，就不得不接受这样的事实：k/n 总是有一定变动的，且概率密度函数 $p(x)$ 总存在一定程度的平滑效果。

理论上，如果能够获得无限多样本，那么如何克服上述问题？使用下面的方法：为了估计 x 处的概率密度函数，构造一系列包含 x 的区域，第

1 个区域使用 1 个样本，第 2 个区域使用 2 个样本……记 V_n 为区域 $\mathcal{R}_n$ 的体积，k_n 为落在区域 $\mathcal{R}_n$ 的样本数，$p_n(\boldsymbol{x})$ 表示对 $p(\boldsymbol{x})$ 的第 n 次估计，则有

$$p_n(\boldsymbol{x}) = \frac{k_n}{nV_n} \tag{2-60}$$

如果要求 $p_n(\boldsymbol{x})$ 能够收敛到 $p(\boldsymbol{x})$，则下面的 3 个条件必须得到满足：

① $\lim\limits_{n\to\infty} V_n = 0$；② $\lim\limits_{n\to\infty} k_n = \infty$；③ $\lim\limits_{n\to\infty} \dfrac{k_n}{n} = 0$。

条件①保证在区域均匀收缩和概率密度函数在 $\boldsymbol{x}$ 处连续的情况下，平滑的 P/V 能够收敛到 $p(\boldsymbol{x})$；条件②仅在 $p(\boldsymbol{x}) \neq 0$ 时有意义，保证了频率之比能够收敛到概率 P；条件③可以保证式（2-60）的收敛性，该条件也说明了虽然最后落在区域 $\mathcal{R}_n$ 的样本非常多，但这些样本在全体样本中所占的比例仍然是非常小的。

我们经常采用 Parzen 窗方法获得这种区域序列，其原理是根据一个确定的体积函数，如 $V_n = 1/\sqrt{n}$，来逐渐收缩一个给定的初始区间。这就要求随机变量 k_n 和 k_n/n 可以保证 $p_n(\boldsymbol{x})$ 能收敛到 $p(\boldsymbol{x})$。

为了说明 Parzen 窗方法，假设区间 $\mathcal{R}_n$ 是一个 d 维超立方体，令 h_n 表示超立方体的边长，则其体积为

$$V_n = h_n^d \tag{2-61}$$

通过定义窗函数，能够解析得到落在窗中的样本数 k_n，窗函数为

$$\varphi(\boldsymbol{u}) = \begin{cases} 1, & |u_j| \leqslant \dfrac{1}{2}, \quad j = 1, \cdots, d \\ 0, & \text{其他} \end{cases} \tag{2-62}$$

$\varphi(\boldsymbol{u})$ 表示一个中心在原点的单位超立方体。如果 $\boldsymbol{x}_i$ 落在超立方体 V_n 中，则 $\varphi[(\boldsymbol{x}-\boldsymbol{x}_i)/h_n] = 1$，否则为 0。因此，超立方体中的样本数为

$$k_n = \sum_{i=1}^{n} \varphi\left(\frac{\boldsymbol{x}-\boldsymbol{x}_i}{h_n}\right) \tag{2-63}$$

将式（2-63）代入式（2-60），得到

$$p_n(\boldsymbol{x}) = \frac{1}{n}\sum_{i=1}^{n}\frac{1}{V_n}\varphi\left(\frac{\boldsymbol{x}-\boldsymbol{x}_i}{h_n}\right) \tag{2-64}$$

式 (2-64) 表明了一种更一般的概率密度函数估计方法，即不必规定区间必须是超立方体，而可以是某种更一般的形式。式 (2-64) 表示对 $p(\boldsymbol{x})$ 的估计是对一系列关于 $\boldsymbol{x}$ 和 $\boldsymbol{x}_i$ 的函数做平均。本质上这是一种内插过程，即每个样本依据它与 $\boldsymbol{x}$ 的距离对结果做出不同的贡献。

可能有人会问，得到的 $p_n(\boldsymbol{x})$ 是否是一个合理的概率密度函数？也就是说，既要保证其值非负，又要保证积分结果为 1。可以要求 $\varphi(\boldsymbol{x})$ 满足下列性质，即

$$\varphi(\boldsymbol{x}) \geqslant 0 \tag{2-65}$$

$$\int \varphi(\boldsymbol{u})\mathrm{d}\boldsymbol{u} = 1 \tag{2-66}$$

同时，要求 $V_n = h_n^d$。这样就能保证 $p_n(\boldsymbol{x})$ 是一个合理的概率密度函数。

下面讨论 h_n 对 $p_n(\boldsymbol{x})$ 的影响。定义函数 $\delta_n(\boldsymbol{x})$ 为

$$\delta_n(\boldsymbol{x}) = \frac{1}{V_n}\varphi\left(\frac{\boldsymbol{x}}{h_n}\right) \tag{2-67}$$

$p_n(\boldsymbol{x})$ 可以重写为

$$p_n(\boldsymbol{x}) = \frac{1}{n}\sum_{i=1}^{n}\delta_n(\boldsymbol{x}-\boldsymbol{x}_i) \tag{2-68}$$

由于 $V_n = h_n^d$，h_n 显然会影响 $\delta_n(\boldsymbol{x})$ 的宽度和强度。如果 h_n 非常大，那么 δ_n 的强度非常弱，且即使 $\boldsymbol{x}$ 距 $\boldsymbol{x}_i$ 很远，$\delta_n(\boldsymbol{x}-\boldsymbol{x}_i)$ 和 $\delta_n(\boldsymbol{O})$ 也相差不大。在这种情况下，$p_n(\boldsymbol{x})$ 是 n 个宽的、慢变的函数的叠加，因此 $p_n(\boldsymbol{x})$ 是对 $p(\boldsymbol{x})$ 的平滑，称为"散焦"（Out-of-focus）的估计。如果 h_n 很小，那么 $\delta_n(\boldsymbol{x}-\boldsymbol{x}_i)$ 的峰值非常大。在这种情况下，$p_n(\boldsymbol{x})$ 是 n 个以样本点为中心的尖脉冲的叠加，即充满噪声的估计。对于任意的 h_n，分布是归一化的，即

$$\int \delta_n(\boldsymbol{x}-\boldsymbol{x}_i)\mathrm{d}\boldsymbol{x} = \int \frac{1}{V_n}\varphi\left(\frac{\boldsymbol{x}-\boldsymbol{x}_i}{h_n}\right)\mathrm{d}\boldsymbol{x} = \int \varphi(\boldsymbol{u})\mathrm{d}\boldsymbol{u} = 1 \tag{2-69}$$

当 h_n 趋于零时，$\delta_n(\boldsymbol{x}-\boldsymbol{x}_i)$ 趋于一个中心为 $\boldsymbol{x}_i$ 的狄拉克函数，$p_n(\boldsymbol{x})$ 是狄拉克函数的叠加。

显然，对 h_n 或 V_n 的选取将在很大程度上影响 $p_n(\boldsymbol{x})$。如果 V_n 过大，

则估计结果的分辨率过低；如果 V_n 过小，则估计结果的统计稳定性不足。在有限样本数的约束下，我们能做的就是取某种可接受的折中。然而，如果样本数无限，则可以在 n 增加时，使 V_n 缓慢地趋于零，同时 $p_n(\boldsymbol{x})$ 收敛到某概率密度函数 $p(\boldsymbol{x})$。

在讨论收敛性时，必须注意我们讨论的是随机变量序列的收敛性，因为对于固定的 $\boldsymbol{x}$，$p_n(\boldsymbol{x})$ 依赖于 $\boldsymbol{x}_1,\cdots,\boldsymbol{x}_n$。$p_n(\boldsymbol{x})$ 本身就具有均值 $\bar{p}_n(\boldsymbol{x})$ 和方差 $\sigma_n^2(\boldsymbol{x})$。$p_n(\boldsymbol{x})$ 收敛到 $p(\boldsymbol{x})$，如果

$$\lim_{n\to\infty}\bar{p}_n(\boldsymbol{x})=p(\boldsymbol{x}) \tag{2-70}$$

$$\lim_{n\to\infty}\sigma_n^2(\boldsymbol{x})=0 \tag{2-71}$$

为了证明收敛性，必须对未知的概率密度函数 $p(\boldsymbol{x})$、$\varphi(\boldsymbol{u})$ 和 h_n 进行必要的约束。通常要求 $p(\boldsymbol{x})$ 在 $\boldsymbol{x}$ 附近连续，且必须满足式（2-65）和式（2-66）。收敛条件为

$$\sup_{\boldsymbol{u}}\varphi(\boldsymbol{u})<\infty \tag{2-72}$$

$$\lim_{\|\boldsymbol{u}\|\to\infty}\varphi(\boldsymbol{u})\prod_{i=1}^{d}u_i=0 \tag{2-73}$$

$$\lim_{n\to\infty}V_n=0 \tag{2-74}$$

$$\lim_{n\to\infty}nV_n=\infty \tag{2-75}$$

式（2-72）和式（2-73）保证了 $\varphi(\boldsymbol{u})$ 具有良好的性能。同时，对于我们所能想到的许多窗函数来说，这两个条件总是能够满足的。式（2-74）和式（2-75）说明体积 V_n 必须以低于 $1/n$ 的速率趋于零。下面分析为什么这些条件能够保证收敛。

1）均值的收敛性

因为样本 $\boldsymbol{x}_i$ 都是由未知 $p(\boldsymbol{x})$ 的独立同分布抽样得到的，所以有

$$\begin{aligned}\bar{p}_n(\boldsymbol{x})&=E\big[p_n(\boldsymbol{x})\big]\\&=\frac{1}{n}\sum_{i=1}^{n}E\left[\frac{1}{V_n}\varphi\left(\frac{\boldsymbol{x}-\boldsymbol{x}_i}{h_n}\right)\right]\\&=\int\frac{1}{V_n}\varphi\left(\frac{\boldsymbol{x}-\boldsymbol{v}}{h_n}\right)p(\boldsymbol{v})\mathrm{d}\boldsymbol{v}\\&=\int\delta_n(\boldsymbol{x}-\boldsymbol{v})p(\boldsymbol{v})\mathrm{d}\boldsymbol{v}\end{aligned} \tag{2-76}$$

式（2-76）表明，均值的期望是未知概率密度函数值的平均，即对未知概率密度函数和窗函数的一种卷积，$\bar{p}_n(\boldsymbol{x})$ 是 $p(\boldsymbol{x})$ 被窗函数平滑的版本。但当 V_n 趋于零时，$\delta_n(\boldsymbol{x}-\boldsymbol{v})$ 趋于一个中心为 $\boldsymbol{x}$ 的狄拉克函数。因此，如果 p 在 $\boldsymbol{x}$ 附近连续，则式（2-74）保证了 $\bar{p}_n(\boldsymbol{x})$ 在 n 趋于无穷时，收敛到 $p(\boldsymbol{x})$。

2）方差的收敛性

式（2-76）表明，为了使 $\bar{p}_n(\boldsymbol{x})$ 趋于 $p(\boldsymbol{x})$，没有必要获得无限多的训练样本。对于任意的 n，可以仅让 V_n 趋于 0。当然，对于特定的样本集，估计得到充满尖峰的结果是毫无意义的，因此我们必须考虑估计结果的方差。因为 $p_n(\boldsymbol{x})$ 是一些关于统计独立的随机变量的函数的和，所以其方差就是这些分项的和，则有

$$
\begin{aligned}
\sigma_n^2(\boldsymbol{x}) &= \sum_{i=1}^{n} E\left\{\left[\frac{1}{nV_n}\varphi\left(\frac{\boldsymbol{x}-\boldsymbol{x}_i}{h_n}\right) - \frac{1}{n}\bar{p}_n(\boldsymbol{x})\right]^2\right\} \\
&= nE\left[\frac{1}{n^2V_n^2}\varphi^2\left(\frac{\boldsymbol{x}-\boldsymbol{x}_i}{h_n}\right)\right] - \frac{1}{n}\bar{p}_n^2(\boldsymbol{x}) \\
&= \frac{1}{nV_n}\int \frac{1}{V_n}\varphi^2\left(\frac{\boldsymbol{x}-\boldsymbol{v}}{h_n}\right)p(\boldsymbol{v})\mathrm{d}\boldsymbol{v} - \frac{1}{n}\bar{p}_n^2(\boldsymbol{x})
\end{aligned}
\tag{2-77}
$$

根据式（2-76），有

$$
\sigma_n^2(\boldsymbol{x}) \leqslant \frac{\sup\left[\varphi\left(\dfrac{\boldsymbol{x}-\boldsymbol{v}}{h_n}\right)\right]\bar{p}_n(\boldsymbol{x})}{nV_n}
\tag{2-78}
$$

显然，为了得到较小的方差，必须有较大的 V_n。因为较大的 V_n 能够把概率密度函数中的局部变动平滑掉。可行的做法是当 n 趋于无穷时，令 V_n 趋于零，同时 nV_n 趋于无穷，此时仍得到零方差。例如，可以令 V_n 为任何能满足式（2-74）和式（2-75）的函数（如 $V_n = V_1/\sqrt{n}$ 或 $V_n = V_1/\ln n$ 等）。

上述分析并没有告诉我们在样本有限的情况下，如何选择 $\varphi(n)$ 和 V_n 能得到较好的估计。事实上，除非我们对 $p(\boldsymbol{x})$ 有更多了解（不仅是连续性），否则无法找到更好的方法。

2.3.2 KDE 方法

核密度估计（Kernel Density Estimation，KDE）方法可以通过直方图法的思想来理解[12][13]。假设 $x_1, x_2, \cdots, x_N$ 为一组独立同分布的样本，通过KDE 方法得到其概率密度函数为

$$f_h(x) = \frac{1}{N}\sum_{i=1}^{N} K_h(x - x_i) = \frac{1}{Nh}\sum_{i=1}^{N} K\left(\frac{x - x_i}{h}\right) \qquad （2\text{-}79）$$

式中，$K(\cdot)$ 为核函数；h 是决定核函数作用范围的平滑参数，称为窗宽，$h{>}0$；$K_h(x)$ 为缩放核函数

$$K_h(x) = \frac{1}{h}K\left(\frac{x}{h}\right) \qquad （2\text{-}80）$$

核函数内部的分母 h 用于调整 KDE 曲线的宽度，核函数外部的分母 h 用于保证曲线下方的面积符合 KDE 规则。核函数和窗宽是决定 KDE 效果的关键。

1. 核函数

核函数是定义在区域 $\mathcal{R}$ 上且在定义域内积分为 1 的非负函数，用于对落在定义域内的数据进行加权求和。通常对 $K(\cdot)$ 附加一些限制条件，如对称性、有界性、连续性等，以保证估计精度。

常用的核函数有高斯核函数、矩形核函数和 Epanechnikov 核函数等。高斯核函数为

$$K(x) = \frac{1}{\sqrt{2\pi}}\exp\left(-\frac{1}{2}x^2\right) \qquad （2\text{-}81）$$

矩形核函数为

$$K(x) = \begin{cases} \dfrac{1}{2}, & |x| \leqslant 1 \\ 0, & \text{其他} \end{cases} \qquad （2\text{-}82）$$

Epanechnikov 核函数为

$$K(x) = \begin{cases} \dfrac{3}{4}\left(1 - x^2\right), & |x| \leqslant 1 \\ 0, & \text{其他} \end{cases} \qquad (2\text{-}83)$$

由于相邻波峰之间会发生波形合成，因此最终形成的 KDE 曲线形状与选择的核函数关系并不紧密。

2. 窗宽

KDE 方法的窗宽 h 用于平滑核函数的作用范围。当窗宽 h 过大时，会掩盖序列的波动性，使估计平均化；当 h 趋于 0 时，核函数会变为冲激函数，此时的估计结果接近真实分布。但在实际应用中，样本数量是有限的，这导致窗宽不能过小，否则估计得到的概率密度函数会退化为位于估计点上的冲激信号，因此 h 的合理选择也是核密度估计的一个重要部分。一般来讲，最优的 h 一定会使估计得到的分布 $\hat{f}_h(x)$ 与实际分布 $f(x)$ 的误差尽量小，即

$$h = \text{MISE}\left[\hat{f}_h(x), f(x)\right] = E\left[\int \left|\hat{f}_h(x) - f(x)\right|^2 \mathrm{d}x\right] \qquad (2\text{-}84)$$

式中，积分均方误差（Mean Integrated Squared Error，MISE）可以衡量两个分布的误差。显然采用这种方式并不现实，因为需要已知实际分布。

针对脉冲噪声，可以采用一种有效且稳健的赋值方法，即应用文献 [13] 中的噪声方差衡量值，则有

$$h = 0.79 N^{-\frac{1}{5}} R_{\text{IQ}} \qquad (2\text{-}85)$$

式中，R_{IQ} 表示四分位距（0.75 分位数值减去 0.25 分位数值）。实验证明，该方法确实可以对大部分脉冲噪声进行稳健的 PDF 估计。

实际上，KDE 方法就是将每个数据点的数据和窗宽 h 作为核函数的参数，得到 N 个核函数，将其线性叠加就形成了核密度估计函数，归一化后得到核密度概率密度函数。值得注意的是，KDE 方法不是找到数据真正的 PDF，而是模拟真实的 PDF 曲线。

$f(x)$ 数值范围和间隔的确定是数值仿真的一个细节。在仿真中，x 轴上的各点实际上组成了一个数组

$$[x_{\min}, x_{\min} + \Delta x, x_{\min} + 2\Delta x, \cdots, x_{\min} + k\Delta x, \cdots, x_{\max} - \Delta x, x_{\max}] \quad (2\text{-}86)$$

最小值（起始点）为 $x_{\min}$，最大值（终止点）为 $x_{\max}$。数值范围和间隔 Δx 的选取对于 PDF 估计来说十分重要。如果数值范围过小，则 PDF 描述不够全面；如果间隔过大，则 PDF 描述不够准确；如果数值范围过大或间隔过小，会白白增大计算量而没有收益。

根据我们的数据处理经验，间隔可以取 $\Delta x = 0.1h$，因为 h 本来就是对噪声方差的一种衡量。至于最大值和最小值，可以取倍数，如 $x_{\max} = 1000h = -x_{\min}$，或者取噪声样本中最大绝对值的 0.1 倍。看起来这些考虑很烦琐，但这在数值仿真中是不可避免的。如果没有做好 x 轴规划，基于 KDE 的 PDF 估计可能不可靠。

KDE 方法在模式识别和机器学习等领域也有应用。由于模式识别等领域的研究场景复杂多变，噪声模型更难预知，因此不依赖噪声模型的 PDF 估计方法有很大的实用价值。

2.3.3 PDF 导数的近似计算

采用 KDE 方法得到的 PDF 虽然看起来是平滑的，但实际上会有一些起伏。这个问题在估计 $f_{\mathrm{KDE}}\left(x\mid\tilde{\boldsymbol{X}}\right)$ 或其积分时不会有严重后果。但是，当涉及 PDF 的求导运算（如后面要介绍的局部最优检测和效能函数计算）时，多段函数（段数取决于样本 $\tilde{\boldsymbol{X}}$ 的长度）劣势就会体现出来。

以高斯核为例，利用定义

$$f_{\mathrm{KDE}}\left(x\mid\tilde{\boldsymbol{X}}\right) = \frac{1}{Nh}\sum_{i=1}^{N}\frac{1}{\sqrt{2\pi}}\exp\left[-\frac{1}{2}\left(\frac{x-x_i}{h}\right)^2\right] \quad (2\text{-}87)$$

可以得到

$$\frac{\partial}{\partial x}f_{\mathrm{KDE}}\left(x\mid\tilde{\boldsymbol{X}}\right) = \frac{1}{Nh}\sum_{i=1}^{N}\frac{1}{\sqrt{2\pi}}\frac{x-x_i}{h}\exp\left[-\frac{1}{2}\left(\frac{x-x_i}{h}\right)^2\right] \quad (2\text{-}88)$$

仿真发现，计算得到的 LOD 非线性变换函数为

$$\hat{g}_{\text{LOD}}(x) = \frac{\frac{\partial}{\partial x} f_{\text{KDE}}(x \mid \tilde{X})}{f_{\text{KDE}}(x \mid \tilde{X})} \qquad (2\text{-}89)$$

$\hat{g}_{\text{LOD}}(x)$ 不仅有很多毛刺，在 $f_{\text{KDE}}(x \mid \tilde{X})$ 很小时，$\hat{g}_{\text{LOD}}(x)$ 还极不稳定。这是因为，我们没法保证 $f_{\text{KDE}}(x \mid \tilde{X})$ 足够准确，当 $f_{\text{KDE}}(x \mid \tilde{X})$ 趋于 0 时，其导数的估计误差会在 $\hat{g}_{\text{LOD}}(x)$ 中放大，导致出现非常大的误差（可以参考文献[14]的介绍）。

对此，我们的办法在数值计算中弥补。仿真中的 PDF 一阶导数计算为

$$f'_{\text{KDE}}(x \mid \tilde{X}) = \frac{f_{\text{KDE}}\left(x - \frac{\Delta x}{2} \middle| \tilde{X}\right) - f_{\text{KDE}}\left(x + \frac{\Delta x}{2} \middle| \tilde{X}\right)}{\Delta x} \qquad (2\text{-}90)$$

式中，Δx 为仿真间隔，可设为 Δx 窗宽参数 h 的 c 倍，即 $\Delta x = ch$。

Δx 的选取对导数的计算精度有很大影响。由文献[14]的分析及我们的经验可知，当 $c = 1.0$ 时，曲线抖动剧烈，明显不稳健；当 $c = 10.0$ 时，曲线光滑，但与理论值相差较大；当 $c = 4.7$ 时，曲线有微弱抖动，与理论曲线接近。可见倍数 c 不宜过大或过小。对不同噪声分布的数值分析表明，c 的取值范围与噪声分布有关。在 SαS 分布下，当 c 取 3～6 时，估计结果的标准差较小，在 $c = 4.7$ 处最小；在 Class A 分布下，c 的取值范围为 2～5，在 $c = 2.2$ 处标准差最小。

基于典型脉冲噪声分布（SαS 分布、Class A 分布）数值仿真和实测大气噪声处理经验，这里推荐 c 为 3～5。SαS 分布的 PDF 导数近似计算结果如图 2-1 所示，其中 $\alpha = 1.5$，$\sigma = 1$。更多分析可见文献[14]。

基于 KDE 得到 PDF 不仅适用于脉冲噪声，还适用于其他噪声。不过，需要考虑其分布的参数设置细节是否适合。

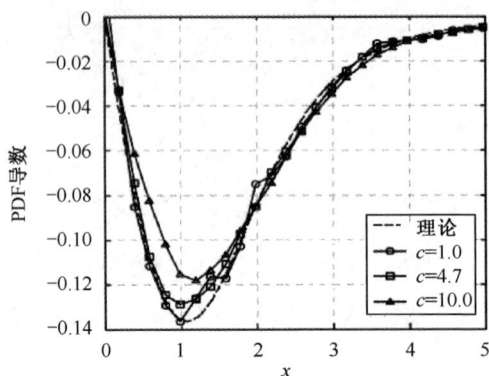

图 2-1 SαS 分布的 PDF 导数近似计算结果（$\alpha = 1.5$，$\sigma = 1$）

2.4 基于分布函数拟合的模型参数估计

本节提出一种适用于各种噪声模型的参数估计通用方法，其原理是假设噪声模型和参数，计算假设估计，根据噪声样本得到无参数估计，将取得两个 PDF 之差的最小值的模型参数作为估计。

2.4.1 基于 PDF 拟合的模型参数估计原理

两种估计方法的优缺点如下。

（1）采用假设噪声模型，分析模型参数与噪声分布的关系，从而给出参数估计方法。其优点是在样本符合模型假设时，参数估计比较准确，且 PDF 表达式平滑。其缺点有两点：一是模型参数估计必须针对特征模型进行专门设计，一些模型的估计方法难以开发和应用；二是如果样本不符合模型假设，则估计参数非常不准确，估计 PDF 与真实 PDF 偏差极大。

（2）采用无关噪声模型，通过 KDE 方法得到 PDF，属于无参数方法。

其优点是如果噪声样本充足且参数 h 选取合适，PDF 一定是正确的；其缺点是所估计的 PDF 虽然平滑但是可能有起伏，这对 PDF 的一些运算不利，如在脉冲噪声的局部最优检测及非线性变换函数效能计算中求 PDF 的一阶导数。

因此，我们结合两种方法的优点，提出一种新的模型参数估计方法。将取得两个 PDF 之差的最小值的模型参数作为估计，即

$$\hat{\boldsymbol{\theta}} = \arg\min_{\boldsymbol{\theta}} \int_{-\infty}^{\infty}\left[f_{\mathrm{KDE}}\left(x\,|\,\tilde{\boldsymbol{X}}\right) - f_{\mathrm{PRM}}\left(x\,|\,\tilde{\boldsymbol{X}},\boldsymbol{\theta}\right)\right]\mathrm{d}x \tag{2-91}$$

式中，$f_{\mathrm{KDE}}\left(x\,|\,\tilde{\boldsymbol{X}}\right)$ 表示基于 KDE 的 PDF；$f_{\mathrm{PRM}}\left(x\,|\,\tilde{\boldsymbol{X}},\boldsymbol{\theta}\right)$ 表示基于噪声模型参数 $\boldsymbol{\theta}$ 计算的 PDF。

除了概率密度函数 $f(x)$，还可以利用累积分布函数 $F(x)$，根据 K-S 检验，将取得 CDF 之差关于 x 的最大值最小时对应的参数作为估计，即

$$\hat{\boldsymbol{\theta}} = \arg\min_{\boldsymbol{\theta}}\left[\max_{x}\left| F_{\mathrm{KDE}}\left(x\,|\,\tilde{\boldsymbol{X}}\right) - F_{\mathrm{PRM}}\left(x\,|\,\tilde{\boldsymbol{X}},\boldsymbol{\theta}\right)\right|\right] \tag{2-92}$$

我们可以称之为极大极小准则，其优点是可以选择噪声模型。

总之，基于 PDF 拟合方法，本节提出了一种新的噪声模型参数估计方法。它不仅适用于一般的噪声模型，还能够根据噪声样本选取最合适的噪声模型。下面根据两种拟合准则采用的模型参数估计方法，进行 SαS 分布、Class A 分布和 GM 分布下的模型检测与参数估计，验证所提方法的有效性。

2.4.2　基于 PDF 拟合的模型参数估计

考虑噪声样本 $\tilde{\boldsymbol{X}}$，假设该噪声服从某分布，则基于 PDF 拟合的模型参数估计步骤如下。

（1）基于样本 $\tilde{\boldsymbol{X}}$，采用 KDE 方法，估计其 PDF，即 $f_{\mathrm{KDE}}\left(x\,|\,\tilde{\boldsymbol{X}}\right)$。

（2）假设噪声服从某分布，待估参数为 $\boldsymbol{\theta}$，PDF 计算为 $f_{\mathrm{PRM}}\left(x\,|\,\boldsymbol{\theta}\right)$。

（3）搜索 $\boldsymbol{\theta}$ 的可能值，寻找两个 PDF 之差的最小值，即

$$\hat{\boldsymbol{\theta}} = \arg\min_{\boldsymbol{\theta}} \int_{-\infty}^{\infty} \left[f_{\text{KDE}}\left(x \mid \tilde{\boldsymbol{X}}\right) - f_{\text{PRM}}\left(x \mid \tilde{\boldsymbol{X}}, \boldsymbol{\theta}\right) \right] \mathrm{d}x \qquad （2\text{-}93）$$

第（3）步需要用到数值寻优方法，能够找到可靠估计值的前提是目标函数是凹的，局部极小值即全局最小值。显然，该条件等价于目标函数的相反数是凸的。因此，可以画出基于 PDF 拟合的目标函数的相反数关于 $\boldsymbol{\theta}$ 的曲面，如图 2-2 所示。

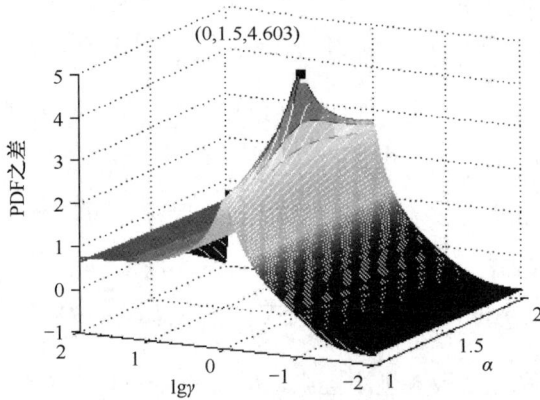

（a）SαS 分布模型

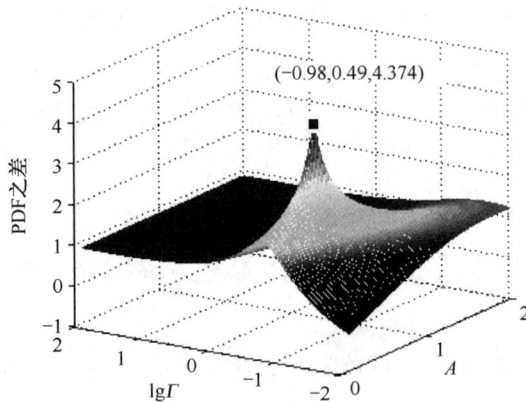

（b）Class A 模型（$\sigma = 1$）

图 2-2　基于 PDF 拟合的目标函数的相反数关于 $\boldsymbol{\theta}$ 的曲面

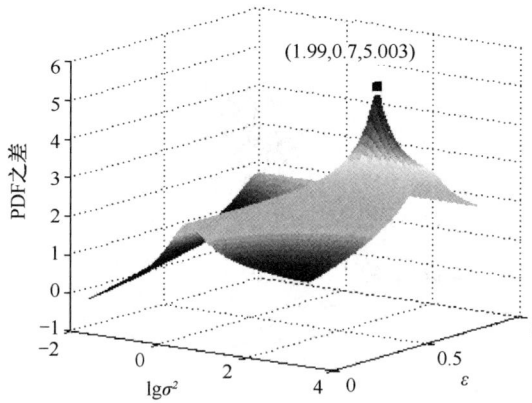

（c）GM 模型（$\sigma_1 = 1$，$\sigma_2 = 0.01$）

图 2-2　基于 PDF 拟合的目标函数的相反数关于 $\boldsymbol{\theta}$ 的曲面（续）

2.4.3　基于 CDF 拟合的模型参数估计

考虑噪声样本 $\tilde{\boldsymbol{X}}$，假设该噪声服从某分布，则基于 CDF 拟合的模型参数估计步骤如下。

（1）基于样本 $\tilde{\boldsymbol{X}}$，采用 KDE 方法，估计其 PDF，计算 CDF，得到 $F_{\text{KDE}}\left(x \mid \tilde{\boldsymbol{X}}\right)$。

（2）假设噪声服从某分布，待估参数为 $\boldsymbol{\theta}$，CDF 计算为 $F_{\text{PRM}}\left(x \mid \tilde{\boldsymbol{X}}, \boldsymbol{\theta}\right)$。

（3）针对 $\boldsymbol{\theta}$ 的特定值，计算两个 CDF 之差的最大值；然后搜索 $\boldsymbol{\theta}$ 的特定值，将两者之差的最大值最小时对应的参数作为估计，即

$$\hat{\boldsymbol{\theta}} = \arg\min_{\boldsymbol{\theta}}\left[\max_{x}\left|F_{\text{KDE}}\left(x \mid \tilde{\boldsymbol{X}}\right) - F_{\text{PRM}}\left(x \mid \tilde{\boldsymbol{X}}, \boldsymbol{\theta}\right)\right|\right] \tag{2-94}$$

第（3）步需要用到数值寻优方法，能够找到可靠估计值的前提是目标函数是凹的，局部极小值即全局最小值。同样地，该条件等价于目标函数的相反数是凸的。因此，可以画出基于 CDF 拟合的目标函数的相反数关于 $\boldsymbol{\theta}$ 的曲面，如图 2-3 所示。

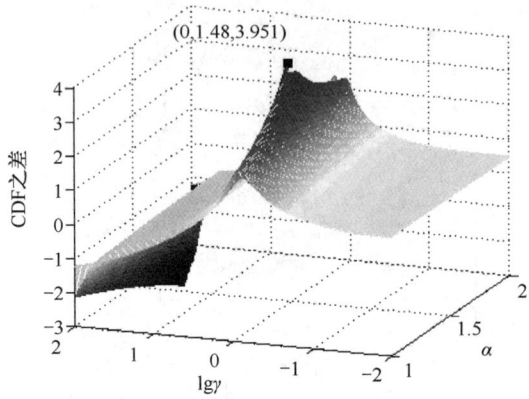

（a）SαS 分布模型

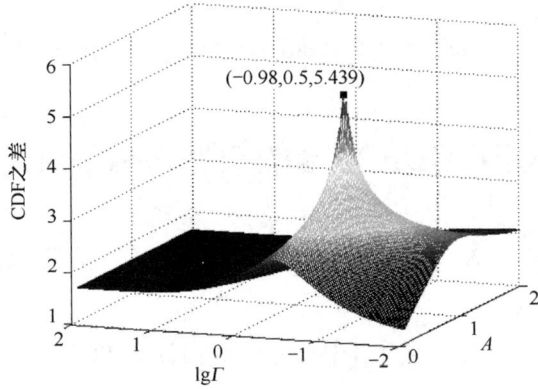

（b）Class A 模型（$\sigma = 1$）

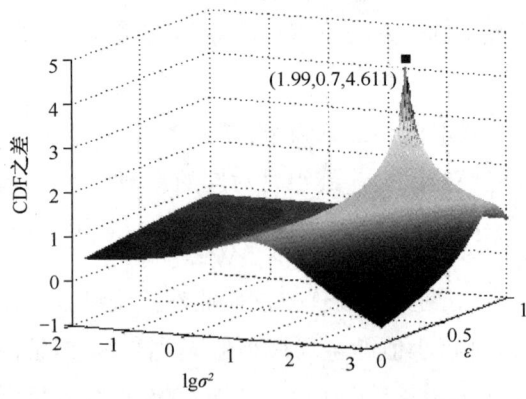

（c）GM 模型（$\sigma_1 = 1$，$\sigma_2 = 0.01$）

图2-3　基于 CDF 拟合的目标函数的相反数关于 θ 的曲面

2.4.4　模型检测与参数估计方法

参数估计利用了目标函数最小时的参数值，可以基于目标函数最小化进行噪声模型检测。在计算累积误差时，无论是利用 PDF 还是 CDF，该设计思路都是可行的。

以 PDF 为例，模型检测与参数估计步骤如下。

（1）基于噪声样本 $\tilde{\boldsymbol{X}}$，采用 KDE 方法，估计其 PDF，即 $f_{\mathrm{KDE}}\left(x\mid\tilde{\boldsymbol{X}}\right)$；

（2）对于待定分布模型 model_i，设待估参数为 $\boldsymbol{\theta}_i$，PDF 计算为 $f_{\mathrm{model}_i}\left(x\mid\tilde{\boldsymbol{X}},\boldsymbol{\theta}_i\right)$。

（3）搜索 $\boldsymbol{\theta}_i$ 的可能值，寻找 $E_{\mathrm{PDF},i}$（PDF 之差）的最小值，即

$$\min_i E_{\mathrm{PDF},i}=\min_{i,\boldsymbol{\theta}_i}\left|f_{\mathrm{KDE}}\left(x\mid\tilde{\boldsymbol{X}}\right)-f_{\mathrm{model}_i}\left(x\mid\tilde{\boldsymbol{X}},\boldsymbol{\theta}_i\right)\right| \qquad (2\text{-}95)$$

（4）对于所有 i 类噪声，使 $E_{\mathrm{PDF},i}$ 取最小值的噪声模型为最适合的样本模型，即

$$\hat{\mathrm{model}}_i=\min_i E_{\mathrm{PDF},i}=\min_{i,\boldsymbol{\theta}_i}\left|f_{\mathrm{KDE}}\left(x\mid\tilde{\boldsymbol{X}}\right)-f_{\mathrm{model}_i}\left(x\mid\tilde{\boldsymbol{X}},\boldsymbol{\theta}_i\right)\right| \qquad (2\text{-}96)$$

类似地，使 $E_{\mathrm{CDF},i}$（CDF 之差关于 x 的最大值）取最小值的噪声模型为最适合的样本模型，即

$$\hat{\mathrm{model}}_i=\min_i E_{\mathrm{CDF},i}=\min_{i,\boldsymbol{\theta}_i}\left[\max_x\left|F_{\mathrm{KDE}}\left(x\mid\tilde{\boldsymbol{X}}\right)-F_{\mathrm{model}_i}\left(x\mid\tilde{\boldsymbol{X}},\boldsymbol{\theta}_i\right)\right|\right] \qquad (2\text{-}97)$$

例如，SαS 分布模型的最小误差是 m_1，Class A 模型的最小误差是 m_2。如果 $m_1<m_2$，选 SαS 分布模型；反之，选 Class A 模型。

2.4.5　仿真验证

下面通过实验验证模型检测与参数估计方法。

分别利用 SαS 分布模型、Class A 模型和 GM 模型，通过改变模型参数，产生多种仿真数据。采用本章的模型参数估计方法进行实验。得到

SαS 分布模型、Class A 模型、GM 模型参数估计分别如表 2-3、表 2-4 和表 2-5 所示。

　　由实验结果可知，基于 PDF 或 CDF 拟合的模型参数估计方法是有效的。传统模型参数估计方法需要针对噪声模型进行专门开发（如样本分位数估计方法仅适用于 SαS 分布，基于特征函数的估计方法仅适用于 Class A 模型），而基于 PDF 或 CDF 拟合的模型参数估计方法适用于 SαS 分布模型、Class A 模型和 GM 模型，但其缺点是精度较低。

表 2-3　SαS 分布模型参数估计

真实参数 (α,γ)	样本分位数估计	基于 PDF 拟合的模型参数估计	基于 CDF 拟合的模型参数估计	模型检测（PDF）	模型检测（CDF）
(1.5,1)	(1.4995,1.0036)	(1.5088,1.0129)	(1.4747,1.0091)	SαS 分布模型	SαS 分布模型
(1.5,10)	(1.5001,9.9990)	(1.4852,10.1008)	(1.4780,10.0830)	SαS 分布模型	SαS 分布模型
(1.8,1)	(1.7941,0.9944)	(1.7913,1.0017)	(1.7885,1.0012)	SαS 分布模型	SαS 分布模型
(1.8,10)	(1.7978,9.9595)	(1.8016,10.0437)	(1.7940,10.0365)	SαS 分布模型	SαS 分布模型

表 2-4　Class A 模型参数估计（$\sigma=1$）

真实参数 (A,Γ)	基于特征函数的估计	基于 PDF 拟合的模型参数估计	基于 CDF 拟合的模型参数估计	模型检测（PDF）	模型检测（CDF）
(0.1,0.01)	(0.0985,0.0101)	(0.0993,0.0102)	(0.0982,0.0100)	Class A 模型	Class A 模型
(0.1,0.1)	(0.0985,0.1017)	(0.0986,0.1031)	(0.0992,0.1037)	Class A 模型	Class A 模型
(0.5,0.01)	(0.4940,0.0102)	(0.4947,0.0104)	(0.4957,0.0104)	Class A 模型	Class A 模型
(0.5,0.1)	(0.5044,0.1011)	(0.5021,0.1035)	(0.5000,0.1035)	Class A 模型	Class A 模型

表 2-5　GM 模型参数估计（ $\mu_1 = 0$ ， $\mu_2 = 0$ ， $\sigma_1 = 1$ ）

真实参数 $(\sigma_2^2, \varepsilon)$	基于 EM 算法 估计	基于 PDF 拟合 的模型参数估计	基于 CDF 拟合 的模型参数估计	模型检测 （PDF）	模型检测 （CDF）
(10,0.7)	(10.8516,0.7254)	(10.1388,0.7041)	(10.1374,0.7040)	GM 模型	GM 模型
(100,0.7)	(82.9025,0.6362)	(98.2666,0.6962)	(99.1955,0.6974)	GM 模型	GM 模型
(10,0.9)	(6.1411,0.8043)	(10.1187,0.9018)	(10.2155,0.9025)	GM 模型	GM 模型
(100,0.9)	(45.3939,0.7738)	(98.2851,0.8979)	(99.5372,0.8983)	GM 模型	GM 模型

　　采用实测噪声进行模型检测与参数估计实验。实测噪声模型检测与参数估计如表 2-6 所示。由实验结果可知，参数估计在有效范围内，在模型检测结果中，SαS 分布模型最多。

表 2-6　实测噪声模型检测与参数估计

实测环境	SαS 分布模型 参数估计 (α, γ)	Class A 模型 参数估计 (A, Γ)	GM 模型参数估计 $(\sigma_2^2, \varepsilon)$	模型检测 （PDF）	模型检测 （CDF）
X 地晴	(1.5026,0.2865)	(0.4668,0.5660)	(15.4234,0.8163)	SαS 分布 模型	SαS 分布 模型
X 地阴	(1.4858,03111)	(0.4755,0.5302)	(0.6819,0.6405)	SαS 分布 模型	Class A 模型
Y 地晴	(1.5464 ,0.2880)	(0.3919,0.6552)	(7.7723,0.8950)	SαS 分布 模型	SαS 分布 模型
Y 地雨	(1.5557,0.3305)	(0.4199,0.6806)	(13.9322,0.8307)	SαS 分布 模型	Class A 模型

2.5　噪声分布与模型参数估计的 MATLAB 程序

　　由于脉冲噪声相关实现方法不易寻找，本节给出部分 MATLAB 程序。感谢文献[1]提供了噪声产生程序。实际上，这样的无私共享启发了笔者在本书中提供 MATLAB 程序。

针对 3 类脉冲噪声模型（SαS 分布模型、Class A 模型和 GM 模型），本节给出各模型的分布函数仿真程序、噪声产生程序和参数估计程序。其中，分布函数包含 PDF、PDF 的导数、CDF 及第 3 章介绍的 LOD 的非线性变换函数。

2.5.1 SαS 分布模型

```
%%% --------------SαS分布模型的分布函数仿真程序-----------------------
function [alpdf]=SaSpdf(t,alpha,beta,sigma,delta)
%本程序用于仿真SαS分布模型的PDF、PDF的导数、CDF、LOD的非线性变换
函数
%alpha，特征指数
%beta，对称参数
%sigma，分散系数
%delta，位置参数
%t，时域自变量
j=1i;
dt=t(2)-t(1); %时域间隔
f=linspace(-pi/dt,pi/dt,length(t)); %频域自变量
wta=2/pi*log(abs(f));
if alpha~=1 %如果alpha不为1
wta=tan(alpha*pi/2)*ones(size(wta));
end
phif=exp(j*delta*f - abs(sigma*f).^alpha.*(1+j*beta*sign(f).*wta)); %特征函数
[m,n]=find(isnan(phif));
if ~isempty(m)
phif(m,n)=1;
end    %把phif中的无穷大值置1
if alpha==1
ft=sigma./(abs(t).^2+sigma^2)/pi;
fd=-sigma*2*t./((abs(t).^2+sigma^2).^2)/pi;
gt=2*t./(abs(t).^2+sigma^2);
elseif alpha>1.9999
ft=1/sqrt(2*pi)/sigma*exp(-abs(t).^2/2/sigma^2);
```

```
fd=1/sqrt(2*pi)/sigma*exp(-abs(t).^2/2/sigma^2).*(-t)/sigma^2;
gt=-fd./ft;
gt(find(isnan(gt)))=0;%把gt中的无穷大值置0
else
ft=(fftshift(ifft(fftshift(phif))))/dt;
fd=zeros(size(ft));
fd(2:end-1)=(ft(3:end)-ft(1:end-2))/2/dt;
gt=-fd./ft;
end
ft=real(ft);
ft=(ft+fliplr(ft))/2; %去掉ft中的计算误差
ft=ft/sum(sum(ft)*(t(2)-t(1))); %PDF需要归一化
Ft=cumsum(ft)*(t(2)-t(1)); %CDF
%输出
alpdf.f=f; %频域自变量
alpdf.t=t; %时域自变量
alpdf.ft=real(ft); %PDF
alpdf.gt=real(gt); %LOD的非线性变换函数
alpdf.fdt=real(fd); %PDF的导数
alpdf.Ft=Ft; %CDF
end
%% -------------SαS分布模型的噪声产生程序-------------------------
function [aSdata]=rasd(N,alpha,beta,gama,miu)
%本程序用于产生SαS分布模型的噪声
%alpha，特征指数
%beta，对称参数
%gama，分散系数
%miu，位置参数
%N，仿真点数
nuni=rand(1,N);
U=(nuni*pi)-pi/2; %均匀分布
zhi=rand(1,N);
W=-log(zhi); %指数分布
if alpha~=1
X1=S(alpha,beta);
X2=sin(alpha*(U+B(alpha,beta)))./(cos(U)).^(1/alpha);
X3=(cos(U-alpha*(U+B(alpha,beta)))./W).^(1/alpha-1);
```

```
X=X1.*X2.*X3;
else
X=(2/pi)*((pi/2+beta*U).*tan(U)-beta*log(0.5*pi*W.*cos(U)./(pi/2+beta*U)));
end
if alpha~=1
aSdata=gama*X+miu;
else
aSdata=gama*X+miu+(2/pi)*beta*gama*log(gama);
end
function y=B(alpha,beta)
y=atan(beta*tan(pi*alpha/2))/alpha;
end
function y=S(alpha,beta)
y=(1+beta^2*(tan(pi*alpha/2))^2)^(1/(2*alpha));
end
end
%% --------------SαS分布模型的参数估计程序------------------------
function [pafa] = Alpha_Est(x)
%本程序用于估计SαS分布模型的参数
%x，观测样本
x = sort(x); %升序排列
N = length(x);
%样本分位数
x095 = x(round(0.95*N));
x005 = x(round(0.05*N));
x075 = x(round(0.75*N));
x025 = x(round(0.25*N));
va = (x095-x005)/(x075-x025);
%估计特征指数的查找表
Va = [2.439 2.5 2.6 2.7 2.8 3.0 3.2 3.5 4 5 6 8 10 15 25 35 50];
Al = [2 1.916 1.808 1.729 1.664 1.563 1.484 1.391 1.279 1.1281.029 0.896 0.818 0.698 0.593 0.55 0.51];
a = interp1(Va, Al, va, 'linear'); %查表插值
if va < 2.439
a = 2;
end
Al = 2:-0.1:0.5;
```

```
%估计分散系数的查找表
Vc = [1.908 1.914 1.921 1.927 1.933 1.939 1.946 1.955 1.965 1.980 2 2.040 2.098
2.189 2.337 2.588];
vca = interp1(Al, Vc, a, 'linear'); %查表插值
c = (x075-x025)/vca;
rb = exp(a*log(c));
sgm = rb^(1/a);
if va<min(Va) || a>1.99    %如果是正态分布
a=2;
sgm=var(x);
rb=sgm^(a);
c=rb^(1/a);
end
if isnan(a)
aaaaaa
end
%输出
pafa.a = a; %特征指数
pafa.c = c; %中间变量
pafa.r = rb; %分散系数
pafa.sgm = sgm; %标准差，r=sgm^(a)
end
```

2.5.2　Class A 模型

```
%% --------------Class A模型的分布函数仿真程序-------------------------
function [paca] = ClassA_pdf(paca,t,if_draw)
%本程序用于仿真Class A模型的PDF、PDF的导数、CDF、LOD的非线性变换函数
Aa=paca.A; %脉冲指数
Gm=paca.Gm; %高斯脉冲功率比
sgm=paca.sgm; %平均功率
z=t; %自变量
fz=zeros(size(z)); %PDF初始化
for m=0:1e2
sgmm=sqrt((sgm^2)*((m/Aa+Gm)/(1+Gm)));
```

```
fz=fz+exp(-Aa)*(Aa^m) /(factorial(m))/sqrt(2*pi*sgmm^2)*exp(-z.*z/(2*sgmm^2));
if sum(fz)*(z(2)-z(1)) > (1-1e-4)
break;
end
end
Ft=real(cumsum(fz*(z(2)-z(1))));%CDF
fd=zeros(size(fz)); %初始化
fd(2:end-1)=(fz(3:end)-fz(1:end-2))/(z(3)-z(1)); %拟合的PDF导数
fg=-fd./fz; %拟合的LOD非线性变换函数
[~,col,~]=find(isnan(fg));fg(col)=0;
[~,col,~]=find(isinf(fg));fg(col)=0;
if if_draw~=0 %绘图
figure(8);plot(z,fz,z,fd,z,fg);hold on;
sgm02=(sgm^2*(0/Aa+Gm/(1+Gm)));
sgm12=(sgm^2*(1/Aa+Gm/(1+Gm)));
figure(9);semilogy(10*log10(z),fg,10*log10(z),z/sgm02,10*log10(z),z/sgm12)
xlim([-50 30]);ylim([1e-2 1e3]);grid on
end
%输出
paca.t=t; %自变量区域
paca.ft=real(fz); %PDF
paca.fdt=rcal(fd); %PDF的导数
paca.gt=real(fg); %LOD的非线性变换函数
paca.Ft=Ft; %CDF
end
%% --------------Class A模型的噪声产生程序------------------------
function [wna] = classa(Aa, Gm, sgm, N)
%本程序用于产生Class A模型的噪声
%Gm，高斯脉冲功率比
%Aa，脉冲指数
%sgm，平均功率
%N，仿真点数
for n=1:N
m=0;
f=exp(-Aa);
p=f;
u=rand;
```

```
while f<=u
p=p*Aa/(m+1);
f=f+p;
m=m+1;
end
sgma2=(m/Aa+Gm)/(1+Gm);
sgma =sgm*sqrt(sgma2);
u=randn;
p=u*sgma;
wna(1,n)=p;
end
end
%% --------------Class A模型的参数估计程序------------------------
function [Pest] = ClassA_Est(x,NN)
%本程序用于估计Class A模型的参数
%x，观测样本
%NN，迭代次数
M = 1000; %频率点数
N = length(x); %样本点数
omgk = 2*pi*(1:M)/M;
Kx = zeros(1,M);
for k = 1:M
tmp = 0;
for i = 1:N
tmp = tmp+cos(omgk(k)*x(i));
end
Kx(k) = log(tmp/N); %估计特征函数
end
p = ones(1,3);
Ex = zeros(NN,M);
for m = 1:NN
F = zeros(1,M);
o = p(1);A = p(2);K = p(3);
for k = 1:M
b = omgk(k)*omgk(k)/2;
F(k) = -o*K*b/(A+K)-A+A*exp(-o*b/(A+K))-Kx(k);
end
```

```
tmp = 1/M*abs(F*F');
Fg = zeros(M,3);
o = p(1);A = p(2);K = p(3);
for k = 1:M
b = omgk(k)*omgk(k)/2;
Fg(k,1) = -K*b/(A+K)-A*b/(A+K)*exp(-o*b/(A+K));
Fg(k,2) = o*K*b/(A+K)^2-1+exp(-o*b/(A+K))+A*o*b/(A+K)^2*exp(-o*b/(A+K));
Fg(k,3) = -o*b/(A+K)+o*K*b/(A+K)^2+A*o*K*b/(A+K)^2*exp(-o*b/(A+K));
end
C = inv(Fg'*Fg);
B = -C*Fg';
P = B*F';
p = p+0.5*P';
Pest.A = p(2); %脉冲指数
Pest.Gm = (p(3)/p(2)); %高斯脉冲功率比
Pest.sgm = sqrt(p(1)); %平均功率
end
end
```

2.5.3　GM 模型

```
%% --------------GM模型的分布函数仿真程序------------------------
function [plpa] = MixGsGs(mu, sgm, eps, t, N)
%本程序用于仿真GM模型的PDF、PDF的导数、CDF、LOD的非线性变换函数
%mu，均值
%sgm，方差
%eps，高斯噪声发生概率
%N，仿真点数
%t，时域自变量
sigma1 = sgm(1);
sigma2 = sgm(2);
mu1 = mu(1);
mu2 = mu(2);
dt = t(2)-t(1);
ft1 = 1/sqrt(2*pi)/sigma1*exp(-abs(t-mu1).^2 /2/sigma1^2); %高斯分量的PDF
```

106

```
ft2 = 1/sqrt(2*pi)/sigma2*exp(-abs(t-mu2).^2 /2/sigma2^2); %脉冲分量的PDF
ft = eps*ft1+(1-eps)*ft2; %混合噪声的PDF
Ft = real(cumsum(ft*dt)); %CDF
fdt = zeros(size(ft)); %PDF导数的初始化
fdt(2:end-1) = (ft(3:end)-ft(1:end-2))/(2*dt); %PDF的导数
gt = -fdt./ft; %LOD的非线性变换函数
gt(find(isnan(gt))) = 0;
gt(find(isinf(gt))) = 0;
%输出
plpa.t = t; %时域自变量
plpa.ft = ft; %PDF
plpa.Ft = Ft; %CDF
plpa.fdt = fdt; %PDF的导数
plpa.gt = gt; %LOD的非线性变换函数
end
%% --------------GM模型的噪声产生程序--------------------------
function [gmm]=MixGsGs_data(mu, sgm, eps, N)
%本程序用于产生GM模型的噪声
%mu，均值
%sgm，方差
%eps，高斯噪声发生概率
%N，仿真点数
sigma1=sgm(1); %高斯分量方差
sigma2=sgm(2); %脉冲分量方差
mu1=mu(1); %高斯分量均值
mu2=mu(2); %脉冲分量均值
r1=mvnrnd(mu1,sigma1,N); %产生高斯分布数据
r2=mvnrnd(mu2,sigma2,N);
gmm = zeros(1,N); %初始化
for i =1:N; %生成一个随机数，小于eps则取r1，否则取r2
if rand(1) < eps
gmm(1,i)=r1(i,1);
else
gmm(1,i)=r2(i,1);
end
end
end
```

```
%% -------------GM模型的参数估计程序-------------------------
function [Out]=em(wan,sigma2_first,w1_first)
%本程序用于估计GM模型的参数
%wan，观测样本
%sigma2_first，脉冲分量方差
%初始化
mu1_first =0;%高斯分量期望
mu2_first =0;%脉冲分量期望
sigma1_first = 1;%高斯分量方差
w2_first = 1 - w1_first;
h=wan;
N=length(h);
R1i=zeros(1,N);
R2i=zeros(1,N);
for i=1:N
p1=w1_first*pdf('norm',h(i),mu1_first,sigma1_first);
p2=w2_first*pdf('norm',h(i),mu2_first,sigma2_first);
R1i(i)=p1/(p1+p2);
R2i(i)=p2/(p1+p2);
end
%更新期望
s1=0;
s2=0;
for i=1:N
s1=s1+R1i(i)*h(i);
s2=s2+R2i(i)*h(i);
end
s11=sum(R1i);
s22=sum(R2i);
mu1_last=s1/s11;
mu2_last=s2/s22;
%更新方差
t1=0;
t2=0;
for i=1:N
t1=t1+R1i(i)*(h(i)-mu1_last)^2;
t2=t2+R2i(i)*(h(i)-mu2_last)^2;
```

```
end
t11=sum(R1i);
t22=sum(R2i);
sigma1_last = t1/t11;
Out.sigma = t2/t22;
%更新权值
Out.eps =s11/N;
w2_last=s22/N;
end
```

2.5.4 基于分布函数拟合的模型参数估计

```
%% --------------基于PDF拟合的模型参数估计-------------------------
function [Out] = Error_kde_pdf(t, ft, ModelPara, imodel)
%t，时域自变量
%ft，基于KDE的PDF
%ModelPara，模型参数
%imodel，模型标识
if imodel==1 %SαS分布模型
alpha=ModelPara(1);%特征指数
sgm=ModelPara(2);%分散系数
[psas]= SaSpdf(t, alpha, 0, sgm,0);%理论PDF，通过对特征函数求傅里叶逆变换得到
Out= (psas.ft-ft)*(psas.ft-ft)' * (t(2)-t(1));%估计误差
elseif imodel==2  %Class A模型
pca.A=ModelPara(1);%脉冲指数
pca.Gm=ModelPara(2);%高斯脉冲功率比
pca.sgm=ModelPara(3);%平均功率
[pdca]= ClassA_pdf(pca,t,0);%理论PDF
Out= (pdca.ft-ft)*(pdca.ft-ft)' * (t(2)-t(1));%估计误差
elseif imodel==3 %GM模型
pgg.mu=[ModelPara(1),ModelPara(2)];%均值
pgg.sgm=sqrt([ModelPara(3),ModelPara(4)]);%方差
pgg.eps=ModelPara(5);%高斯噪声发生概率
[pdgm]=MixGsGs(pgg.mu,pgg.sgm,pgg.eps,t);%理论PDF
Out=(pdgm.ft-ft)*(pdgm.ft-ft)' * (t(2)-t(1));%估计误差
end
```

```
if min(ModelPara)<0
    Out=9999;
end
end
%% --------------基于PDF拟合的模型检测------------------------
function [Errmin,ret] = Model_EstbyPDF(pkde)
[~,Errmin1] = fminsearch(@(Psas) Error_kde_pdf(pkde.t,pkde.ft,Psas,1),[1.1,12],…
optimset('TolFun',1e-6));%SαS分布模型
[~,Errmin2] = fminsearch(@(Pcla) Error_kde_pdf(pkde.t,pkde.ft,Pcla,2),[0.1,0.01,0.5],…
optimset('TolFun',1e-6));%Class A模型
[~,Errmin3] = fminsearch(@(Pgam) Error_kde_pdf(pkde.t,pkde.ft,Pgam,3),[0,0,1,10,0.5],…
optimset('TolFun',1e-6));%GM模型
Errmin = [Errmin1 Errmin2 Errmin3];%最小估计误差
if min(Errmin)==Errmin1
ret = 1;%结果为SαS分布模型
elseif min(Errmin)==Errmin2
ret = 2;%结果为Class A模型
else
ret = 3;%结果为GM模型
end
end
%% --------------基于CDF拟合的模型参数估计------------------------
function [Out] = Error_kde_cdf(t, Ft, ModelPara, imodel)
%t, 时域自变量
%Ft, 基于KDE的CDF
%ModelPara, 模型参数
%imodel, 模型标识
if imodel==1 %SαS分布模型
alpha=ModelPara(1);%特征指数
sgm=ModelPara(2);%分散系数
[psas]= SaSpdf(t, alpha, 0, sgm,0);%理论PDF, 通过对特征函数求傅里叶逆变换得到
Out= (psas.Ft-Ft)*(psas.Ft-Ft)' * (t(2)-t(1));%估计误差
elseif imodel==2    %Class A模型
pca.A=ModelPara(1);%脉冲指数
pca.Gm=ModelPara(2);%高斯脉冲功率比
pca.sgm=ModelPara(3);%平均功率
[pdca]= ClassA_pdf(pca,t,0);%理论PDF
```

```
Out= (pdca.Ft-Ft)*(pdca.Ft-Ft)' * (t(2)-t(1));%估计误差
elseif imodel===3 %GM模型
pgg.mu=[ModelPara(1),ModelPara(2)];%均值
pgg.sgm=sqrt([ModelPara(3),ModelPara(4)]);%方差
pgg.eps=ModelPara(5);%高斯噪声发生概率
[pdgm]=MixGsGs(pgg.mu,pgg.sgm,pgg.eps,t);%理论PDF
Out=(pdgm.Ft-Ft)*(pdgm.Ft-Ft)' * (t(2)-t(1));%估计误差
end
if min(ModelPara)<0
Out=9999;
end
end
%% --------------基于CDF拟合的模型检测------------------------
function [Errmin,ret] = Model_EstbyCDF(pkde)
[~,Errmin1] = fminsearch(@(Psas) Error_kde_cdf(pkde.t,pkde.Ft,Psas,1),[1.1,12],…
optimset('TolFun',1e-6));%SαS分布模型
[~,Errmin2] = fminsearch(@(Pcla) Error_kde_cdf(pkde.t,pkde.Ft,Pcla,2),[0.1,0.01,0.5],…
optimset('TolFun',1e-6));%Class A模型
[~,Errmin3] = fminsearch(@(Pgam) Error_kde_cdf(pkde.t,pkde.Ft,Pgam,3),[0,0,1,10,0.5],…
optimset('TolFun',1e-6));%GM模型
Errmin = [Errmin1 Errmin2 Errmin3];%最小估计误差
if min(Errmin)==Errmin1
ret = 1;%结果为SαS分布模型
elseif min(Errmin)==Errmin2
ret = 2;%结果为Class A模型
else
ret = 3;%结果为GM模型
end
end
```

2.6　大气噪声实验

本实验的主题是大气噪声采集、分析与处理。首先，针对不同环境，采集野外测试数据；其次，分析大气噪声特性，验证大气噪声模型；最后，仿真低频通信信号，验证白化处理与非线性处理方法的性能。本节主要介

绍实验的噪声采集与分析部分，关于非线性处理的更多内容将在后续章节介绍。

2.6.1 实验简介

甚低频（Very Low Frequency，VLF）通信应用波长为 10km～100km（频率为 3kHz～30kHz）的电磁波，容易受大气噪声干扰，从而影响通信质量与可靠性。大气噪声的产生比较复杂，自然界的雷暴活动是产生大气噪声的主要因素。除此之外，太阳黑子、磁暴等自然现象也会引起大气中电磁信号的变化，形成噪声。这类大气噪声大部分位于低频段，会对一些实际应用的低频通信系统产生严重影响，如水下通信、地质探测等。

研究发现，大气噪声由高斯背景下的大量尖峰脉冲组成，具有随机相位和随机幅度，且脉冲形状不同，存在重尾特征。与高斯噪声统计特性只需要用均值和方差简单描述相比，这类噪声具有高阶结构形式，且高阶累积量非常大。

在一般的低频通信系统中，大气噪声的能量远大于信号能量，非高斯噪声下的信号检测属于弱信号检测，研究非高斯噪声的抑制方法对于增强低频通信系统性能有重要意义。对非高斯噪声进行抑制的传统做法不是采用最大似然检测器，而是在接收端的匹配滤波器前加一个非线性处理器，如削波器、置零器等。

然而，传统研究在两个方面存在不足。

第一，大气噪声的分布模型不确定。前面介绍过，人们采用多种模型描述大气噪声分布。但是，这带来了新的烦恼，研究人员面对实际问题时不知道该采用哪种模型（这些模型不互相等效，尽管理论上所有模型都能用混合模型近似）。因此，有必要开展大气噪声采集实验，分析大气噪声的分布特征。

第二，大气噪声处理原理模糊。基于统计信号处理理论，最大似然检测和局部最优检测给出了非线性处理的上限，传统削波器和置零器可以视为对此类方法的近似。然而，一些学者提出的正态变换方法虽然是有效的，但其原理是"正态性"，而非统计信号处理理论。那么，正态性是否与最优处理冲突呢？目前还没有明确答案。

因此，本节进行大气噪声实验，主要实验内容如下。

（1）大气噪声采集。

（2）开展噪声数据频谱分析，进行白化处理。

（3）针对白化噪声，分析其 PDF，验证噪声模型。

（4）针对白化噪声，对多种非线性处理后的幅度分布进行分析，验证其正态性。

（5）基于白化噪声，仿真低频通信信号，分析现有方法的性能。

（6）基于白化前的噪声数据，设计白化处理与非线性处理方法，仿真验证其性能。

本节主要介绍第（1）项至第（3）项内容，第（4）项至第（5）项内容在第 3 章介绍，第（6）项内容在第 5 章介绍。

2.6.2 实验环境

1．测试场地

野外测试一般在干扰较小的人口稀疏区进行，但受环境限制，附近的灌溉用电、居民用电、高压线或车辆等可能带来噪声干扰。

2．测试方法

通过大地电磁物探方法获得野外测试数据，这里根据需要给出了 3 个磁道数据，但大部分情况下实际只测量 2 个磁道。实验接收设备如图 2-4 所示。

3．测试时间

在前期野外测试数据中，采样速率为 4096SPS 的数据连续采集时长约 5min。

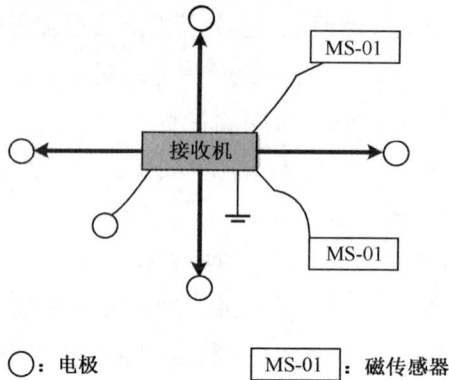

○：电极　　　　　　　　MS-01 ：磁传感器

图 2-4　实验接收设备

4．测试设备

测试设备包括 1 台 CEMT-03 大地电磁探测仪、2 根或 3 根 MS-01 磁传感器（平坦区 0.8V/nT）。

由于在下雨时通过大地电磁物探方法采集的数据质量往往较差，为了避免雷击或泡水导致设备损坏，雷电或大雨天气往往停止采集，实测环境中的"雨"指在测点附近或可视范围内有小雨。

此外，后续处理可能涉及的减采样、白化滤波及随机截取如下。

减采样：实测噪声的采样频率为 4096Hz，仿真中所用的噪声采样频率为 512Hz，因此需要进行减采样处理，按照两者的倍数关系，对原数据抽样，得到仿真所需要的信号。

白化滤波：这里主要针对噪声的非高斯特性做非线性处理，研究非高斯噪声的抑制方法，因此实测数据是有色的，在仿真之前，对减采样后的噪声进行白化处理，使其在进行非线性处理前满足白噪声特性。

随机截取：原数据长度大于仿真数据长度，可以对噪声数据进行随机截取，以体现噪声的随机性。通过两步完成：一是在减采样时选取不同的开始时间；二是在选取仿真数据长度时（减采样后肯定有冗余），随机选取开始时间。采用随机截取的方法导入实测噪声数据，可以保证每次测试所用的噪声是从实测数据中随机截取的，可以减小偶然性因素的影响，对噪声数据的分析将更加客观。

2.6.3　功率谱分析

下面分析在不同环境下测得的噪声的特性，验证该噪声是否为非高斯噪声，并找出这类噪声与高斯色噪声之间的区别。

不同地点的实测数据功率谱如图 2-5 所示。可见，受环境的影响，在不同地点，噪声的功率谱起伏不同，噪声的尖峰位置也略有不同。在 X 地晴天的情况下，干扰主要在 50Hz 附近，在 150Hz、250Hz 附近也有幅度较大的干扰；在 Y 地晴天的情况下，噪声的尖峰较少，干扰主要在 50Hz 附近，在 150Hz 附近未出现明显的干扰。对比同一地点不同环境下的功率谱可以发现，雨天的噪声较多，底噪声起伏较大。

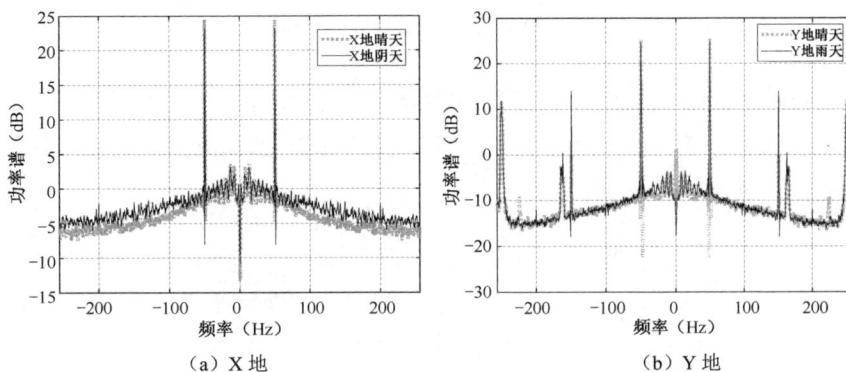

（a）X 地　　　　　　　　　（b）Y 地

图 2-5　不同地点的实测数据功率谱

室内外实测噪声的功率谱如图 2-6 所示，这里利用了第 1 章的室内数据。可见，室外实测噪声的能量较大，底噪声起伏较小。相对来说，室内实测噪声的底噪声起伏较大、毛刺较多，但是能量较小，呈现色噪声特性。

由分析可知，本实验所测数据不同于前面的室内实验的测试数据，且不属于单纯的高斯色噪声。一方面，采用传统的匹配滤波方法无法抑制实测噪声，使得滤波性能大大降低；另一方面，实测噪声的能量大，相对来说，发送信号的幅度非常小，在实测噪声下的信号检测属于弱信号检测。综合考虑以上两个方面，必须在检测前对实测噪声做非线性变换，以增强匹配滤波的检测性能。

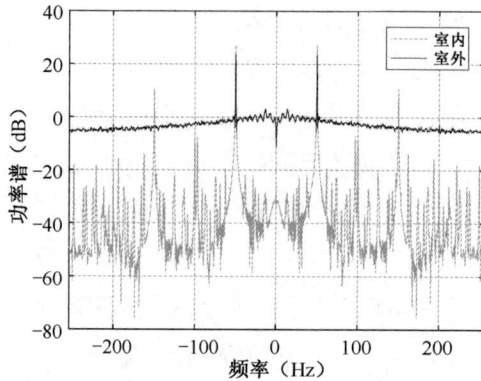

图 2-6　室内和室外实测数据的功率谱

对噪声进行白化处理，得到实测数据白化处理前后的功率谱如图 2-7 所示。白化处理不仅有效抑制了工频干扰及其谐波，还使噪声的功率谱变得平坦。

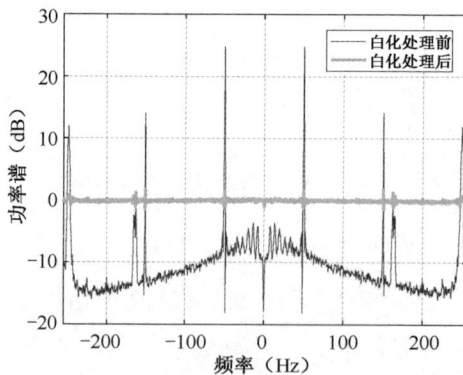

图 2-7　实测数据白化处理前后的功率谱

2.6.4　PDF 分析

对噪声数据的 PDF 分析包括两部分。第一部分，分析白化处理后的
PDF，验证 SαS 分布模型和 Class A 模型的适用性；第二部分，分析几种
非线性处理后的 PDF，分析正态性与检测性能的关系。

基于 KDE 或模型法的实测数据 PDF 如图 2-8 所示。其中，基于 KDE
的 PDF 是噪声真实的 PDF；通过 SαS 分布模型得到 $\alpha = 1.46$、$\gamma = 0.148$，
再通过数值计算得到 PDF；通过 Class A 模型得到 $A = 0.29$、$\Gamma = 0.04$，
再通过数值计算得到 PDF；通过高斯分布模型，估计其均值和方差所拟
合的 PDF。

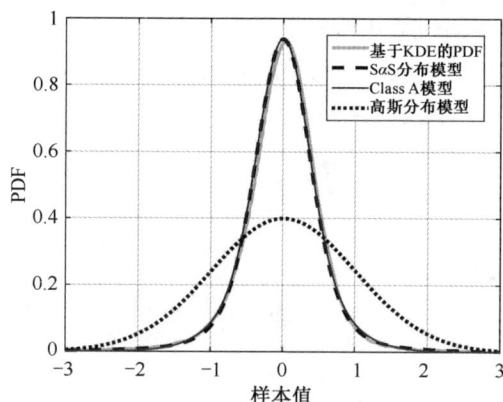

图 2-8　基于 KDE 或模型法的实测数据 PDF

通过 KDE 方法可以估计实测数据的 PDF，通过 SαS 分布模型可以
得到 α 参数下的 PDF，α 参数来自对实测数据的估计。

观察图 2-8 中实测数据与 α 参数下的 PDF，可以得到以下结论。

（1）实测噪声的样本值分布比较集中，基于 KDE 的 PDF 明显不同
于高斯分布模型下的 PDF，说明实测噪声本身具有很强的非高斯特性，
不属于高斯分布。

（2）通过 SαS 分布模型得到的 PDF 与噪声真实的 PDF 非常接近，因

此可以采用 SαS 分布模型对实测噪声进行分析。

（3）通过 Class A 模型得到的 PDF 与噪声真实的 PDF 也很接近，因此也可以采用 Class A 模型对实测噪声进行分析。

2.6.5 实验小结

本节对实测噪声的 PSD、PDF 等进行了分析和仿真。综合已有研究，可以得到以下结论。

（1）实测噪声属于有色噪声。即使抛开工频干扰等因素，各频段噪声基底也不平坦。

（2）白化处理后的噪声属于非高斯噪声。PDF分析表明，该噪声近似服从 SαS 分布，也近似服从 Class A 分布。

需要说明的是，上述结论仅适用于本实验，不能肯定地说其他场景的大气噪声数据也符合本实验的结论。

参 考 文 献

[1] 蒋宇中. 超低频非高斯噪声模型及应用[M]. 北京：国防工业出版社，2014.

[2] Nikias C L, Shao Min. Signal Processing with Alpha Stable Distribution and Applications[M]. New York: John Wiley and Sons, 1995.

[3] Rabie K M, Alsusa E. Preprocessing-Based Impulsive Noise Reduction for Power-Line Communications[J]. IEEE Transactions on Power Delivery, 2014, 29(4):1648-1658.

[4] Rabie K M, Alsusa E. On Improving Communication Robustness in PLC Systems for More Reliable Smart Grid Applications[J]. IEEE Transactions

on Smart Grid, 2015, 6(6):2746-2756.

[5]　罗忠涛, 卢鹏, 张杨勇, 等. 大气噪声幅度分布与抑制处理分析[J]. 系统工程与电子技术, 2018, 40(7):157-162.

[6]　邱天爽, 张旭秀, 李小兵, 等. 统计信号处理：非高斯信号处理及其应用[M]. 北京：中国水利水电出版社, 2004.

[7]　Middleton D. Statistical-Physical Models of Electromagnetic Interference[J]. IEEE Transactions on Electromagnetic Compatibility, 1977, EMC-19(3):106-127.

[8]　Middleton D. Non-Gaussian Noise Models in Signal Processing for Telecommunications: New Methods and Results for Class A and Class B Noise Models[J]. IEEE Transactions on Information Theory, 1999, 45(4):1129-1149.

[9]　Rožić N, Banelli P, Begušić D, et al. Multiple-Threshold Estimators for Impulsive Noise Suppression in Multicarrier Communications[J]. IEEE Transactions on Signal Processing, 2018, 66(6):1619-1633.

[10]　Zabin S M, Poor V H. Parameter Estimation for Middleton Class A Interference Processes[J]. IEEE Transactions on Communications, 1989, 37(10):1042-1051.

[11]　Richard O Duda. 模式分类[M]. 李宏东, 等译. 北京：中信出版社, 2006.

[12]　Auestad B, Tjøstheim D. On Nonparametric Kernel Density Estimates[J]. Biometrika, 1990, 77(4):865-874.

[13]　Silverman B W. Density Estimation for Statistics and Data Analysis[M]. London, UK: Chapman and Hall, 1986.

[14]　罗忠涛, 卢鹏, 张杨勇, 等. 抑制脉冲型噪声的限幅器自适应设计[J]. 电子与信息学报, 2019, 41(5):1160-1166.

第 3 章
脉冲噪声非线性变换设计路线

脉冲噪声是一种非高斯噪声，脉冲噪声下的信号检测需要做非线性处理。脉冲噪声抑制有多种途径[1]。一是自适应滤波，重点是设计滤波算法与准则，如恒虚警中值滤波[2]，最小分散系数准则[3]，最大相关熵准则[4]，对数最小平均次幂准则[5]等；二是本书介绍的非线性变换与相关检测方法，其技术原理来自统计信号处理理论[6]。因为最大似然检测和局部最优检测在计算上过于复杂，所以人们常采用将非线性变换与匹配滤波结合的方法。

本章的主要内容如下。首先，介绍非线性变换的来源及检测器；其次，介绍 4 种非线性变换函数，以及设计方法与准则；最后，介绍大气噪声的非线性处理实验。非线性变换设计主要包括噪声模型、函数模型、设计方法三要素。第 2 章介绍噪声模型，本章介绍函数模型和设计方法，第 4 章介绍函数模型与设计方法方面的设计实例。

3.1　非线性变换的来源及检测器

脉冲噪声下的信号检测一般采用非线性变换加线性相关的方法。该方法的应用很简单，只需要在匹配滤波前加非线性变换。脉冲噪声下的信号检测如图 3-1 所示。

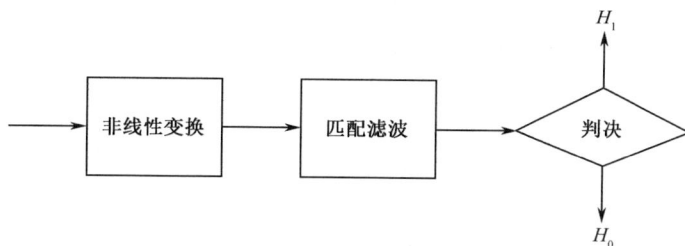

图 3-1　脉冲噪声下的信号检测

下面基于多样本的信号检测问题介绍非线性变换的来源。

考虑基于 M 个样本的信号检测问题，设接收信号模型为

$$r(m) = A_i s_i(m) + w(m) \tag{3-1}$$

式中，$r(m)$ 表示接收信号；$s_i(m)$ 表示第 i 个假设下的待检测波形；A_i 表示该波形的幅度；$w(m)$ 表示加性高斯白噪声，$w(m)$ 是独立同分布的，$m = 1, 2, \cdots, M$。假设噪声 PDF 为 $f(x)$，则最大似然检测（Maximan Likelihood Detection，MLD）为

$$\max_i \sum_{m=1}^{M} \ln f\left[r(m) - A_i s_i(m) \right] \tag{3-2}$$

将取得最大似然函数的假设判决为真。

最大似然检测在理论上具有最优检测性能，但检测器要求波形幅度 A_i 已知，且计算量较大，因此实际运用很少。首先，波形幅度 A_i 一般是不可知的，采用估计值则要求其极为精确，因为估计误差直接影响似然概率；其次，求对数和计算 PDF 也有不小的计算量[7]。与之相比，高斯白噪声下的信号检测器，即式（1-95），是不需要求对数和计算 PDF 的。

考虑在信噪比（Signal-to-Noise Ratio，SNR）较小的情况下的近似最优检测问题。设信号幅度 A_i 非负且极小（趋于 0），低 SNR 下的对数似然函数用一阶泰勒级数近似为

$$\ln f\left[r(m) - A_i s_i(m) \right] \approx -\frac{f'\left[r(m) \right]}{f\left[r(m) \right]} A_i s_i(m) \tag{3-3}$$

因此，最大似然检测可近似为局部最优检测（Locally Optimal Detection，LOD），即

$$\max_i \sum_{m=1}^{M} g_{\text{LOD}}\big[r(m)\big]s_i(m) \tag{3-4}$$

式中

$$g_{\text{LOD}}(x) = -\frac{f'(x)}{f(x)} \tag{3-5}$$

$g_{\text{LOD}}(x)$ 是一种零记忆非线性（Zero-Memory Nonlinearity，ZMNL）变换函数[6]。

LOD 结构可以理解为：先对数据 $r(m)$ 进行非线性变换，再连接传统检测。此结构的优势是接近传统检测，只需要在匹配滤波前加非线性变换。

虽然 LOD 不像 MLD 那样需要求信号幅度，但它在实用上也有一定的局限性。首先，LOD 对数据的统计信息有充分了解，需要知道噪声的 PDF；其次，由式（3-4）可知，当噪声的 PDF 为非解析式（如 SαS 分布，噪声的 PDF 没有显式表达式）时，ZMNL 变换函数是非解析式，既不便于对其进行数学分析，也使 LOD 在使用时需要用到内插等运算，增大了计算量。

针对上述问题，人们沿用了 LOD 的检测结构，改变 ZMNL 变换函数。使用具有解析式的非线性变换，在其后连接匹配滤波。检测器为

$$\max_i \sum_{m=1}^{M} g\big[r(m)\big]s_i(m) \tag{3-6}$$

式中，$g(x)$ 为非线性变换函数。

一般而言，$g(x)$ 继承了 $g_{\text{LOD}}(x)$ 的一些特点：是奇函数；具有线性区域和非线性区域；非线性区域对幅度较大的样本有抑制效果。针对不同的噪声分布设计 $g(x)$，就带来了非线性变换设计问题。

3.2 非线性变换函数

脉冲噪声模型有不同的 PDF，导致其 LOD 的非线性变换也不同，显然需要设计不同的非线性变换函数。

可以确定的是，具有最优检测性能的非线性变换是 LOD 的 $g_{\mathrm{LOD}}(x)$。因此，ZMNL 变换函数设计可以参考 $g_{\mathrm{LOD}}(x)$。LOD 的非线性变换函数如图 3-2 所示。

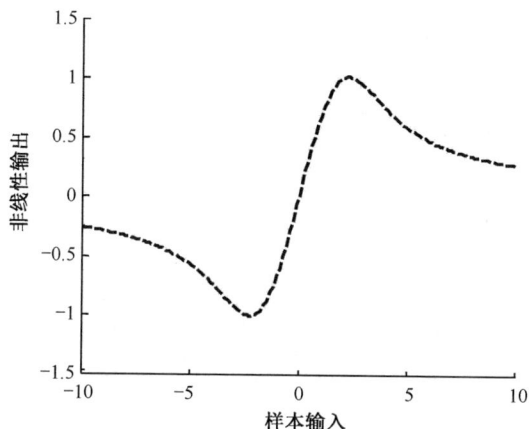

图 3-2 LOD 的非线性变换函数

人为设计 ZMNL 变换函数总是在一定程度上模仿了 LOD 的非线性变换函数。人为设计 ZMNL 变换函数的共同点是设置一定的线性区域，在门限内数据保持不变；超过门限则为非线性区域，需要进行非线性变换。按照非线性区域可以将此类非线性变换函数分为削波与置零、多区域组合非线性变换函数、特定非线性变换函数、可变衰减拖尾非线性变换函数 4 种。下面分别对其进行介绍。

3.2.1 削波与置零

在各类非线性处理方法中，削波器（Clipper）与置零器（Blanker）出现得非常早，形式也很简单[8][9]。分别记为

$$g_{\mathrm{C}}(x,T_{\mathrm{C}})=\begin{cases} x, & |x|\leqslant T_{\mathrm{C}} \\ T_{\mathrm{C}}\,\mathrm{sgn}(x), & |x|>T_{\mathrm{C}} \end{cases} \tag{3-7}$$

$$g_B(x, T_B) = \begin{cases} x, & |x| \leqslant T_B \\ 0, & |x| > T_B \end{cases} \qquad (3\text{-}8)$$

式中，$T_C > 0$、$T_B > 0$ 分别表示削波器和置零器的线性区域门限。削波器和置零器的系统响应如图 3-3 所示。

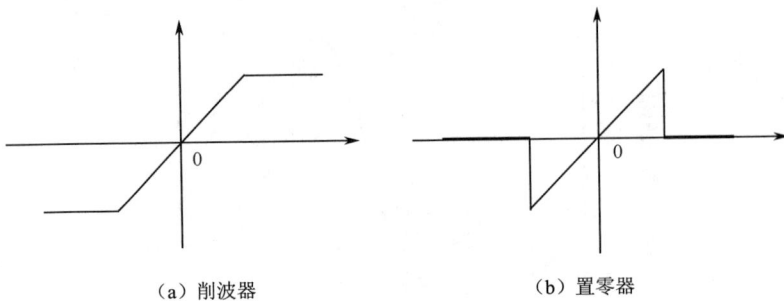

(a) 削波器　　　　　　　　　　(b) 置零器

图 3-3　削波器和置零器的系统响应

削波与置零的优势是处理十分简单。可以描述为：当数据幅度不超过门限时，直接输出；当数据幅度超过门限时，认为受脉冲噪声影响，应置零或按固定值输出。可以说，两者在拖尾函数上的共同点是均为常数，只不过置零器的拖尾水平等于 0。

削波与置零对大幅度脉冲的抑制简单、直接、有效。限幅处理的限幅门限对抑制效果有决定性影响，最优抑制效果也与噪声分布有关。研究表明，在 SαS 分布下，削波器比置零器性能好；在 Class A 分布下，置零器比削波器性能好[10]。

3.2.2　多区域组合非线性变换函数

削波与置零对脉冲噪声的抑制简单有效，但与最优非线性变换函数还有明显差距。因此，人们设计了基于常数拖尾的多区域组合非线性变换函数。

1）组合限幅

削波器和置零器的非线性区域只有一个函数，后来人们设计了更复杂的拖尾，提高了设计自由度，以增强检测性能。例如，文献[11]将削波与置零简单组合，采用两个门限，分出多个非线性区域，分别进行处理。组合限幅非线性变换函数可以表示为

$$g_{\mathrm{CB}}(x,T)=\begin{cases} x, & |x|<T_1 \\ T_1\,\mathrm{sgn}(x), & T_1\leqslant|x|\leqslant T_2 \\ 0, & |x|>T_2 \end{cases} \tag{3-9}$$

式中，T_1 和 T_2 为不同的门限。

2）深度削波

文献[12]提出对非线性区域 $[T,\beta T]$ 进行一定的减幅，从而形成深度削波（Deep Clipping），深度削波非线性变换函数可以表示为

$$g_{\mathrm{DC}}(x,T)=\begin{cases} x, & |x|<T \\ \left[T-\mu\left(|x|-T\right)\right]\mathrm{sgn}(x), & T\leqslant|x|\leqslant\beta T \\ 0, & |x|>\beta T \end{cases} \tag{3-10}$$

式中，T 为削波门限；μ 为深度因子（Depth Factor）或削波斜率（Clipping Slope）；$\beta=(1+\mu)/\mu$ 使 g_{DC} 在 $x=\beta T$ 处连续。性能分析表明，深度削波优于单独的削波、置零或两者的组合。

3）K 重限幅器

既然拖尾中可以设计削波、深度削波、置零，就可以设计多门限和非线性区域。针对 K 分量高斯混合模型，文献[13]提出了多门限的拖尾设计。门限数可人为调整，各非线性区域进行不同水平的削波处理或采用具有不同斜率的线性函数。

从组合拖尾的发展历程来看，在削波与置零的基础上，增大非线性区域数和设置削波电平能够提高设计自由度并在一定程度上增强噪声抑制性能。

不过，拖尾组合的设计越精细，非线性变换的分段函数越多，引入的门限和电平参数也越多，函数表达、性能分析和参数优化越复杂。

3.2.3 特定非线性变换函数

非线性区域实际上没有 LOD 的非线性变换函数的拖尾特点。由图 3-2 可知，LOD 的非线性变换函数的拖尾是曲线。因此，通过特定非线性变换函数将拖尾设计为曲线，可以更好地符合最优非线性。

1）GZMNL 变换函数

2002 年，Swami A.等提出了高斯拖尾 ZMNL（Gaussian-tailed ZMNL，GZMNL）变换函数[14]，即

$$g_{GZ}(x,T,\sigma)=\begin{cases}\mathrm{sgn}(x)T\exp\left\{-\dfrac{[x-\mathrm{sgn}(x)T]^2}{2\sigma^2}\right\}, & |x|>T \\ x, & |x|<T\end{cases} \quad (3\text{-}11)$$

式中，σ 为拖尾参数。

对于 GZMNL 变换函数中的参数，Swami A. 提出，σ 可由 SαS 分布的分散系数标准差除以 0.7 得到，T 的值应为 $\sigma\sim3\sigma$。但是，我们通过仿真发现，T 值的上下限对应性能差距较大，此 GZMNL 变换函数表现得极不稳健。

2）AZMNL 变换函数

代数拖尾 ZMNL（Algebraic-tailed ZMNL，AZMNL）变换函数由 SαS 分布的 PDF 分析得到[12][15]。将 SαS 分布的 PDF 表示为渐近级数形式，即

$$f_\alpha(x)=\frac{1}{\pi\alpha}\sum_{k=0}^{\infty}\frac{(-1)^k}{2k!}\Gamma\left(\frac{2k+1}{\alpha}\right)x^{2k} \quad (3\text{-}12)$$

式中，$\Gamma(x)=\int_0^\infty t^{x-1}\mathrm{e}^{-t}\mathrm{d}t$ 表示伽马函数。SαS 分布的 PDF 拖尾有以下属性

$$\Pr(x>\lambda)\sim\sigma^\alpha\frac{C_\alpha}{2}\lambda^{-\alpha} \quad (3\text{-}13)$$

当 $\lambda\to\infty$ 且 $1<\alpha<2$ 时，$C_\alpha=(1-\alpha)/[\Gamma(2-\alpha)\cos(\pi\alpha/2)]$。

由式（3-13）可以得到

$$f_{\alpha,\sigma}(x|x\to\infty)=\frac{1}{2}\alpha\sigma^\alpha C_\alpha\lambda^{-(\alpha+1)} \quad (3\text{-}14)$$

$$f'_{\alpha,\sigma}\left(x\mid x\to\infty\right)=-\frac{1}{2}(\alpha+1)\alpha\sigma^{\alpha}C_{\alpha}\lambda^{-(\alpha+2)}\qquad（3\text{-}15）$$

因此，有

$$g\left(x\mid x\to\infty,\alpha\right)=-\frac{f'_{\alpha,\sigma}(x)}{f_{\alpha,\sigma}(x)}=\frac{\alpha+1}{x}\qquad（3\text{-}16）$$

式（3-16）表明 SαS 分布有近似倒数拖尾 $1/x$。

3）不分段函数

一些非线性变换函数可以在零域附近形成近似线性区域，因此非线性变换函数不是分段函数。

文献[16]提出了一种基于柯西分布的 LOD 非线性变换函数的推广形式

$$g_{\mathrm{CH}}(x,\lambda,\beta)=\frac{\lambda x}{1+\beta^{2}x^{2}}\qquad（3\text{-}17）$$

式中，λ、β 为待定参数，可以联合控制非线性区域门限和拖尾形状。实际上，对于检测性能来说，非线性变换函数乘以一个常数不会改变检测性能，因此 λ 的主要作用是适应噪声方差变化，它不是核心参数。

针对 SαS 分布，文献[17]提出了以下非线性变换函数

$$g_{\mathrm{JZ}}(x,\lambda,\beta)=\frac{x}{x^{2}+\gamma^{2}+qP_{s}}\qquad（3\text{-}18）$$

式中，P_{s} 表示信号功率；q 为加权系数，一般为 1～3。由于这种形式对脉冲噪声环境不敏感，文献[17]将其称为韧性匹配滤波检测器。

2019 年，王平波等对基于柯西分布的 LOD 非线性变换函数的推广形式进行了简化，并通过参数优化使其在 SαS 分布下取得非常接近 LOD 的性能。同时，他们提出了以下非线性变换函数[18]

$$g_{\mathrm{GG}}(x,T)=x\mathrm{e}^{-Tx^{2}}\qquad（3\text{-}19）$$

式中，参数 T 同时控制近似线性区域的范围和拖尾衰减速度。

文献[19]提出采用 Sigmoid 函数设计非线性变换函数，即

$$g_{\mathrm{SG}}(x,k)=\frac{1}{1+\mathrm{e}^{-kx}}-\frac{1}{2}=\frac{1}{2}\frac{\mathrm{e}^{kx}-1}{\mathrm{e}^{kx}+1}\qquad（3\text{-}20）$$

式中，$1/\left(1+\mathrm{e}^{-kx}\right)$ 是 Sigmoid 函数，$k>0$ 为待定参数，可以控制对噪声的

抑制程度。$g_{SG}(x,k)$ 是奇函数，其具有光滑的限幅效果。此外，$g_{SG}(x,k)$ 对大幅度样本的抑制程度仅与 k 有关，k 越大，抑制程度越高。

3.2.4　可变衰减拖尾非线性变换函数

上述非线性变换函数的共同缺点是拖尾函数不够灵活，线性区域的门限和拖尾函数不能独立调整。实际上，观察 LOD 可知，$g_{LOD}(x) = -f'(x)/f(x)$ 取决于 PDF。然而，当函数拖尾相对固定时，通过优化门限或单参数实现对 LOD 非线性变换函数的近似始终是有限的。

对此，一个新的思路是构造双参数非线性变换函数，一个参数用于控制线性区域门限，另一个参数用于控制拖尾衰减速度[20]。例如，GZMNL 变换函数的拖尾参数 σ 可以控制拖尾衰减速度，但是以往的研究没有重视这一点并对其进行设计。

下面以幂函数为例，介绍可变衰减拖尾非线性变换函数的设计。

幂函数 $y = x^a$ 有两个显著优点：①函数简单直观、易于分析，运用起来比 LOD 简单很多；②函数的衰减速率可由指数 $a \leqslant 0$ 灵活调整。

将幂函数应用于非线性区域，构造一个新的具有幂律拖尾的非线性变换函数，它可以在非线性区域产生不同的衰减速率，从而匹配符合不同分布的脉冲噪声。

此外，传统的 ZMNL 拖尾可以视为幂律拖尾的特例。例如，当 $a=1$ 时，幂函数与线性函数 $g(x) = x$ 一致；当 $a=0$ 时，乘以一个常数可以得到削波器；当 $a \to -\infty$ 时，通过与 $(x/T)^a$ 相关的运算可以逼近置零器，具体内容可以参考文献[20]。

因此，幂律拖尾包含传统的 ZMNL 拖尾。将 a 作为附加的自由度，新的非线性变换函数可以获得不低于传统设计中置零与削波的显著增益。

将线性区域设计为与 x 成正比（$y=x$）的函数，将非线性区域设计为幂函数（$y=x^a$），接下来需要将两者结合为一个连续函数。这里强调连续性，不仅是为了与 $g_{LOD}(x)$ 相似，还是为了进行非线性优化分析。

因为 ZMNL 被设计为奇函数,其负半轴特性可由奇函数的性质得到,所以只需要构造 $x \geqslant 0$ 时的 $g(x)$,就可以得到全域函数 $g(x) = g(|x|)\mathrm{sgn}(x)$。

对于线性区域与非线性区域的结合,两者必相交于连接点或断点 (T,T)。有了这个目标,幂律拖尾可以考虑采用 4 种模式经过点 (T,T)。

1）尺度变换模式

对幂函数 x^a 进行尺度变换,使膨胀或收缩后的函数图像通过点 (T,T)。由幂函数的性质可知,沿 x 轴、y 轴或两个轴的缩放都是等价的。尺度变换模式下的 ZMNL 变换函数如图 3-4 所示,x^a 通过尺度变换经过点 (T,T)。因此,尺度变换模式下的 ZMNL 变换函数为

$$g_{\mathrm{sc}}(x,T,a) = \begin{cases} x, & |x| \leqslant T \\ T\left|\dfrac{x}{T}\right|^a \mathrm{sgn}(x), & |x| > T \end{cases} \tag{3-21}$$

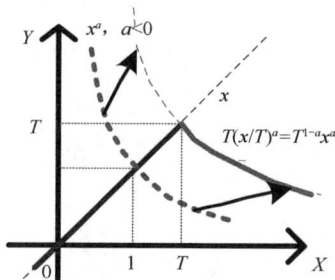

图 3-4　尺度变换模式下的 ZMNL 变换函数

2）定点平移模式

幂函数 x^a 必通过固定点 $(1,1)$。因此,x^a 可以沿 45° 方向移动,从而使点 $(1,1)$ 到达点 (T,T)。定点平移模式下的 ZMNL 变换函数如图 3-5 所示。需要注意的是,当 $a<0$ 且 $T<1$ 时,$T^a > T$,x^a 需要沿 225° 方向平移。因此,当 $x \to \infty$ 时,函数会出现负值,需要将这些负值置零。定点平移模式下的 ZMNL 变换函数为

$$g_{\mathrm{pm}}(x,T,a) = \begin{cases} x, & |x| \leqslant T \\ \max\left[\left(|x|-T+1\right)^a -1+T, 0\right]\mathrm{sgn}(x), & |x| > T \end{cases} \tag{3-22}$$

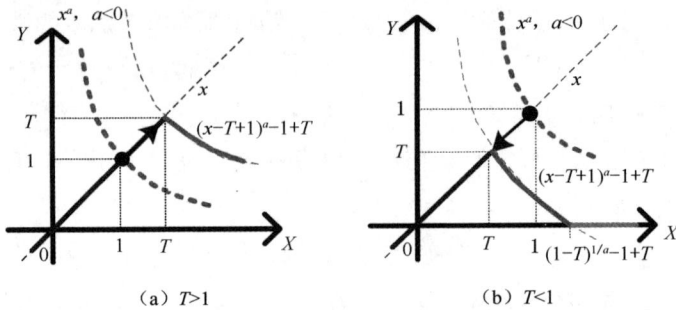

（a）$T>1$　　　　　　（b）$T<1$

图 3-5　定点平移模式下的 ZMNL 变换函数

3）Y 轴平移模式

幂函数 x^a 沿 Y 轴平移后也可以与点 (T,T) 相交，等价于将点 (T,T^a) 移动到点 (T,T)，Y 轴平移模式下的 ZMNL 变换函数如图 3-6 所示。与定点平移模式类似，当 $a<0$ 且 $T<1$ 时，如果 x 足够大，x^a 沿 Y 轴向下平移会出现负值，需要将这些负值置零。Y 轴平移模式下的 ZMNL 变换函数为

$$g_{\mathrm{ym}}\left(x,T,a\right)=\begin{cases}x, & |x|\leqslant T\\ \max\left(|x|-T^a+T,0\right)\mathrm{sgn}(x), & |x|>T\end{cases} \qquad (3\text{-}23)$$

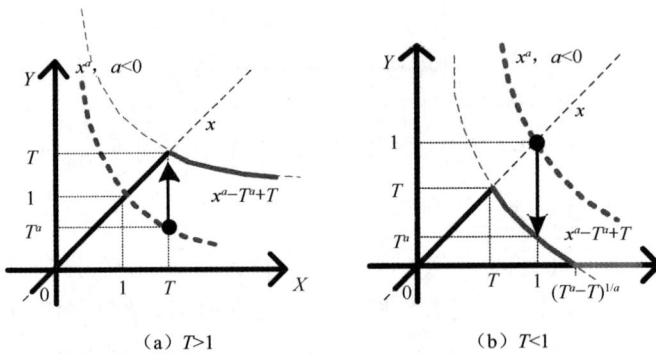

（a）$T>1$　　　　　　（b）$T<1$

图 3-6　Y 轴平移模式下的 ZMNL 变换函数

4）X 轴平移模式

幂函数 x^a 沿 X 轴平移后也可以与点 (T,T) 相交，等价于将点 $(T^{1/a},T)$ 移动到点 (T,T)。X 轴平移模式下的 ZMNL 变换函数如图 3-7 所示。X 轴平移模式下的 ZMNL 变换函数为

$$g_{\mathrm{xm}}(x,T,a)=\begin{cases} x, & |x|\leqslant T \\ \left(|x|-T+T^{\frac{1}{a}}\right)^{a}\operatorname{sgn}(x), & |x|>T,\ a\neq 0 \\ T\operatorname{sgn}(x), & |x|>T,\ a=0 \end{cases} \qquad (3\text{-}24)$$

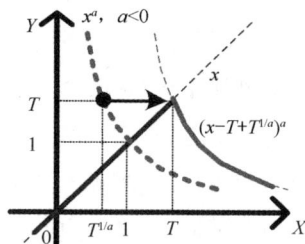

图 3-7　X 轴平移模式下的 ZMNL 变换函数

3.3　设计方法与准则

在确定非线性变换函数后，还需要对函数中的参数进行设计和优化。设计方法包括经验和分析近似方法、正态变换方法、最大信噪比法、基于最大效能准则的方法。

3.3.1　经验和分析近似方法

通过经验和分析近似方法，可以合理设置非线性变换函数的参数值。

1）经验方法

通过反复实验，观察不同参数值对检测性能的影响，可以为非线性变换函数的参数赋值提供宝贵经验。例如，Swami A. 等在提出 GZMNL 变换函数时，根据经验对门限和拖尾参数进行了赋值[14]；张杨勇等对大气噪声进行削波处理的门限是按照幅度概率选取的，而此概率取决于经验[9]。我们在仿真中也采用了 1%、2%、5%等比例设置削波或置零门限。

经验方法虽然看似粗糙，但确实是在对噪声分布认识不足的情况下的稳健选择。这种方法在脉冲噪声处理研究初期应用较多。削波与置零的设计原理和应用计算都很简单。

2）LOD 分析近似

在噪声分布信息已知时，可以对非线性变换函数进行精细设计。一个思路是，既然 LOD 的非线性变换函数是最优的，如果能优化非线性变换函数的参数，使其与 LOD 的非线性变换函数近似，那么所设计的非线性变换函数应当能够接近 LOD 非线性变换函数的最优性。

例如，文献[16]在提出基于柯西分布的 LOD 非线性变换函数的推广形式后，在最小 2 范数距离或最小均方差准则下，用非线性变换函数与 LOD 的非线性变换函数之差的最小值优化参数（λ 和 β）。

3）PDF 分析近似

直接进行 PDF 分析近似或结合 LOD 特性进行近似，也可以为非线性变换函数设计提供指导和参考。文献[21]将 Class A 分布简化为高斯混合分布，将高斯成分和非高斯成分的 PDF 相等的点作为削波门限；文献[22]基于对 Class A 分布的 PDF 和 LOD 分析，分别设计了削波与置零的门限。针对 SαS 分布，一个典型的例子是 AZMNL 变换函数的设计。文献[12]分析了 SαS 分布的 PDF 渐近级数形式，从极限的角度将非线性区域的拖尾函数近似为 $1/x$，并在最小均方差准则下完成线性区域门限的设计。

AZMNL 变换函数是由 SαS 分布的 PDF 分析得到的，具体方法如下。

将 SαS 分布的 PDF 表示为渐近级数形式，即

$$f_\alpha(x) = \frac{1}{\pi\alpha}\sum_{k=0}^{\infty}\frac{(-1)^k}{2k!}\Gamma\left(\frac{2k+1}{\alpha}\right)x^{2k} \tag{3-25}$$

式中，$\Gamma(x)=\int_0^\infty t^{x-1}\mathrm{e}^{-t}\mathrm{d}t$ 表示伽马函数。当 $1<\alpha<2$ 时，在 $x=0$ 的邻域内，有

$$f_\alpha(x)\approx\frac{1}{\pi\alpha}\left[\Gamma\left(\frac{1}{\alpha}\right)-\frac{\Gamma\left(\frac{3}{\alpha}\right)}{2}x^2\right] \tag{3-26}$$

$$f'_\alpha(x) \approx -\frac{\Gamma\left(\dfrac{3}{\alpha}\right)}{\pi\alpha}x \qquad (3\text{-}27)$$

因此，LOD 的非线性变换函数在 $x=0$ 的邻域内满足

$$g(x|\alpha) = -\frac{f'_\alpha(x)}{f_\alpha(x)} = \frac{\Gamma\left(\dfrac{3}{\alpha}\right)x}{\Gamma\left(\dfrac{1}{\alpha}\right) - \dfrac{\Gamma\left(\dfrac{3}{\alpha}\right)}{2}x^2} \approx \frac{\Gamma\left(\dfrac{3}{\alpha}\right)}{\Gamma\left(\dfrac{1}{\alpha}\right)}x \qquad (3\text{-}28)$$

式（3-28）表明，基于 SαS 分布的非线性变换函数在 $x=0$ 的邻域内

是线性的，斜率 $k = \dfrac{\Gamma\left(\dfrac{3}{\alpha}\right)}{\Gamma\left(\dfrac{1}{\alpha}\right)}$。

对于拖尾，采用与 SαS 分布的 PDF 拖尾近似的倒数拖尾

$$g(x) = \frac{1}{x}, \quad x > T \qquad (3\text{-}29)$$

基于上述分析，Li Xutao 等提出了通用的 AZMNL 变换函数[23]

$$g_A(x) = \begin{cases} kx, & |x| \le \tau \\ \dfrac{K(\alpha)}{x}, & |x| > \tau \end{cases} \qquad (3\text{-}30)$$

式中，$\tau = \sqrt{K(\alpha)/k}$，$K(\alpha)$ 是关于 α 的多项式。

文献[23]采用最小均方差准则估计 $K(\alpha)$ 的多项式系数，得到 $K(\alpha) \approx$ $13.0859\alpha^4 - 68.4388\alpha^3 + 134.7758\alpha^2 - 115.9855\alpha + 37.6752$。AZMNL 变换函数既有闭合表达式，又能实现比削波器好的检测性能。

3.3.2　正态变换方法

一般的非线性变换是基于 LOD 的，与之不同，正态变换方法的噪声抑制原理其实并不明确。使噪声在变换后服从正态分布，虽然在客观上有效抑制了脉冲噪声，但正态性与信号检测性能在理论上并无确定联系。目

前常用的正态变换方法主要有以下两种。

1）高斯化处理

对接收信号进行正态变换是抑制脉冲噪声的有效方法。非高斯噪声的 PDF 具有重尾特征，削弱大幅度样本后，数据应当更接近正态分布，而且一般系统的检测器是针对高斯噪声设计的匹配滤波器。因此，将噪声转化为正态分布可以增强检测性能。

高斯化处理指将非高斯噪声转化为高斯噪声。从数学的角度来看，高斯化处理通过非高斯噪声的 PDF 计算 CDF，再通过对 CDF 求逆，将非高斯噪声转化为高斯噪声。该转化过程是一种非线性变换，虽然其原理不来自局部最优检测，但从函数形状上看，其具有一定的 LOD 特点，能够削弱大幅度样本。

不失一般性，以标准正态分布为例，高斯化处理函数可以表示为

$$\Phi(x)=Q^{-1}\big[F(x)\big]=Q^{-1}\bigg[\int_{-\infty}^{x}f(u)\,\mathrm{d}u\bigg] \tag{3-31}$$

式中，$F(x)$ 表示噪声的 CDF，$Q(x)$ 即 Q 函数。噪声经过高斯化处理后服从标准正态分布。

2006 年，王平波等对高斯化处理进行了分析[24][25]。文献[26]结合具体的噪声模型，对高斯化处理进行了分析，如 SαS 分布模型、双参数柯西—高斯混合模型。这些研究既展现了高斯化处理相对线性处理在检测性能上的优势，又表明了高斯化处理与 LOD 的差距。

2）高斯化—广义匹配（GGM）

高斯化处理对接收信号进行了整体变换，看起来像匹配滤波，但改变接收信号意味着改变了有用信号，因此应为广义匹配。

下面从二元检测的角度，讨论高斯化处理后的信号检测问题，推导适用于非高斯噪声抑制的高斯化—广义匹配（Gaussianization and Generalized Matching，GGM）方法[27][28]。

一般地，在两种假设 H_0（有信号）和 H_1（无信号）下，二元接收信号模型为

$$\begin{cases} H_0: \ \boldsymbol{r} = \boldsymbol{w} \\ H_1: \ \boldsymbol{r} = A\boldsymbol{s} + \boldsymbol{w} \end{cases} \tag{3-32}$$

式中，A 表示信号幅度；$\boldsymbol{w}$ 表示独立同分布噪声，其具有零均值、单峰和对称 PDF。

通过高斯化处理抑制噪声 $\boldsymbol{w}$，对 $\boldsymbol{r}$ 进行处理。采用式（3-31）中的高斯化处理函数，则两种假设下的信号模型可以表示为

$$\begin{cases} H_0: \ \tilde{\boldsymbol{r}} = \boldsymbol{\varPhi}(\boldsymbol{w}) \\ H_1: \ \tilde{\boldsymbol{r}} = \boldsymbol{\varPhi}(\boldsymbol{r}) = \boldsymbol{\varPhi}(A\boldsymbol{s} + \boldsymbol{w}) \end{cases} \tag{3-33}$$

式中，$\tilde{\boldsymbol{r}}$ 表示高斯化处理后的接收信号。

在假设 H_0 下，高斯化数据中只含噪声且服从高斯分布；在假设 H_1 下，信号模型可以改写为

$$H_1: \ \tilde{\boldsymbol{r}} = \boldsymbol{\psi}(\boldsymbol{r}) \odot \boldsymbol{r} = A\boldsymbol{\psi}(\boldsymbol{r}) \odot \boldsymbol{s} + \boldsymbol{\psi}(\boldsymbol{r}) \odot \boldsymbol{w} \tag{3-34}$$

式中，$\boldsymbol{\psi}(\boldsymbol{r}) = \boldsymbol{\varPhi}(\boldsymbol{r})/\boldsymbol{r}$；$\odot$ 表示向量对应元素相乘。

与局部最优检测相似，考虑在信噪比较小的情况下的弱信号检测问题，当 A 的值非常小时，$\boldsymbol{r} \approx \boldsymbol{w}$，因此假设 H_1 下的信号模型可以进一步改写为

$$H_1: \ \tilde{\boldsymbol{r}} = A\boldsymbol{\psi}(\boldsymbol{r}) \odot \boldsymbol{s} + \boldsymbol{\varPhi}(\boldsymbol{r}) \tag{3-35}$$

式中，$\boldsymbol{\varPhi}(\boldsymbol{r}) \approx \boldsymbol{\varPhi}(\boldsymbol{w})$，服从高斯分布。因此，假设 H_1 下的信号检测问题转变为在高斯噪声下对确知信号 $\tilde{\boldsymbol{s}}$ 的检测问题，其中噪声分量 $\boldsymbol{\varPhi}(\boldsymbol{r})$ 经高斯化处理后近似服从高斯分布。

$$\tilde{\boldsymbol{s}} = \boldsymbol{\psi}(\boldsymbol{r}) \odot \boldsymbol{s} \tag{3-36}$$

经典信号检测理论表明，在高斯白噪声背景下，信号检测的最优滤波器为匹配滤波器。在式（3-35）中，信号与噪声不是独立的，因此对确知信号的检测问题不严格满足高斯白噪声下的信号检测情形。不过，受匹配滤波器的启发，我们采用匹配处理的方法检测该信号。因此，对 M 个观测样本的处理输出为

$$\boldsymbol{\varPhi}(\boldsymbol{r})\tilde{\boldsymbol{s}}^{\mathrm{T}} = \boldsymbol{\varPhi}(\boldsymbol{r})\big[\boldsymbol{\psi}(\boldsymbol{r}) \odot \boldsymbol{s}\big]^{\mathrm{T}} \tag{3-37}$$

联想白化滤波器中信号检测的广义匹配概念，可知对 $\tilde{\boldsymbol{s}}$ 的匹配滤波

也是对 s 的一种广义匹配。

由式（3-37）可以得到对应的检测器为

$$G(r)s^{\mathrm{T}} \underset{D_0}{\overset{D_1}{\gtrless}} \eta \tag{3-38}$$

式中，η 表示判决门限；$G(x)$ 表示非线性处理，$G(x)$ 为

$$G(x) = \begin{cases} \dfrac{\varPhi^2(x)}{x}, & x \neq 0 \\ 0, & x = 0 \end{cases} \tag{3-39}$$

式（3-38）可以理解为，先对接收信号进行非线性处理，再与发送数据做线性相关。该检测器的结构与式（3-6）相似，可以认为 $G(x)$ 是一种新的 ZMNL 变换函数。

由上述分析可知，该方法将高斯化（Gaussianization）处理与广义匹配（Generalized Matching）结合，因此本书将其称为 GGM 方法。另外，由 $G(x)$ 的表达式可知，GGM 是在高斯化处理的基础上所进行的二次变换，是对接收信号进行高斯化处理后再进行非高斯化处理，因此我们将其称为过高斯化处理。

GGM 方法有两个特点。

第一，GGM 方法的非线性变换没有刻意设计线性区域或非线性区域，而是与 LOD 一样，完全依赖噪声 PDF。

第二，虽然 GGM 方法对脉冲噪声有抑制效果，但没有相关理论支撑，且检测性能与 LOD 有明显差距。

对仿真数据和实测数据的分析表明，输出数据的正态性与检测性能之间不存在必然的正相关关系[29]。因此，正态变换方法只是在客观上有脉冲噪声抑制效果，与局部最优检测或专门的 ZMNL 优化存在差距[28]。本章后续实验会验证这个结论。

3.3.3　最大信噪比法

与经验和分析近似及正态性相比，检测性能更有理由成为非线性变换函数设计优劣的判断标准。在脉冲噪声影响下的信号检测常见指标有通信系统的误码率指标和有无判决的虚警—检测概率指标等。如果能在给定传播信道下针对某检测器推导出检测统计量或其分布与非线性变换函数的关系，则可以想办法寻找所需要的参数值。

检测统计量和检测性能的推导可能比较复杂，输出信噪比无疑是一个很有意义的指标。2006 年，Zhidkov 针对伯努利—高斯随机过程的脉冲噪声，分析了置零门限对输出信噪比的影响[30]；2008 年，Zhidkov 分析了削波、置零及混合方法的输出信噪比[11]。2014 年，文献[31]分析了深度削波，并采用拟牛顿法寻找输出信噪比的最大值。大部分对输出信噪比最大值的分析采用高斯混合模型，因为其表达式比较简单，有利于简化分析。

针对脉冲噪声下的电力线通信，Rabie 等近年来做了大量工作[32-34]，如针对 Class A 模型及 GM 模型，以使输出信噪比最大为准则，侧重考虑正交频分多路复用（OFDM）信号峰值功率对脉冲噪声参数估计的影响，提出了置零门限选择的动态方案。文献[33]提出了一种新的 OFDM 方案，可以减小脉冲噪声对信噪比的影响。

当然，计算信噪比不是一件容易的事。因为推导信噪比的显式表达式非常困难，所以人们往往采用比较简单的高斯混合模型，该模型便于分析和近似。针对非高斯背景下的弱信号检测问题，文献[18]提出了一种基于 Sigmoid 函数的检测器（Sigmoid Function Detector，SFD），也采用了高斯混合模型。

王平波团队长期从事与脉冲噪声抑制相关的研究工作。近年来，代振与王平波等共同研究恒虚警检测问题，推导了检测统计量的渐近分布，得到了关于检测概率的关键参量，即偏移系数[18][19][35]。实际上，偏移系数与 3.3.4 节介绍的效能函数的概念相似，可以根据效能函数的产生过程对其进行推导。

人们很少直接从检测概率的角度分析非线性变换函数设计问题。笔者认为，其原因在于分析的难度较大，仅有的分析也是基于少数样本点的。文献[36]分析了 1 个样本点的检测情况，文献[21]分析了 2 个样本点的检测情况，这些方法很难扩展到多个样本点。

下面先介绍文献[36]的工作，再展开讨论。

考虑发送信号 s_k 服从均值为 O、方差为 σ_s^2 的高斯分布，其 PDF 为 $f_{\mathrm{G}}\left(x,0,\sigma_s^2\right)$，高斯混合噪声下的接收信号 PDF 为

$$f_{2\mathrm{G}}\left(x\right)=\left(1-\varepsilon\right)f_{\mathrm{G}}\left(x,0,\sigma_1^2\right)+\varepsilon f_{\mathrm{G}}\left(x,0,\sigma_2^2\right) \tag{3-40}$$

式中，ε 表示脉冲的发生概率；σ_{G}^2 表示 AWGN 方差；$\sigma_1^2=\sigma_s^2+\sigma_{\mathrm{G}}^2$，$\sigma_2^2=\sigma_s^2+\left(1+\gamma\right)\sigma_{\mathrm{G}}^2$，$\gamma$ 表示脉冲与背景噪声的功率比。

对于给定的削波门限 T，正确检测条件概率 S_t 与避免虚警条件概率 S_p 为

$$S_t\left(T\right)=2\int_T^\infty f_{\mathrm{G}}\left(x,0,\sigma_2^2\right)\mathrm{d}x=\mathrm{erfc}\left(\frac{T}{\sigma_2\sqrt{2}}\right) \tag{3-41}$$

$$S_p\left(T\right)=2\int_0^T f_{\mathrm{G}}\left(x,0,\sigma_1^2\right)\mathrm{d}x=\mathrm{erf}\left(\frac{T}{\sigma_1\sqrt{2}}\right) \tag{3-42}$$

式中，$\mathrm{erf}(\cdot)$ 为误差函数，$\mathrm{erfc}(\cdot)$ 为互补误差函数。

$$\mathrm{erf}\left(x\right)=\frac{2}{\sqrt{\pi}}\int_0^x \mathrm{e}^{-t^2}\mathrm{d}t \tag{3-43}$$

显然，S_t 和 $\overline{S}_p=1-S_p$ 关于门限 T 有相同的变化趋势。因此，正确检测条件概率最大化必然导致避免虚警条件概率最大化，有必要在两者之间进行权衡，可以使用不同的标准得到相应的最优门限。

1）加权组合准则的门限确定

加权组合准则的门限确定（Weighted Combination Criterion for Threshold Determination）方法考虑使正确检测条件概率与避免虚警条件概率之差最大化。

统一加权（Weighted by Unity）后，最优削波门限 T_{c}^* 满足

$$T_c^* = \arg\max_{T>0}\left(S_t - \overline{S}_p\right) = \arg\max_{T>0}\left[\text{erf}\left(\frac{T}{\sigma_1\sqrt{2}}\right) - \text{erf}\left(\frac{T}{\sigma_2\sqrt{2}}\right)\right] \quad （3-44）$$

因此，最优削波门限为

$$
\begin{aligned}
T_c^* &= \sqrt{\frac{2\sigma_1^2\sigma_2^2}{\sigma_2^2 - \sigma_1^2}\ln\left(\frac{\sigma_2}{\sigma_1}\right)} \\
&= \sigma_G\left[(1+\text{SNR})\left(1+\frac{1+\text{SNR}}{\gamma}\right)\ln\left(1+\frac{\gamma}{1+\text{SNR}}\right)\right]^{\frac{1}{2}}
\end{aligned}
\quad （3-45）
$$

式中，$\text{SNR} = \sigma_s^2/\sigma_G^2$ 为信噪比。如果接收机可以很好地估计 σ_G^2 和 γ，则最优削波门限可由式（3-45）计算得到。

根据式（3-45），当 SNR 固定时，最优削波门限与功率比具有对数关系。此外，$\gamma = 0$ 会导致式（3-45）无意义。但是，当脉冲噪声功率非常小时，有

$$\lim_{\gamma \to 0} T_c^* = \sigma_G\sqrt{1+\text{SNR}} = \sigma_1 \quad （3-46）$$

值得注意的是，这里的门限优化不依赖参数 ε。可以直观地理解为：要决定一个样本是否受脉冲噪声影响，我们实际上不需要知道脉冲的发生概率，只需要知道幅度。

2）Siegert 法则的门限确定

在 Siegert 法则中，必须了解脉冲的发生概率 ε。最优削波门限 T_s^* 应满足

$$T_s^* = \arg\max_{T>0}\left[\varepsilon S_t + (1-\varepsilon)S_p\right] \quad （3-47）$$

可以得到

$$
\begin{aligned}
T_s^* &= \sigma_1\sigma_2\sqrt{\frac{2}{\sigma_2^2 - \sigma_2^2}\ln\left[\frac{\sigma_2(1-\varepsilon)}{\varepsilon\sigma_1}\right]} \\
&= \sigma_G\left\{2(1+\text{SNR})\left(1+\frac{1+\text{SNR}}{\gamma}\right)\left[\ln\left(\frac{1-\varepsilon}{\varepsilon}\right) + \frac{1}{2}\ln\left(1+\frac{\gamma}{1+\text{SNR}}\right)\right]\right\}^{\frac{1}{2}}
\end{aligned}
\quad （3-48）
$$

注意，T_s^* 只定义在以下条件下

$$\varepsilon < \frac{\sqrt{1+\dfrac{\gamma}{1+\mathrm{SNR}}}}{1+\sqrt{1+\dfrac{\gamma}{1+\mathrm{SNR}}}}, \quad \gamma \neq 0, \ \varepsilon \neq 0 \tag{3-49}$$

显然，有

$$\begin{cases} \lim_{\gamma \to 0} T_s^* = +\infty \\ \lim_{\varepsilon \to 0} T_s^* = +\infty \end{cases} \tag{3-50}$$

因此，对于一个非常弱的脉冲噪声（γ 极小）或非常罕见的脉冲事件（ε 极小）来说，有用信号不会被削断。然而，对于罕见但强的脉冲（ε 接近 0 但 γ 很大）来说，采用无限的阈值 $\lim_{\gamma \to 0} T_s^* = +\infty$ 会有很大缺陷。

这里简单介绍文献[21]的工作，文献[21]主要分析了判决边界及检测器的表现。实际上，对判决边界的分析很难，其做了两个重要的简化：①将 Class A 模型简化为 GM 模型；②在判决边界分析中，考虑信号样本数为 2，这是非常少且不切实际的。

由上面的两个例子可知，直接分析检测门限和检测概率是很不容易的。因此，笔者认为，在样本点较多的情况下，上面介绍的两个方法的实用性不好。

3.3.4　基于最大效能准则的方法

在多样本检测中，检测统计量的分布更接近高斯分布，使得检测准则和性能更便于分析，当样本数较大时，渐近高斯分布的均值和方差比例可以由效能函数衡量。

考虑式（3-1）中的接收信号模型，相应地，有

$$r = A_i s_i + w \tag{3-51}$$

对于上述模型的确知信号检测问题，在信噪比较小的情况下，当非线性变换输出的方差有界且样本数较大时（如 $M>100$），式（3-52）近似服从高斯分布。证明如下。

$$T(r) = g(r)s_i^{\mathrm{T}} = \sum_{m=1}^{M} g\big[r(m)\big]s_i(m) \tag{3-52}$$

设 $h(x)$ 表示线性检测器前的 ZMNL 变换函数。当脉冲噪声符合零均值的对称分布时，$f(x)$ 为偶函数，$f'(x)$ 为奇函数，$g(x)$ 为奇函数。因此，有

$$\begin{cases} \int_{-\infty}^{\infty} g(x)f(x)\mathrm{d}x = 0 \\ \int_{-\infty}^{\infty} g^2(x)f'(x)\mathrm{d}x = 0 \end{cases} \tag{3-53}$$

单样本的非线性变换 $g(r)$ 的期望可以计算为

$$\begin{aligned} E\big[g(r)\big] &= \int_{-\infty}^{\infty} g(r)f(r-A_i s_i)\mathrm{d}r \\ &= \int_{-\infty}^{\infty} g(r)f(r)\mathrm{d}r - \int_{-\infty}^{\infty} g(r)f'(r)A_i s_i \mathrm{d}r \end{aligned} \tag{3-54}$$

式（3-54）是在信噪比较小的情况下使用一阶泰勒级数得到的，即

$$f(r-A_i s_i) = f(r) - A_i s_i f'(r) \tag{3-55}$$

根据式（3-5）和式（3-53），可以推导得到

$$E\big[g(r)\big] = A_i s_i \mathcal{E}_{\mathrm{gf}} \tag{3-56}$$

式中

$$\mathcal{E}_{\mathrm{gf}} = \int_{-\infty}^{\infty} g(r)f'(r)\mathrm{d}r \tag{3-57}$$

因为 $r(m)$ 独立同分布，所以 $T(r)$ 的期望为

$$E\big[T(r)\,|\,H_i\big] = \mathcal{E}_{\mathrm{gf}}A_i s_i s_i^{\mathrm{T}} = \mathcal{E}_{\mathrm{gf}}A_i E_s \tag{3-58}$$

式中，$E_s = s_i s_i^{\mathrm{T}}$ 表示信号能量。可以推导得到统计量 $T(r)$ 的方差与单样本 $g(r)$ 的方差之间的关系，即

$$D\big[T(r)\,|\,H_i\big] = \sum_{m=1}^{M} D\big\{g[r(m)]\big\} = D\big[g(r)\big]E_s \tag{3-59}$$

此外，在信噪比较小的情况下，计算得到 $g^2(r)$ 的期望为

$$\begin{aligned} E\big[g^2(r)\,|\,H_i\big] &= \int_{-\infty}^{\infty} g^2(r)f(r-A_i s_i)\mathrm{d}r \\ &= \int_{-\infty}^{\infty} g^2(r)f(r)\mathrm{d}r - \int_{-\infty}^{\infty} g^2(r)f'(r)A_i s_i \mathrm{d}r \\ &= \mathcal{E}_{\mathrm{gg}} \end{aligned} \tag{3-60}$$

式中

$$\mathcal{E}_{\mathrm{gg}} = \int_{-\infty}^{\infty} g^2(r) f(r) \mathrm{d}r \tag{3-61}$$

因此，$g(r)$ 的方差为

$$
\begin{aligned}
D\big[g(r)\,|\,H_i\big] &= E\big[g^2(r)\,|\,H_i\big] - \big\{E\big[g(r)\,|\,H_i\big]\big\}^2 \\
&= \mathcal{E}_{\mathrm{gg}} - \big(A_i s_i \mathcal{E}_{\mathrm{gf}}\big)^2 \\
&\approx \mathcal{E}_{\mathrm{gg}}
\end{aligned}
\tag{3-62}
$$

因为在信噪比较小时，A_i 非常小，近似为 0。因此，$T(r)$ 的方差为

$$D\big[T(r)\,|\,H_i\big] = \mathcal{E}_{\mathrm{gg}} E_s \tag{3-63}$$

综上所述，检测统计量 $T(r)$ 渐近服从高斯分布

$$T(r) \overset{a}{\sim} \mathcal{N}\big(\mathcal{E}_{\mathrm{gf}} A_i E_s,\, \mathcal{E}_{\mathrm{gg}} E_s\big) \tag{3-64}$$

定义效能函数为

$$\mathcal{E}(g, f) = \frac{\mathcal{E}_{\mathrm{gf}}^2}{\mathcal{E}_{\mathrm{gg}}} = \frac{\left[\int_{-\infty}^{\infty} g(x) f'(x)\mathrm{d}x\right]^2}{\int_{-\infty}^{\infty} g^2(x) f(x)\mathrm{d}x} \tag{3-65}$$

效能函数与信噪比相关，直接决定了系统的通信性能和虚警—检测性能。例如，在 MSK 系统中，设二元信号的发送概率 $\xi_0 = \xi_1 = \xi$，发射幅度 $A_o = A_1 = A_s$ 逐位检测器能够实现的最低误码率为

$$P_e = Q\left[A_s \sqrt{\frac{1}{2} E_s \mathcal{E}(g, f)}\,\right] \tag{3-66}$$

式中，$Q(x) = 1/\sqrt{2\pi} \int_x^{\infty} \exp(-t^2/2)\mathrm{d}t$ 是标准正态分布的右尾分布函数。显然，当 $\mathcal{E}(g, f)$ 增大时，检测性能增强。

当 $f(x)$ 确定时，效能函数仅取决于 $g(x)$，因此能很好地表征 $g(x)$ 的优劣。对于式（3-65），可以从理论上证明，最大效能由 $g_{\mathrm{LOD}}(x)$ 得到，这与 LOD 理论相符。不过，非线性变换函数设计研究在很长时间内都没有重视效能函数，而是将其用于性能验证[37][38]。

效能函数十分重要，它不仅可以作为性能指标，还可以直接作为设计指标。如此一来，非线性变换函数设计问题就变成了参数寻优问题[1]。考虑非线性变换函数 $g(x, \boldsymbol{T})$，其中 $\boldsymbol{T}$ 表示非线性变换函数的参数向量。最优参数应取得最大效能，即

$$T_{\text{opt}} = \arg\max_{T} \mathcal{E}(T) = \arg\max_{T} \frac{\left[\int g(x,T) f'(x)\mathrm{d}x\right]^2}{\int g^2(x,T) f(x)\mathrm{d}x} \tag{3-67}$$

由于效能函数 $\mathcal{E}(g,f) = \mathcal{E}(T)$ 的表达式很复杂，而 $f(x)$ 除极少数情况（如柯西噪声）外没有闭合表达式，因此很难找到式（3-67）的解析解。

不过，在求解效能最大化问题时，求数值解是一个很好的选择[39]。由于 $g(x,T)$ 中的 T 一般最多包含 2 个量，解决该问题可以寻求一维或多维优化算法。而且，如果能采用或设计适当的函数模式，则效能关于参数 T 的性质常常是连续、分段可导和单模的，因此便于求数值解。

在求解效能最大化问题时，数值迭代的计算量可以分两个方面看。第一，由于 $f(x)$ 在存储器中为向量形式，需要完成的数值计算较多；第二，一般数值迭代 20 次就可以满足优化要求，继续迭代也不会有很大提升。第 5 章会讨论更多相关问题，包括效能公式的简化、未知分布的情况和快速设计等问题。

3.4　大气噪声的非线性处理实验

在 2.6 节介绍的大气噪声实验中，我们得到白化处理后的噪声是非高斯噪声且其近似服从 SαS 分布的结论。本节对非线性变换后的 PDF 进行分析，并进行误码率仿真。

3.4.1　非线性变换后的 PDF

对噪声进行非线性变换后的 PDF 如图 3-8 所示。从图 3-8 中可以看出，置零处理后的 PDF 在 0 样本值处极高，在大于 1.1 时为 0；KDE 的核函数具有一定的宽度，因此置零处理后的 PDF 在 0 处的尖峰具有一定的宽度。相似地，削波处理后的 PDF 在±0.4 样本值处有尖峰，在-0.3～0.3 保持原始 PDF。

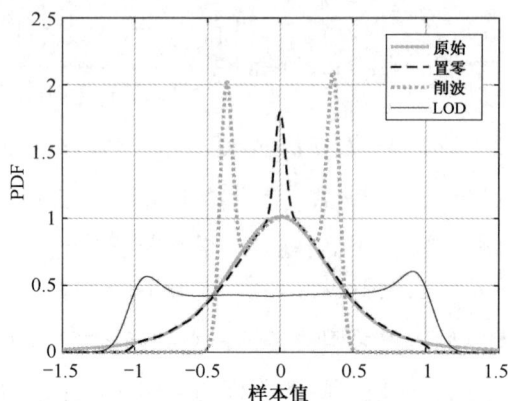

图 3-8 对噪声进行非线性变换后的 PDF

由图 3-8 可知，噪声 PDF 是基本平坦的，这与人们的一般想法不同。很多人认为对脉冲噪声进行非线性处理是为了增强噪声的正态性，但实际上并非如此。高斯化处理具有最好的正态性，但其误码率表现不是最好的，与 LOD 有明显差距。文献[29]通过正态性检验说明了这一问题，这里用 PDF 观察得更细致，表明非线性处理后的 PDF 与正态分布的 PDF 没有相似性。

3.4.2 误码率仿真

非线性处理的优劣可以用检测性能衡量。对于通信系统来说，采用哪种处理方法能取得最低误码率，我们就认为这种处理方法是最好的。正态性好不好及是否与检测性能具有正相关关系，也要根据误码率回答。

下面采用采集的大气噪声数据，加入仿真的 MSK 信号，模拟非线性处理和信号检测。

首先，定义广义信噪比。1.3.4 节讨论了信噪比定义，可以认为信噪比是有用信号功率与噪声功率之比。但是，SαS 分布下的噪声功率在 $\alpha < 2$ 时趋于无穷大。因此，这里对信噪比进行推广，定义为广义信噪比（Generalized SNR，GSNR），即

$$GSNR = 10\lg\frac{A^2 E_s}{\gamma} \tag{3-68}$$

式中，γ 表示噪声的分散系数，与高斯噪声的方差概念类似。在编程时，可将 γ 置 1，通过改变信号幅度来调整信噪比。

其次，进行仿真。随机截取一段实测噪声，在通过减采样和白化滤波后，将其作为大气噪声（非高斯噪声），与仿真信号相加后，作为接收信号。在接收端对其进行处理，即对接收信号进行非线性处理，将其送入匹配滤波器进行检测，得到误码率曲线。非线性处理包括置零、削波及 LOD，其中置零和削波门限的设置均基于最大效能准则。

最后，得到误码率曲线如图 3-9 所示。蒙特卡罗实验次数为 10^6 次。由图 3-9 可知，非线性处理能明显降低误码率。不过，要回答"信噪比增大了多少 dB"这一问题其实并不容易。因为各误码率曲线之间的差距是随 SNR 变化的（考虑误码率之间的横向平移）。但如果能计算各非线性变换函数的效能函数，则可以通过效能之比计算等效的信噪比变化量。

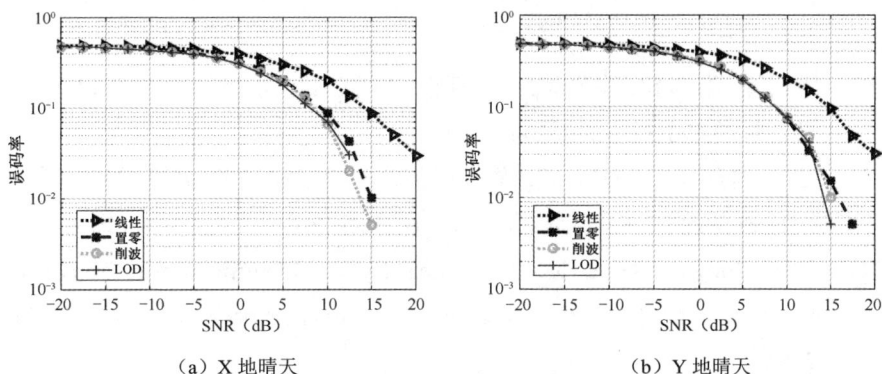

（a）X 地晴天　　　　　　　　　　　（b）Y 地晴天

图 3-9　误码率曲线

3.4.3　实验总结

本实验针对实测噪声，主要对非线性变换后的 PDF 及误码率进行了分析和仿真。综合已有研究（本书未呈现），可以得到以下结论。

（1）实测噪声属于非高斯噪声，进行常规处理会严重影响通信性能。进行非线性处理可以有效降低误码率，增强通信性能。

（2）局部最优检测是抑制非高斯噪声的最优处理方法。但 SαS 分布下的噪声 PDF 只能进行数值计算，实测噪声处理只能进行插值运算，前者要求计算稳健，后者会增大计算量。

（3）高斯化处理能够实现非高斯数据的高斯化，但性能提升有限；过高斯化处理能够有效抑制非高斯噪声，但在信噪比较高的情况下，算法还需要进一步优化，以增强性能。

（4）按照百分比置零可以达到与置零器相似的效果，但是缺乏对分布特征信息的统计分析，人为设定百分比虽然不能保证在理论上达到最优，但能达到次优。

参 考 文 献

[1]   罗忠涛, 郭人铭, 詹燕梅. 脉冲噪声非线性变换设计的研究综述[J]. 系统工程与电子技术, 2021, 43(7):10.

[2]   赵鹏, 蒋宇中, 翟琦, 等. 基于局部方差中值滤波的极/超低频信道噪声抑制方法[J]. 电子学报, 2019, 47(4):955-961.

[3]   Weng Binwei, Barner K E. Nonlinear System Identification in Impulsive Environments[J]. IEEE Transactions on Signal Processing, 2005, 53(7): 2588-2594.

[4]   Peng Siyuan, Chen Badong, Sun Lei, et al. Constrained Maximum Correntropy Adaptive Filtering[J]. Signal Processing, 2017, 140:116-126.

[5]   Lu Lu, Zhao Haiquan, Champagne B. Distributed Nonlinear System Identification in Alpha-Stable Noise[J]. IEEE Signal Processing Letters, 2018, 25(7):979-983.

[6]   Steven M Kay. 统计信号处理基础[M]. 罗鹏飞, 译. 北京：电子工业出版社, 2014.

[7]　Spaulding A, Middleton D. Optimum Reception in an Impulsive Interference Environment-Parts I: Coherent Detection[J]. IEEE Transactions on Communications, 1977, 25(9):910-923.

[8]　蒋宇中. 超低频非高斯噪声模型及应用[M]. 北京：国防工业出版社, 2014.

[9]　张杨勇, 刘勇. 低频段大气噪声及处理技术[J]. 舰船科学技术, 2008, 30(S1):85-88.

[10]　罗忠涛, 卢鹏, 张杨勇, 等. 抑制脉冲型噪声的限幅器自适应设计[J]. 电子与信息学报, 2019, 41(5):1160-1166.

[11]　Zhidkov S V. Analysis and Comparison of Several Simple Impulsive Noise Mitigation Schemes for OFDM Receivers[J]. IEEE Transactions on Communications, 2008, 56(1):5-9.

[12]　Kimura S, Nakamura T, Saito M, et al. PAR Reduction for OFDM Signals Based on Deep Clipping[C]//2008 3rd International Symposium on Communications, Control and Signal Processing, St Julians, Malta: IEEE Press, 2008:911-916.

[13]　Rožić N, Banelli P, Begušić D, et al. Multiple-Threshold Estimators for Impulsive Noise Suppression in Multicarrier Communications[J]. IEEE Transactions on Signal Processing, 2018, 66(6):1619-1633.

[14]　Swami A, Sadler S. On Some Detection and Estimation Problems in Heavy-tailed Noise[J]. Signal Processing, 2002, 82(12):1829-1846.

[15]　Li Xutao, Jiang Yongquan, Liu Miao. A Near Optimum Detection in Alpha-Stable Impulsive Noise[C]//2009 International Conference on Acoustics, Speech and Signal Processing. Taipei, Taiwan: IEEE Press, 2009:3305-3308.

[16]　Li Xutao, Sun Jun, Wang Shouyong, et al. Near-Optimal Detection with Constant False Alarm Ratio in Varying Impulsive Interference[J]. IET Signal Processing, 2013, 7(9):824-832.

[17]　江金龙, 查代奉, 梁宁利. 脉冲噪声环境下的韧性匹配滤波检测方法[J]. 计算机工程, 2010, 36(14):256-258.

[18] Dai Zhen, Wang Pingbo, Cao Wei. Design and Performance Analysis of Parametric Suboptimal Detectors in SαS Noise[J]. IET Communications, 2020, 14(7):1169-1174.

[19] 代振, 王平波, 卫红凯. 非高斯背景下基于 Sigmoid 函数的信号检测[J]. 电子与信息学报, 2019, 41(12):2945-2950.

[20] 罗忠涛, 詹燕梅, 郭人铭, 等. 脉冲噪声中基于指数函数的可变拖尾非线性变换设计[J]. 电子与信息学报, 2020, 42(4):932-940.

[21] Saaifan K A, Henkel W. Decision Boundary Evaluation of Optimum and Suboptimum Detectors in Class A Interference[J]. IEEE Transactions on Communications, 2013, 61(1):197-205.

[22] Oh H, Nam H. Design and Performance Analysis of Nonlinearity Preprocessors in an Impulsive Noise Environment[J]. IEEE Transactions on Vehicular Technology, 2017, 66(1):364-376.

[23] Li Xutao, Chen Peng, Fan Lisheng, et al. Normalisation-based Receiver Using BCGM Approximation for α-Stable Noise Channels[J]. Electronics Letters, 2013, 49(15):965-967.

[24] 王平波, 蔡志明. 非高斯数据的高斯化滤波[J]. 声学与电子工程, 2006, 83(3):26-30.

[25] 王平波, 蔡志明. 主动信号检测中干扰背景的高斯化处理[J]. 数据采集与处理, 2006, (4):413-417.

[26] 李旭杰, 赵鸿燕, 杨成胡. α 稳定噪声中基于正态变换的次优接收机[J]. 电路与系统学报, 2012, 17(3):94-97.

[27] 罗忠涛, 卢鹏, 张杨勇, 等. 基于高斯化—广义匹配的脉冲型噪声处理方法研究[J]. 电子与信息学报, 2018, 40(12):2928-2935.

[28] Luo Zhongtao, Zhang Yangyong. Novel Nonlinearity Based on Gaussianization and Generalized Matching for Impulsive Noise Suppression[J]. IEEE Access, 2019, 7:65163-65173.

[29] 罗忠涛, 卢鹏, 张杨勇, 等. 大气噪声幅度分布与抑制处理分析[J]. 系统工程与电子技术, 2018, 40(7):157-162.

[30] Zhidkov S V. Performance Analysis and Optimization of OFDM Receiver

with Blanking Nonlinearity in Impulsive Noise Environment[J]. IEEE Transactions on Vehicular Technology, 2006, 55(1):234-242.

[31] Juwono F H, Guo Qinghua, Huang Defeng, et al. Deep Clipping for Impulsive Noise Mitigation in OFDM-Based Power-Line Communications[J]. IEEE Transactions on Power Delivery, 2014, 29(3):1335-1343.

[32] Alsusa E, Rabie K M. Dynamic Peak-Based Threshold Estimation Method for Mitigating Impulsive Noise in Power-Line Communication Systems[J]. IEEE Transactions on Power Delivery, 2013, 28(4):2201-2208.

[33] Ikpehai A, Adebisi B, Rabie K M, et al. Energy-Efficient Vector OFDM PLC Systems with Dynamic Peak-Based Threshold Estimation[J]. IEEE Access, 2017, 5:10723-10733.

[34] Rabie K M, Adebisi B, Tonello A M, et al. For More Energy-Efficient Dual-Hop DF Relaying Power-Line Communication Systems[J]. IEEE Systems Journal, 2018, 12(2):2005-2016.

[35] 代振, 王平波, 卫红凯. 非高斯背景下的自适应限幅检测研究[J]. 电子学报, 2020, 48(3):426-430.

[36] Ndo G, Siohan P, Hamon M. Adaptive Noise Mitigation in Impulsive Environment: Application to Power-Line Communications[J]. IEEE Transactions on Power Delivery, 2010, 25(2):647-656.

[37] Vastola K. Threshold Detection in Narrow-Band Non-Gaussian Noise[J]. IEEE Transactions on Communications, 1984, 32(2):134-139.

[38] Zhang Guoyong, Wang Jun, Yang Guosheng, et al. Nonlinear Processing for Correlation Detection in Symmetric Alpha-Stable Noise[J]. IEEE Signal Processing Letters, 2018, 25(1):120-124.

[39] Wright M H. Direct Search Methods: Once Scorned, Now Respectable[C]// Proc. of the 1995 Dundee Biennial Conference in Numerical Analysis, Dundee, U.K., 1996:191-208.

第 4 章
效能最大化的非线性变换函数设计实例

对于较小的信噪比来说，采用多样本检测信号几乎是必然选择（否则信噪比积累不够）。效能函数成为输出信噪比的等价衡量，基于最大效能准则的非线性变换函数设计，几乎可以取得最优检测性能。第 3 章介绍了非线性变换函数的设计方法，本章介绍几个非线性变换函数设计实例。

4.1　削波器和置零器优化设计

由式（3-7）和式（3-8）可知，削波器和置零器只需要设计门限。传统的削波与置零方法往往针对某种特定的噪声模型，根据经验选择门限，自适应能力弱。参数选择的微小变化会导致检测性能出现较大变化，设置合理的门限是成功设计削波器和置零器的关键[1]。

4.1.1　非线性变换函数设计问题

削波器和置零器的表达式为

$$g_C(x, T_C) = \begin{cases} x, & |x| \leqslant T_C \\ T_C \, \mathrm{sgn}(x), & |x| > T_C \end{cases} \tag{4-1}$$

$$g_{\mathrm{B}}(x,T_{\mathrm{B}}) = \begin{cases} x, & |x| \leqslant T_{\mathrm{B}} \\ 0, & |x| > T_{\mathrm{B}} \end{cases} \tag{4-2}$$

式中，$T_{\mathrm{C}} > 0$、$T_{\mathrm{B}} > 0$ 分别表示削波器和置零器的线性区域门限。

削波器和置零器的效能函数可以计算为

$$\mathcal{E}(g,T,f) = \frac{\left[\int_{-\infty}^{\infty} g(x,T)f'(x)\mathrm{d}x \right]^2}{\int_{-\infty}^{\infty} g^2(x,T)f(x)\mathrm{d}x} \tag{4-3}$$

式中，$g(x,T)$ 表示削波器或置零器的 ZMNL 变换函数；T 表示门限；$f(x)$ 表示脉冲噪声的 PDF；$f'(x)$ 表示 PDF 的一阶导数。

考虑优化限幅器中的门限参数，使效能函数达到最大。对于式（4-1）中的削波器，最优门限可以表示为

$$T_{\mathrm{opt\text{-}C}} = \arg \max_{T_{\mathrm{C}}} \mathcal{E}(g_{\mathrm{C}},T,f) \tag{4-4}$$

同理，对于式（4-2）中的置零器，最优门限可以表示为

$$T_{\mathrm{opt\text{-}B}} = \arg \max_{T_{\mathrm{B}}} \mathcal{E}(g_{\mathrm{B}},T,f) \tag{4-5}$$

解式（4-4）和式（4-5）中的优化问题比较困难。一方面，效能函数的计算式较为复杂，式（4-3）中包含积分和除法等运算；另一方面，噪声 PDF 的形式多样，其导数难以计算，最速下降法、牛顿法等借助导数的优化方法均不适用。因此，考虑采用无导数的寻优方法解决此问题。

4.1.2　目标函数特性分析

本节讨论的设计问题只有一个待优化参数，即门限，考虑采用无导数的线搜索方法。不过，这类方法要求目标函数具有在待优化区间内函数值为单峰且光滑的特性，以保证寻到的局部极大值是全局最大值。下面分析效能函数是否满足该要求。

以 SαS 分布模型为例，效能与门限的关系曲线如图 4-1 所示。由图 4-1 可知，效能是门限的单峰函数，曲线光滑，$\tau_{\mathrm{opt\text{-}c}}$ 和 $\tau_{\mathrm{opt\text{-}b}}$ 表示最大效能。置零器在门限约 3.5 处达到最大效能，削波器在门限约 1.2 处达到

最大效能。因此，SαS 分布下的效能函数满足无导数的线搜索方法的要求，在不解析效能函数的情况下也能通过线搜索方法解式（4-4）和式（4-5）中的优化问题。

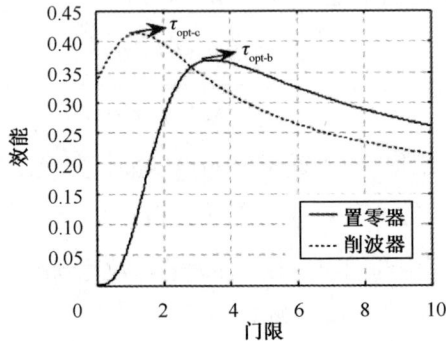

图 4-1　效能与门限的关系曲线（$\alpha=1.5$，$\sigma=1$）

有兴趣的读者可以试一试，对于 Class A 分布的概率密度函数 $f(x)$，改变削波器或置零器的门限，仿真其效能函数值，绘制效能与门限的关系曲线。对比 SαS 分布模型和 Class A 模型，观察它们表现出来的关系特性是否相似。

4.1.3　基于一维寻优的求解方法

无导数的线搜索方法以迭代缩小搜索区间为原则，包括黄金分割法和斐波那契法等[2-4]。在设计算法解决式（4-4）与式（4-5）的优化问题时，还需要考虑搜索区间的初始化问题。因此，设计算法分为 2 步：①确定最优解或函数峰值的搜索区间；②缩小搜索区间，通过搜索求解。

分别采用进退法与黄金分割法实现这 2 步：先采用进退法确定最优解所在的区间，再采用黄金分割法寻找区间内的最优解。得到自适应优化处理算法如表 4-1 所示。

表 4-1　自适应优化处理算法

步骤	内容
步骤 1	设置初始值 $T_0 > 0$，初始步长 $d_0 = 0.5T_0$，迭代次数 $k = 0$，效能 $\varepsilon_0 = \mathcal{E}(g, T_0, f)$
步骤 2	令 $T_{k+1} = T_k + d_k$，计算 $\varepsilon_{k+1} = \mathcal{E}(g, T_{k+1}, f)$。如果 $\varepsilon_{k+1} > \varepsilon_k$，转步骤 3；否则，转步骤 4
步骤 3	正向搜索。令 $d_{k+1} = 2d_k$，$T = T_k$，$T_k = T_{k+1}$，$\varepsilon_k = \varepsilon_{k+1}$，$k = k+1$，转步骤 2
步骤 4	反向搜索。如果 $k = 0$，则令 $d_1 = -d_0$，$T = T_1$，$T_1 = T_0$，$\varepsilon_1 = \varepsilon_0$，$k = 1$，转步骤 2；否则，终止迭代
步骤 5	设置线搜索，容许误差比率为 λ。迭代次数 $j = 0$；令 $l_0 = \min\{T, T_{k+1}\}$，$r_0 = \max\{T, T_{k+1}\}$，$p_0 = l_0 + 0.382(r_0 - l_0)$，$q_0 = l_0 + 0.618(r_0 - l_0)$
步骤 6	条件判断。如果 $\mathcal{E}(g, p_j, f) \geq \mathcal{E}(g, q_j, f)$，转步骤 7；否则，转步骤 8
步骤 7	计算左试探点。如果 $|q_j - l_j|/r_j > \lambda$，则令 $l_{j+1} = l_j$，$r_{j+1} = q_j$，$\mathcal{E}(g, q_{j+1}, f) = \mathcal{E}(g, p_j, f)$，$q_{j+1} = p_j$，$p_{j+1} = l_{j+1} + 0.382(r_{j+1} - l_{j+1})$，计算 $\mathcal{E}(g, p_{j+1}, f)$，$j = j+1$，转步骤 6；否则，停止搜索并输出最优门限 p_j
步骤 8	计算右试探点。如果 $|r_j - p_j|/r_j > \lambda$，则令 $l_{j+1} = p_j$，$r_{j+1} = r_j$，$\mathcal{E}(g, p_{j+1}, f) = \mathcal{E}(g, q_j, f)$，$p_{j+1} = q_j$，$q_{j+1} = l_{j+1} + 0.618(r_{j+1} - l_{j+1})$，计算 $\mathcal{E}(g, q_{j+1}, f)$，$j = j+1$，转步骤 6；否则，停止搜索并输出最优门限 q_j

在上述算法中，将初始值设置为相对 PDF 最大值降低 3 dB 处的样本值；容许误差比率表示搜索范围相对搜索值的大小，容许误差比率越小则搜索结果越精确，一般可设 $\lambda = 0.01$。文献[2]、文献[3]和文献[4]给出了黄金分割法的推导过程，并指出黄金分割法具有快速收敛性。因此，当效能为门限的单峰函数时，采用表 4-1 中的自适应优化处理算法可以搜索得到最优门限。

4.2　幂律拖尾 ZMNL 变换函数设计

ZMNL 变换函数的工作原理与大幅度样本的限幅器类似，它由两个基本区域组成，即线性（或近似线性）区域和非线性拖尾区域。在非线性分析中，拖尾函数与脉冲噪声分布的匹配非常重要。我们的目标是设计一个能够广泛适用于重尾分布噪声而不是仅适用于特定模型的非线性处理器，并获得最优检测性能。本节以 x^a 为基础设计非线性变换函数[5]。

4.2.1　幂律拖尾 ZMNL 变换函数的性质

3.2.4 节介绍了 4 种模式下的 ZMNL 变换函数 $g(x,T,a)$ ，即 $g_{sc}(x,T,a)$ ，$g_{pm}(x,T,a)$ ， $g_{ym}(x,T,a)$ 和 $g_{xm}(x,T,a)$ ，它们的性质相似但不相同，采用不同模式会影响优化性能。下面对 $x>0$ 、 $T>0$ 、 $a\leqslant 1$ 时的 $g(x,T,a)$ 性质进行分析。

1）连续性

在尺度变换模式、定点平移模式和 Y 轴平移模式下，有连续的 ZMNL 变换函数，但是 X 轴平移模式下的 $g_{xm}(x,T,a)$ 在 $a=0$ 处不连续。

令 $a\rightarrow 0^+$ 或 $a\rightarrow 0^-$ ，即 a 从坐标轴的右边趋于 0 或从坐标轴的左边趋于 0。当 $x>T$ 时，可以计算得到极限，即

$$\lim_{a\rightarrow 0^+} g_{xm}(x,T,a) = \begin{cases} T, & T\geqslant 1 \\ 1, & 0<T<1 \end{cases} \qquad (4\text{-}6)$$

$$\lim_{a\rightarrow 0^-} g_{xm}(x,T,a) = \begin{cases} 1, & T\geqslant 1 \\ T, & 0<T<1 \end{cases} \qquad (4\text{-}7)$$

可以得到

$$\lim_{a\rightarrow 0^+} g_{xm}(x,T,a) \neq \lim_{a\rightarrow 0^-} g_{xm}(x,T,a), \ T\neq 1 \qquad (4\text{-}8)$$

因此， $g_{xm}(x,T,a)$ 在 $a=0$ 处不连续。

2）可微性

ZMNL 变换函数 $g_{sc}(x,T,a)$ 、 $g_{pm}(x,T,a)$ 、 $g_{ym}(x,T,a)$ 是由 x 、 x^a 、0 组成的，这 3 种函数都是可微和连续的。因此，这些 ZMNL 变换函数都是分段连续的，而且在非断点处都是连续可微的。

但是， $g_{xm}(x,T,a)$ 不是连续的，因此也不是可微的。

3）断点

X 轴上的断点会影响效能计算，因为其中包含对 x 的积分。4 种函数

在 $x=T$ 处都有断点。但是，定点平移模式和 Y 轴平移模式下的 ZMNL 变换函数可能还有其他断点。

$g_{sc}(x,T,a)$ 通常有唯一断点 $x=T$。

$g_{ym}(x,T,a)$ 可以改写为

$$g_{ym}(x,T,a)=\begin{cases} x, & 0<x<T \\ 0, & x>X_y(T,a),\ 0<T<1,\ a<0 \\ x^a-T^a+T, & \text{其他} \end{cases} \quad（4\text{-}9）$$

式中，$X_y(T,a)=\sqrt[a]{T^a-T}$ 是除 $x=T$ 外的断点。

同理，$g_{pm}(x,T,a)$ 可以改写为

$$g_{pm}(x,T,a)=\begin{cases} x, & 0<x<T \\ 0, & x>X_p(T,a),\ 0<T<1,\ a<0 \\ (x-T+1)^a-1+T, & \text{其他} \end{cases} \quad（4\text{-}10）$$

式中，$X_p(T,a)=\sqrt[a]{1-T}-1+T$ 是除 $x=T$ 外的断点。

当我们为了获得 $g(x,T,a)$ 的连续性而对 x^a 进行移动时，$X_y(T,a)$ 和 $X_p(T,a)$ 都只在 $0<T<1$、$a<0$ 时出现。

$g(x,T,a)$ 的性质如表 4-2 所示。需要注意的是，所有的断点关于 T 和 a 都是可微的。

表 4-2　$g(x,T,a)$ 的性质

函数 （$a\leqslant1$、$x>0$）	连续性 $T>0$	可微性 $T>0$	除 $x=T$ 外的断点 $X(T,a)$	
			$0<T<1$、$a<0$	其他
$g_{sc}(x,T,a)$	连续	分段可微	无	无
$g_{pm}(x,T,a)$	连续	分段可微	$\sqrt[a]{1-T}-1+T$	无
$g_{ym}(x,T,a)$	连续	分段可微	$\sqrt[a]{T^a-T}$	无
$g_{xm}(x,T,a)$	在 $a=0$ 处不连续	不可微		

4.2.2　优化问题及其性质

ZMNL 变换函数的性能可以通过合理选取门限 T 和指数 a 来有效提

升。对于幂律拖尾的非线性处理，其效能函数可以表示为

$$\mathcal{E}(g,T,a) = \frac{\left[\int_{-\infty}^{\infty} g(x,T,a)f'(x)\mathrm{d}x\right]^2}{\int_{-\infty}^{\infty} g^2(x,T,a)f(x)\mathrm{d}x} \tag{4-11}$$

将效能函数作为 ZMNL 变换函数的性能指标，只要找到使效能达到最大的 (T,a) 参数组合，就可以获得最优的 ZMNL 变换函数，则有

$$(T_\mathrm{o}, a_\mathrm{o}) = \arg\max_{T,a} \mathcal{E}(g,T,a), \quad T > 0, \quad a \leqslant 1 \tag{4-12}$$

因此，ZMNL 变换函数设计问题转化为参数组合 (T,a) 的效能优化问题。

由于效能函数 $\mathcal{E}(g,T,a)$ 很复杂，而 $f(x)$ 除极少数情况（如柯西噪声）外没有闭合表达式，因此很难找到一个理论上的最大值或式（4-12）的解析解。然而，求数值解是一个很好的选择。为了求数值解，我们研究了效能函数 $\mathcal{E}(g,T,a)$ 关于 (T,a) 的性质。

1）连续性和可微性

尺度变换模式、定点平移模式和 Y 轴平移模式下的效能函数 $\mathcal{E}(g,T,a)$ 关于 T 和 a 是连续的。原因在于，$g(x,T,a)$ 是连续的且式（4-11）的计算不会改变其连续性。但在 X 轴平移模式下，$\mathcal{E}(g_\mathrm{xm},T,a)$ 在 $a=0$ 处不连续，因为 $g_\mathrm{xm}(x,T,a)$ 在 $a=0$ 处不连续且式（4-11）的计算不会改变这一性质。

$\mathcal{E}(g,T,a)$ 关于 T 和 a 是可微的。基于 $g(x,T,a)$ 的连续性和可微性可以证明这个结论。鉴于 $g(x,T,a)$ 是奇函数且 $f(x)$ 是偶函数，可以将效能函数改写为

$$\mathcal{E}(g,T,a) = \frac{2\left[\int_0^{\infty} g(x,T,a)f'(x)\mathrm{d}x\right]^2}{\int_0^{\infty} g^2(x,T,a)f(x)\mathrm{d}x} \tag{4-13}$$

假设式（4-13）中的分母永不为 0，只要积分关于 T 和 a 是可微的，$\mathcal{E}(g,T,a)$ 就是可微的。此外，将子函数 $g(x,T,a)$ 代入式（4-13）可以简化积分，然后可以根据下面的定理 1 证明所有相关的积分都是可微的。

例如，$g_\mathrm{sc}(x,T,a)$ 包含两个子域。式（4-13）的分子可以分解为

$$\int_0^\infty g(x,T,a)f'(x)\mathrm{d}x = \int_0^T xf'(x)\mathrm{d}x + \int_T^\infty g(x,T,a)f'(x)\mathrm{d}x \qquad (4\text{-}14)$$

显然，式（4-14）中等号右边的第 1 项关于 T 和 a 是可微的。因此，下面对第 2 项进行解释。

定理 1（积分可微性）. 假设 $h(x) > 0$ 是一个可微函数，则与式（3-21）、式（3-22）、式（3-23）有关的积分 $E(T,a)$ 关于 T 和 a 是可微的。

$$E(T,a) = \int_T^\infty g(x,T,a)h(x)\mathrm{d}x \qquad (4\text{-}15)$$

证明如下。

我们利用偏导数 $\partial E(T,a)/\partial T$ 和 $\partial E(T,a)/\partial a$ 的连续性来证明可微性。因为对这两个偏导数的证明基本相同，所以下面只需要证明 $\partial E(T,a)/\partial T$ 的连续性。

首先，在 $T \geq 1$ 或 $a \geq 0$ 时考虑尺度变换模式、定点平移模式和 Y 轴平移模式。在这个条件下，当 $x \in [T,\infty)$ 时，$g(x,T,a)$ 为幂函数。因此，$g(x,T,a)$ 在区间 $[T,\infty)$ 可微，根据莱布尼茨积分法则，有

$$\frac{\partial E(T,a)}{\partial T} = \int_T^\infty \frac{\partial g(x,T,a)}{\partial T}h(x)\mathrm{d}x - g(T,T,a)h(T) \qquad (4\text{-}16)$$

显然，式（4-16）是连续的。

其次，当 $0 < T < 1$ 且 $a < 0$ 时，定点平移模式和 Y 轴平移模式的 $g(x,T,a)$ 在 $x \in [X(T,a),\infty)$ 时等于 0。因此，可以将 $E(T,a)$ 改写为

$$E(T,a) = \int_T^{X(T,a)} g(x,T,a)h(x)\mathrm{d}x \qquad (4\text{-}17)$$

式中，$g(x,T,a)$ 在 $x \in [T,X(T,a)]$ 时是连续的。根据莱布尼茨积分法则，有

$$\frac{\partial E(T,a)}{\partial T} = \int_T^{X(T,a)} \frac{\partial g(x,T,a)}{\partial T}h(x)\mathrm{d}x - g(T,T,a)h(T) +$$
$$g[X(T,a),T,a]h[X(T,a)]\frac{\partial X(T,a)}{\partial T} \qquad (4\text{-}18)$$
$$= \int_T^{X(T,a)} \frac{\partial g(x,T,a)}{\partial T}h(x)\mathrm{d}x - g(T,T,a)h(T)$$

式中，使用了 $g[X(T,a),T,a]=0$。显然，式（4-18）也是连续的。

最后，我们需要证明在定点平移模式和 Y 轴平移模式下，$E(T,a)$ 的偏导数在 $T=1$ 且 $a=0$ 处连续，即

$$\begin{cases} \lim\limits_{T \to 1^-} \dfrac{\partial E(T,a)}{\partial T} = \lim\limits_{T \to 1^+} \dfrac{\partial E(T,a)}{\partial T} \\ \lim\limits_{a \to 0^-} \dfrac{\partial E(T,a)}{\partial T} = \lim\limits_{a \to 0^+} \dfrac{\partial E(T,a)}{\partial T} \end{cases} \tag{4-19}$$

实际上这很容易证明，因为 $\lim\limits_{T \to 1^-} X(T,a) = \infty$ 和 $\lim\limits_{a \to 0^-} X(T,a) = \infty$ 都可以使式（4-18）等于式（4-16）。

$\partial E(T,a)/\partial T$ 是连续的，同理 $\partial E(T,a)/\partial a$ 也是连续的。因此，$E(T,a)$ 是可微的。

由表 4-2 可知，定点平移模式和 Y 轴平移模式可能有 2 个或 3 个子域。由定理 1 可知，效能计算中涉及的积分都是可微的。

以 $S\alpha S$ 分布模型为例，4 种模式下的效能函数如图 4-2 所示，其中 $\alpha = 1.5$，$\gamma = 1$。

$\mathcal{E}(g_{xm}, T, a)$ 在两个子域（$a<0$ 和 $a>0$）内分别是可微的。由图 4-2（d）可知，虽然 $\mathcal{E}(g_{xm}, T, a)$ 在 $a=0$ 处不连续，但是效能平面在每个子域内都是光滑的。

总之，在 4 种模式下，当 $T>0$、$a \leqslant 1$ 时，效能函数 $\mathcal{E}(g, T, a)$ 关于 T 和 a 都是可微的。

2）单峰性

因为我们需要对大气噪声进行处理，所以不能根据特定模型的 PDF 分析效能函数的单峰性，这会导致很难分析 $\mathcal{E}(g, T, a)$ 在 T 和 a 的哪个区间是单调递增或单调递减的。因此，其不足以提供效能函数单峰性的理论证明。

我们采用数值寻优方法分析效能函数的单峰性。对 3 种常用的脉冲噪声模型进行大规模仿真，结果显示，它们在单峰性上具有相同的性质。从图 4-2 中可以看出，尺度变换模式、定点平移模式和 Y 轴平移模式下的效能平面只存在一个局部最大值，同时也是全局最大值。效能平面是光滑的，这表明效能函数是可微的；X 轴平移模式下的效能函数在每个子域（$a<0$ 或 $a>0$）内关于 a 是单峰的。

在尺度变换模式下，在 $(T_o, a_o) = (1.8, -0.6)$ 处取得最大效能，如图 4-3 所示。效能等高线如图 4-3（a）所示。除极大值点附近外，等高线都不是凸的。关于 T 的效能和关于 a 的效能分别如图 4-3（b）和图 4-3（c）所示。
显然，$\mathcal{E}(g_{sc},T,a)$ 关于 2 个参数都是单峰的。

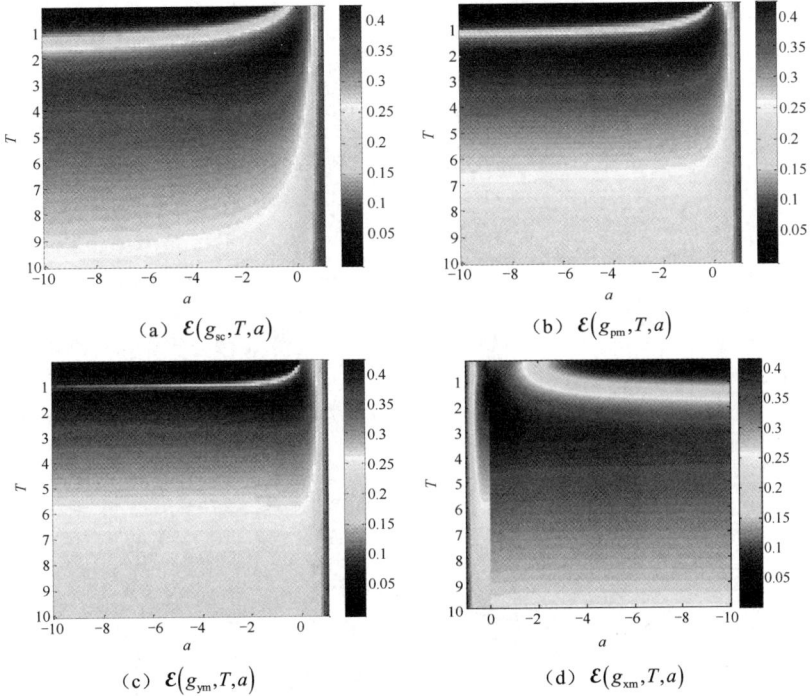

（a）$\mathcal{E}(g_{sc},T,a)$　　　　　　　（b）$\mathcal{E}(g_{pm},T,a)$

（c）$\mathcal{E}(g_{ym},T,a)$　　　　　　　（d）$\mathcal{E}(g_{xm},T,a)$

图 4-2　4 种模式下的效能函数

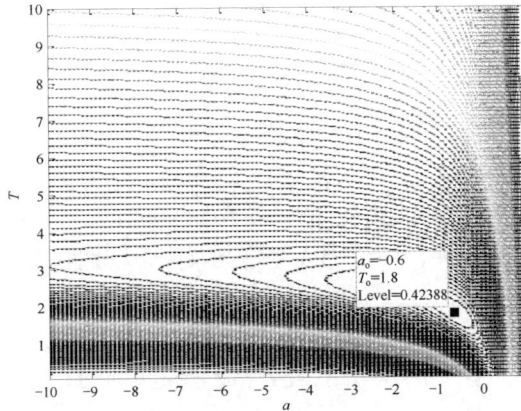

（a）效能等高线

图 4-3　在 $(T_o,a_o)=(1.8,-0.6)$ 处取得最大效能

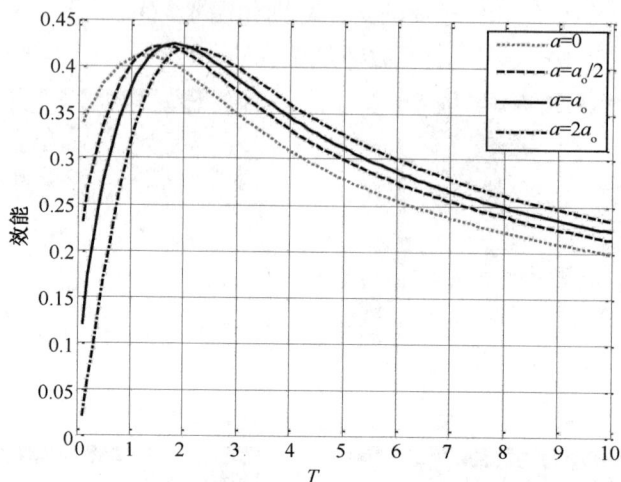

（b）关于 T 的效能

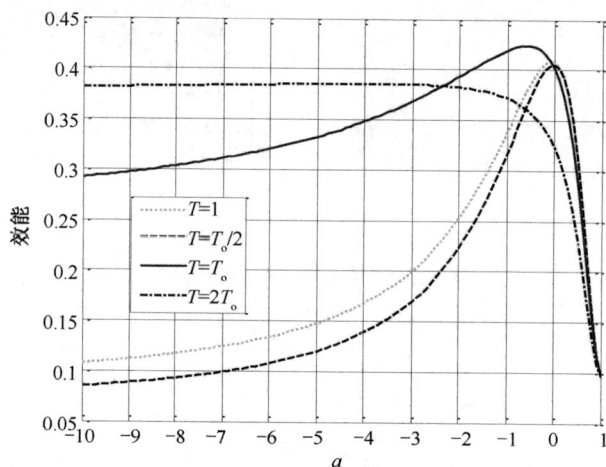

（c）关于 a 的效能

图 4-3　在 $(T_o, a_o) = (1.8, -0.6)$ 处取得最大效能（续）

　　基于上述分析，我们可以得到以下结论：当 $T > 0$、$a \leqslant 1$ 时，4 种模式下的效能函数 $\mathcal{E}(g, T, a)$ 关于参数 T 和 a 都是单峰的。

4.2.3　基于 NMS 法的数值寻优

当 $T>0$、$a\leqslant 1$ 时，$\mathcal{E}(g,T,a)$ 有 2 个重要性质。

（1）$\mathcal{E}(g,T,a)$ 关于 (T,a) 连续且可微。

（2）$\mathcal{E}(g,T,a)$ 关于 T 和 a 是单峰的。

因此，用数值寻优方法求解 $\mathcal{E}(g,T,a)$ 的最大值是可行的。

采用 NMS（Nelder-Mead Simplex）法求解式（4-12）的二维寻优问题，NMS 法求的是最小值，等价于求目标函数相反数的最大值。NMS 法有反射参数 α_{NM}、压缩参数 β_{NM}、扩展参数 γ_{NM} 和收缩参数 σ_{NM}。如果将参数设置为常规值，NMS 法会在一定范围内进行自适应迭代，最终收敛到最小值[6]。

接下来给出我们对 NMS 法的设计。

1）目标函数

考虑待搜索参数域的约束条件，当 $T\leqslant 0$ 或 $a>1$ 时，将效能置 0。目标函数定义为

$$\mathcal{E}_{\mathrm{NM}}(g,T,a)=\begin{cases}-\mathcal{E}(g,T,a), & T>0\text{且}a\leqslant 1\\ 0, & T\leqslant 0\text{或}a>1\end{cases} \tag{4-20}$$

效能函数的优化问题转化为目标函数 $\mathcal{E}_{\mathrm{NM}}(g,T,a)$ 关于 (T,a) 的无约束最小化问题。

2）参数设置

将 4 个参数设置为标准值，如

$$\begin{cases}\alpha_{\mathrm{NM}}=1\\ \beta_{\mathrm{NM}}=0.5\\ \gamma_{\mathrm{NM}}=2\\ \sigma_{\mathrm{NM}}=0.5\end{cases} \tag{4-21}$$

3）迭代起点

在噪声分布未知时，起点可设为 $(T_0,a_0)=(1,0)$。即使起点与最大值点

的位置相差较大，NMS 法也会自动迭代收敛。此外，任何与噪声协方差有关的信息都可以用于调整对起点的定义，这有助于提高收敛速度。

4）终止条件

这里采用的终止条件是：当目标函数的优化比率比预设值小 10^{-4} 时，停止优化。

基于上述问题，将相应的 ZMNL 变换函数代入 $\varepsilon_{NM}(g,T,a)$ 中，然后通过 NMS 法将其最小化，可以得到 T 和 a 在各模式下的最优解 (T_o, a_o)。最优的 T 和 a 只需要离线计算一次。

4.3 指数拖尾 ZMNL 变换函数设计

拖尾设计采用指数函数 $y = a^x$ 主要有 2 个优点。一是当 $0 < a \leqslant 1$ 时，a^x 在 $x > 0$ 时单调递减，衰减速度可由 a 灵活调整，从而适应不同的脉冲噪声；二是函数简单直观，易于计算和分析。

4.3.1 指数拖尾 ZMNL 变换函数构造

由于 ZMNL 变换函数为奇函数。下面集中讨论该函数在 $x > 0$ 时的情况，其负半轴特性可由奇函数性质得到。函数为

$$g(x) = g(|x|)\mathrm{sgn}(x) \tag{4-22}$$

将非线性区域设计为指数函数 $y = a^x$，将线性区域设计为 $y = x$，接下来考虑如何将两者结合为连续函数。线性区域与非线性区域结合的 3 种模式如图 4-4 所示。T 和 a 是待设计参数。在 $T > 0$ 且 $0 < a \leqslant 1$ 条件下，函数构造需要移动指数函数至实线处，使其与 $y = x$ 相交于点 (T,T)。

（1）X 轴平移模式。指数函数 $y = a^x$ 进行 X 轴平移，通过点 (T,T)。等价于将点 $(\log_a T, T)$ 移动到点 (T,T)。实际上，由于指数函数具有特殊

性，X 轴平移模式等价于尺度变换模式。X 轴平移模式下的 ZMNL 变换函数为

$$g_X(x,T,a)=\begin{cases}x, & |x|\leqslant T\\ Ta^{|x|-T}\,\mathrm{sgn}(x), & |x|>T\end{cases} \tag{4-23}$$

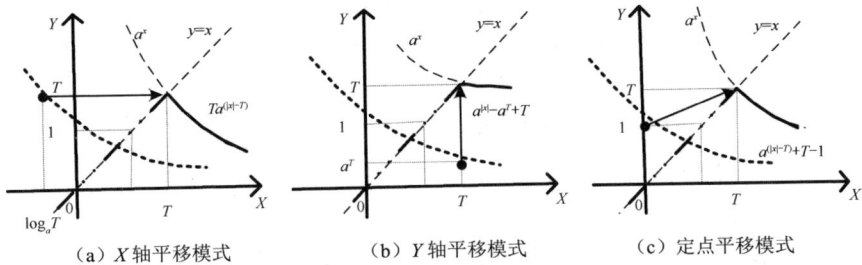

（a）X 轴平移模式　　　（b）Y 轴平移模式　　　（c）定点平移模式

图 4-4　线性区域与非线性区域结合的 3 种模式

（2）Y 轴平移模式。指数函数 $y=a^x$ 进行 Y 轴平移，通过点 (T,T)。等价于将点 (T,a^T) 移动到点 (T,T)。注意，指数曲线向下移动会产生负值，而 ZMNL 变换函数要求在正半轴为非负数。因此，Y 轴平移模式下的 ZMNL 变换函数为

$$g_Y(x,T,a)=\begin{cases}x, & |x|\leqslant T\\ \max(a^{|x|}-a^T+T,0)\,\mathrm{sgn}(x), & |x|>T\end{cases} \tag{4-24}$$

（3）定点平移模式。指数函数 $y=a^x$ 的定点 $(0,1)$ 沿 X 轴和 Y 轴移动，使其经过点 (T,T)。定点平移模式下的 ZMNL 变换函数为

$$g_P(x,T,a)=\begin{cases}x, & |x|\leqslant T\\ \max(a^{|x|-T}-1+T,0)\,\mathrm{sgn}(x), & |x|>T\end{cases} \tag{4-25}$$

3 种模式下的 ZMNL 变换函数均为分段连续函数，具有共同的参数 T 和 a，可以调节阈值和衰减速度。3 种函数的性质相似，下面采用相同的优化方法对其进行优化。

4.3.2　优化问题及其性质

4.3.1 节基于指数函数构造了 ZMNL 变换函数，下面对 (T,a) 进行优

化，以获得最好的检测效果。如前所述，ZMNL 变换函数的检测性能可以用效能函数衡量。因此，可以将 ZMNL 变换函数设计问题转化为参数的效能优化问题。优化问题可以表示为

$$(T_o, a_o) = \arg\max_{T,a} \mathcal{E}(g, T, a), \qquad T > 0, \; 0 < a \leqslant 1 \tag{4-26}$$

$$\mathcal{E}(g, T, a) = \frac{\left[\int g(x, T, a) f'(x) \mathrm{d}x \right]^2}{\int g^2(x, T, a) f(x) \mathrm{d}x} \tag{4-27}$$

式（4-26）属于约束下的二维优化问题。要解决该优化问题，需要分析效能函数 $\mathcal{E}(g_X, T, a)$、$\mathcal{E}(g_Y, T, a)$、$\mathcal{E}(g_P, T, a)$ 关于待优化参数组合 (T, a) 的函数特性，再基于函数特性找出 (T, a) 寻优方法。

首先，$\mathcal{E}(g, T, a)$ 是连续函数。由式（4-23）、式（4-24）、式（4-25）可知，$g(x, T, a)$ 是关于 T 和 a 的连续函数，式（4-27）中的运算未改变其连续性。

其次，$\mathcal{E}(g, T, a)$ 是可导函数。由式（4-23）、式（4-24）、式（4-25）可知，$g(x, T, a)$ 是关于 T 和 a 的分段连续可微（Piecewise Continuously Differentiable）函数，且 $g(x, T, a)$ 在 x 的分段处关于 T 和 a 可导，可以证明式（4-27）中的积分运算关于 T 和 a 可导。因此，效能函数关于 T 和 a 可导，二维效能曲面是连续光滑的。

最后，$\mathcal{E}(g, T, a)$ 是单峰函数。这一特点由基于 SαS 分布和 Class A 分布的噪声的大量仿真验证得到。由于这里未指明噪声模型，$f(x)$ 的具体表达式未知，因此理论证明较为困难。

SαS 分布下的 $\mathcal{E}(g_X, T, a)$ 效能曲面与效能曲线如图 4-5 所示。在图 4-5（a）中，效能曲面只存在一个局部最大值，同时也是全局最大值，即最大效能点。在图 4-5（b）和图 4-5（c）中，T_o 和 a_o 分别是 $\mathcal{E}(g_X, T, a)$ 取得最大值时对应的最优值。由图 4-5 可知，无论是 T 固定还是 a 固定，$\mathcal{E}(g_X, T, a)$ 对于另一参数均为单峰。其余两种模式的仿真效能特性相近，不再赘述。

效能函数含有复杂的运算，包括积分、求导和除法等。而且，本书考

虑一般的脉冲噪声而非特定分布噪声，无法简化式（4-27）或推导理论最大值，甚至不易计算一阶偏导数。因此，难以针对效能优化问题给出理论上的解析解。

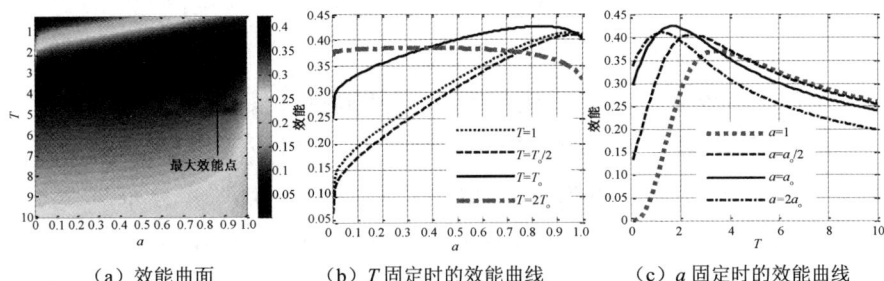

（a）效能曲面　　　（b）T 固定时的效能曲线　　　（c）a 固定时的效能曲线

图 4-5　SαS 分布下的 $\mathcal{E}(g_X, T, a)$ 效能曲面与效能曲线（ $\alpha = 1.5$ ， $\sigma = 1$ ）

4.3.3　基于 NMS 法的数值寻优

虽然难以给出式（4-26）的解析解，但是可以采用无导数的数值寻优方法求解。而且，基于效能函数的连续性、可微性和单峰性，所得求解方法是高效和实用的。数值寻优可以考虑单纯形 NMS 法和 Powell 法，它们的通常用法是最小化目标函数，因此式（4-26）的目标函数被构造为

$$\mathcal{E}_{\mathrm{NM}}(g, T, a) = \begin{cases} -\mathcal{E}(g, T, a), & T > 0, \ 0 < a \leqslant 1 \\ 0, & \text{其他} \end{cases} \quad (4\text{-}28)$$

式中，将参数 T 和 a 在合理范围外的目标函数值设为 0，因此目标函数 $\mathcal{E}_{\mathrm{NM}}(g, T, a)$ 的最小化问题转化为无约束的参数优化问题。

本书以 NMS 法为例进行介绍。NMS 法采用迭代运算，含有反射参数 α_{NM}、压缩参数 β_{NM}、扩展参数 γ_{NM} 和收缩参数 σ_{NM}。本节的 NMS 法设计要点如下。

（1）目标函数：采用式（4-28）中的 $\mathcal{E}_{\mathrm{NM}}(g, T, a)$，优化问题变为

$$\min_{T,\ a} \mathcal{E}_{\mathrm{NM}}(g, T, a) \quad (4\text{-}29)$$

该问题是关于参数 T 和 a 的无约束最小化问题。

（2）参数设置：将 4 个参数设置为 NMS 法的常规值，即

$$\begin{cases} \alpha_{NM} = 1 \\ \beta_{NM} = 0.5 \\ \gamma_{NM} = 2 \\ \sigma_{NM} = 0.5 \end{cases} \qquad (4-30)$$

这反映了效能优化对于 NMS 法来说是常规问题。

（3）迭代起点：在噪声分布未知时，起点可设为 $(T_0, a_0) = (1, 0.5)$，$a_0 = 0.5$ 表现为适度的衰减。实际上，起点范围可以随噪声分布的变化而变化。即使起点与最大值点的位置相差较大，NMS 法也会自动迭代收敛。

（4）终止条件：当目标函数的优化比率小于门限 ρ 时，停止优化。这里设置为 $\rho = 10^{-3}$。

先将相应的非线性变换函数表达式代入目标函数表达式，再通过 NMS 迭代程序得到各模式下的最优 T 和 a，从而设计得到非线性变换函数。

4.3.4 非线性设计的性能讨论

本节对上面的 3 种模式进行仿真，为了对比性能，还仿真了 LOD[7]、最优削波器[8]、最优置零器[9]、GGM[10]、GZMNL[11]。为了进行量化比较，以具有最优检测性能的局部最优检测为基准，计算采用各种方法时的性能损失。由前面的分析可知，效能函数与误码率直接相关，具有类似信噪比的作用。因此，其他方法相对局部最优检测的信噪比损失可以计算为

$$\mathrm{SNR_{loss}}(g) = -10\lg\left\{\frac{\left[\int g(x)f'(x)\mathrm{d}x\right]^2}{\int g^2(x)f(x)\mathrm{d}x} \Big/ \frac{\left[\int g_{\mathrm{lod}}(x)f'(x)\mathrm{d}x\right]^2}{\int g_{\mathrm{lod}}^2(x)f(x)\mathrm{d}x}\right\} \qquad (4-31)$$

信噪比损失为正数，其值越接近 0 表示损失越小，非线性变换函数越接近最优。

1. SαS 分布下的非线性变换函数设计与分析

SαS 分布通常无 PDF 的闭合表达式，可以通过其特征函数计算，即

$$f_{\alpha,\gamma}(x) = \text{IFT}\left[\exp(-\mid\sigma w\mid^{\alpha})\right] \qquad (4\text{-}32)$$

式中，α 是特征指数，$0<\alpha\leq2$；$\gamma=\sigma^{\alpha}$ 是分散系数；$\text{IFT}(\cdot)$ 表示傅里叶逆变换。

对所设计的 3 种模式下的非线性变换函数进行仿真，并与其他非线性变换函数进行比较。仿真参数为 $\alpha=1.5$、$\sigma=1$，采用 NMS 法设计各模式下的非线性变换函数。SαS 分布下的非线性变换函数比较如图 4-6 所示。从图 4-6 中可以看出，指数拖尾 ZMNL、GZMNL、GGM、LOD 与最优削波器具有相近的线性区域阈值，而最优置零器的阈值则高很多。指数拖尾的衰减速度低于 LOD，但对应效能基本相等。因此，非线性设计不一定追求与 LOD 相似，在自己的函数族 $g(x,T,a)$ 中取得最大效能即可。

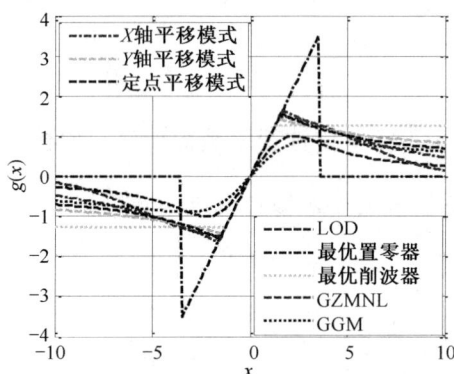

图 4-6　SαS 分布下的非线性变换函数比较

优化设计 3 种模式下的非线性变换函数，考虑参数 $1\leq\alpha\leq1.9$ 和 $\sigma=1$。SαS 分布下的非线性变换函数效能如图 4-7 所示。显然，LOD 取得最大效能；指数拖尾 ZMNL 的 X 轴平移模式、Y 轴和定点平移模式的效能分别平均达到 LOD 效能的 99.5%、99.1%和 99.3%；GZMNL 的效能接近最大效能；最优削波器和 GGM 的效能与最大效能有明显差距；最优置零器最差，不适用于 SαS 分布噪声的非线性处理。根据式（4-31）可以求得各方法在 SαS 分布下的信噪比损失，指数拖尾 ZMNL 的 X 轴平移模式、Y 轴平移模式和定点平移模式的信噪比损失分别为 0.04dB、0.08dB 和

0.06dB；GZMNL 和 GGM 的信噪比损失分别为 0.4dB 和 0.5dB；最优置零器和最优削波器的信噪比损失分别为 1.46dB 和 0.46dB。由此可以看出，指数拖尾 ZMNL 的信噪比损失很小，接近最优。

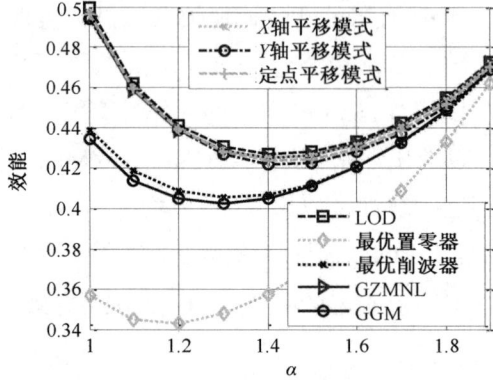

图 4-7　SαS 分布下的非线性变换函数效能

2. Class A 分布下的非线性变换函数设计与分析

Class A 模型的概率密度函数可以表示为

$$f_{A,\Gamma,\sigma}(x) = \sum_{m=0}^{\infty} \frac{e^{-A} A^m}{m!} \frac{1}{\sqrt{2\pi}\sigma_m} e^{\frac{-x^2}{2\sigma_m^2}} \quad （4\text{-}33）$$

式中，$\sigma_m^2 = \sigma^2 (m/A + \Gamma)/(1+\Gamma)$；$A$ 表示脉冲指数；m 表示脉冲分量数；σ^2 表示噪声的平均功率；Γ 表示高斯脉冲功率比，为输入干扰的独立高斯部分的强度与非高斯部分的强度之比。

考虑参数 σ=1 和 Γ=0.01，Class A 分布下的非线性变换函数效能如图 4-8 所示。显然 LOD 取得最大效能；指数拖尾 ZMNL 的 X 轴平移模式、Y 轴平移模式和定点平移模式的效能分别平均达到最大效能的 99.6%、99.6%和 99.7%；GZMNL 的效能接近最大效能；最优置零器和 GGM 的效能与最大效能有明显差距；最优削波器最差。根据式（4-31）可以求得各方法在 Class A 分布下的信噪比损失，指数拖尾 ZMNL 的 X 轴平移模式、Y 轴平移模式和定点平移模式的信噪比损失分别为 0.04dB、0.03dB 和 0.03dB；GZMNL 和 GGM 的信噪比损失分别为 0.21dB 和 0.79dB；最优置零器和最优削波器的信噪比损失分别为 0.23dB 和 3.38dB。由此可以看出，指数拖尾 ZMNL 的信噪比损失很小，接近最优。

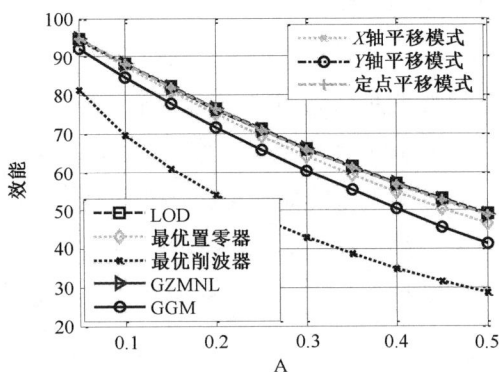

图 4-8　Class A 分布下的非线性变换函数效能

4.4　GZMNL 变换函数设计

高斯拖尾零记忆非线性（Gaussian-tailed Zero Memory Nonlinearity，GZMNL）变换函数含有两个参数，分别控制其线性范围和拖尾程度，因此该函数适用于多种噪声分布。本节的 GZMNL 变换函数设计以效能最大化为优化目标，采用自适应搜索算法寻找最优参数[11]。本节讨论 GZMNL 变换函数在 SαS 分布下的快速设计方法，以及在未知分布下的稳健设计方法。

4.4.1　GZMNL 变换函数介绍

GZMNL 变换函数为

$$g_{\mathrm{G}}(x,T,\sigma)=\begin{cases}\operatorname{sgn}(x)T\exp\left\{-\dfrac{\left[x-\operatorname{sgn}(x)T\right]^2}{2\sigma^2}\right\}, & |x|>T \\ x, & |x|\leqslant T\end{cases}\qquad(4\text{-}34)$$

式中，T 为线性区域门限；σ 为拖尾参数。传统的 GZMNL 方法指出，针对 SαS 分布噪声，σ 可由 SαS 的分散系数标准差除以 0.7 得到，针对不同的 α，T 的值应为 $\sigma \sim 3\sigma$。

GZMNL 变换函数由参数 T 和 σ 控制，具有闭合表达式。虽然 GZMNL 变换函数针对的是 SαS 分布噪声，但其有可控的线性区域门限和拖尾，因此也适用于其他脉冲噪声分布，如Class A分布等。不过，在传统的 GZMNL 方法中，T 值由经验得出，只有取值范围，无准确值。实际上，当 T 在 $\sigma \sim 3\sigma$ 变动时，GZMNL 变换函数的检测性能变化非常大。截至目前，GZMNL 变换函数的优化设计问题未得到充分研究。

4.4.2　目标函数及其性质

GZMNL 变换函数的性能可以通过合理选取参数来有效提升。前面提到，效能函数与非线性处理方法所对应的误码率或检测概率有直接关系，可用于衡量非线性变换函数的性能。GZMNL 变换函数在脉冲噪声下的效能函数可以计算为

$$\mathcal{E}(T,\sigma) = \frac{\left[\int_{-\infty}^{\infty} g_G(x,T,\sigma) f'(x)\mathrm{d}x\right]^2}{\int_{-\infty}^{\infty} g_G{}^2(x,T,\sigma) f(x)\mathrm{d}x} \qquad (4\text{-}35)$$

GZMNL 变换函数的设计问题可以转化为 (T,σ) 的优化问题。最优的 (T,σ) 为

$$\left(T_{\mathrm{opt}},\sigma_{\mathrm{opt}}\right) = \arg\max_{T,\sigma} \mathcal{E}(T,\sigma) \qquad (4\text{-}36)$$

效能函数的优化并非易事。一方面，式（4-35）计算复杂，包含求导、积分、除法等运算，直接推导的难度很大；另一方面，函数中包含两个变量，运用偏导数辅助优化也很困难。

同样地，我们在 GZMNL 变换函数的设计中也考虑采用数值寻优方法，以解决效能函数的优化问题。这类方法一般对目标函数曲面有光滑单峰的要求，以保证搜索到的局部最大值为全局最大值。

下面考察目标函数随参数变化的特性。以 $\alpha=1.5$、$\gamma=1$ 的 SαS 分布为例，SαS 分布下的效能曲面如图 4-9 所示。曲面光滑，仅存在一个最大值点。其他脉冲噪声分布（如 Class A 分布、GM 分布）下的效能曲面也具有相似的特性。

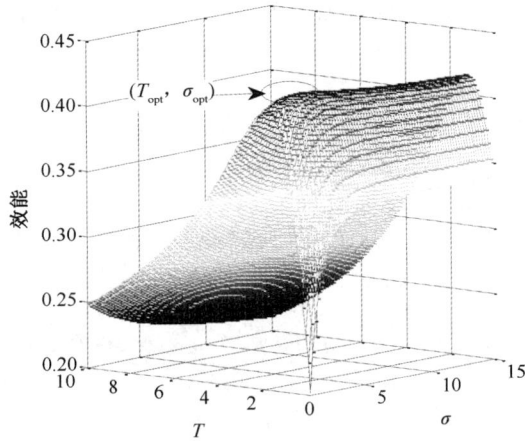

图 4-9　SαS 分布下的效能曲面（ $\alpha=1.5$，$\gamma=1$ ）

4.4.3　GZMNL 变换函数的参数寻优

采用数值寻优方法可以解决式（4-36）中的优化问题，找出达到最大效能的 T 和 σ，就可以设计出最优的 GZMNL 变换函数。考虑到 T 和 σ 的有效范围，将式（4-36）修正为

$$\left(T_{\text{opt}},\sigma_{\text{opt}}\right)=\arg\max_{T,\sigma}\tilde{\mathcal{E}}\left(T,\sigma\right)\tag{4-37}$$

式中，目标函数为

$$\tilde{\mathcal{E}}\left(T,\sigma\right)=\begin{cases}\mathcal{E}\left(T,\sigma\right),&T>0,\ \sigma>0\\0,&\text{其他}\end{cases}\tag{4-38}$$

式（4-37）属于无约束条件的目标函数关于二维参数向量的最大值求解问题。

由于偏导数难以计算，采用无导数的二维寻优方法。常用的方法有

171

Powell 法、NMS 法等。仿真表明，Powell 法与 NMS 法均适用于 GZMNL 变换函数设计。前面已经介绍并使用了 NMS 法，此处以 Powell 法为例进行介绍[12]。

　　本章结合进退法与黄金分割法实现基于 Powell 法的参数寻优，如表 4-3 所示。初始值 x_0 可设置为 PDF 最大值点与 3dB 值点的距离；将优化比率门限 ρ 作为迭代终止条件，可设置为 1%。

表 4-3　基于 Powell 法的参数寻优

步骤	内容
步骤 1	对优化比率门限 ρ 、参数 T 和 σ 进行初始化，令迭代次数 $k=0$
步骤 2	开始迭代，执行 $k=k+1$ ，分别对两个参量进行优化
步骤 3	优化 T 方向：令 $\sigma=\sigma_k^{-1}$ ，采用进退法与黄金分割法的组合，迭代计算效能 $\tilde{\mathcal{E}}(T,\sigma)$ 并优化参数 T ；当参数优化比率小于 ρ 时，停止优化，得到第 k 次迭代的最优门限 T_k
步骤 4	优化 σ 方向：令 $T=T_k^{-1}$ ，采用进退法与黄金分割法的组合，迭代计算效能 $\tilde{\mathcal{E}}(T,\sigma)$ 并优化参数 σ ；当参数优化比率小于 ρ 时，停止优化，得到第 k 次迭代的最优门限 σ_k
步骤 5	如果 $\tilde{\mathcal{E}}_k(T_k,\sigma_k)/\tilde{\mathcal{E}}_{k-1}(T_{k-1},\sigma_{k-1})>1+\rho$ ，返回步骤 2，继续优化；否则，终止迭代，得到 GZMNL 变换函数的最优参数 $T_{\text{opt}}=T_k$ 、 $\sigma_{\text{opt}}=\sigma_k$

　　Powell 法的基本原理是在各独立方向上进行优化，采用一维线搜索方法，即采用进退法与黄金分割法的组合实现无导数的寻优。进退法的作用是搜索最优值所在的区间，使其在该区间内具有单峰性；黄金分割法的作用是找到准确的最优值点，一直搜索到优化比率小于门限 ρ 。

4.5　非线性设计及处理实验

　　下面介绍具有代表性的非线性设计及处理实验。非线性设计及处理实验流程如图 4-10 所示。

1. 实验 1：SαS 分布下的最优效能仿真

　　设分散系数 $\gamma=1$ ，采用不同的非线性处理方法。仿真得到 SαS 分布下双参数可变拖尾非线性变换的最优效能曲线如图 4-11 所示。从图 4-11 中可以看出，双参数可变拖尾非线性变换能够取得与 LOD 类似的最优效能，其中 GZMNL 和指数拖尾比幂律拖尾略好。SαS 分布下常见非线性变换的最优效能曲线如图 4-12 所示。图 4-12 表明，最优削波器和 GGM 差于 LOD 和幂律拖尾，最优置零器则不适用于抑制 SαS 分布噪声。

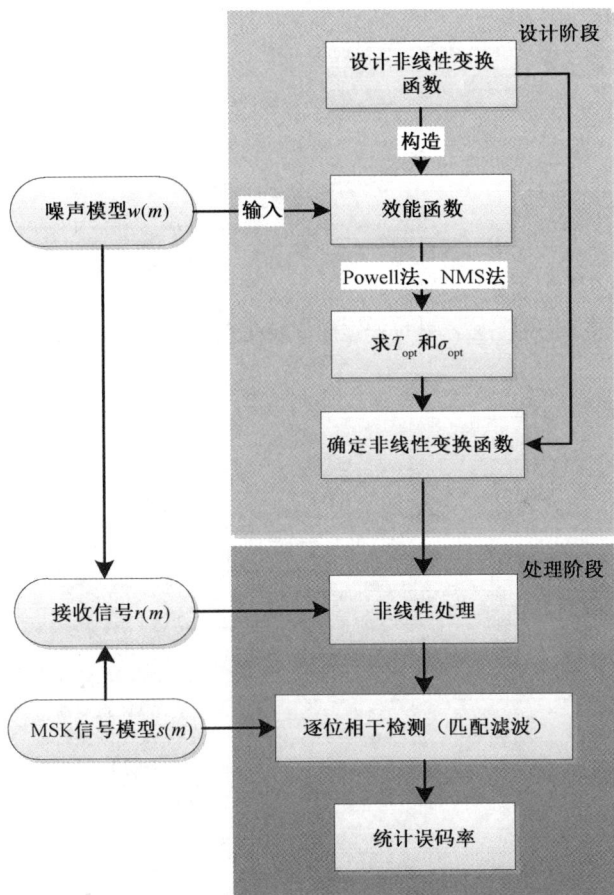

图 4-10 非线性设计及处理实验流程

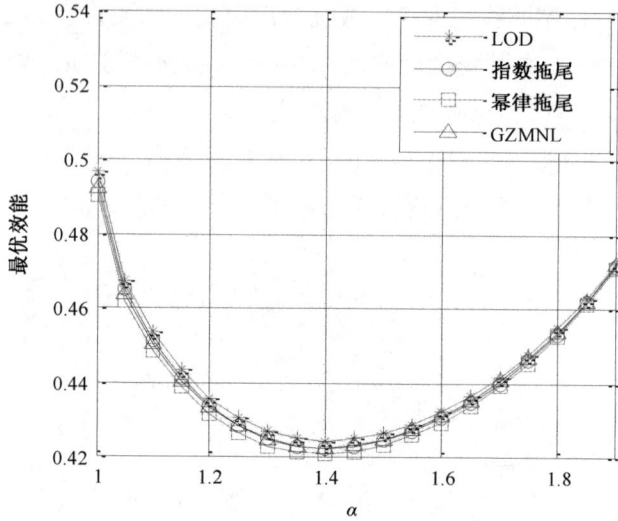

图 4-11　SαS 分布下双参数可变拖尾非线性变换的最优效能曲线（$\gamma = 1$）

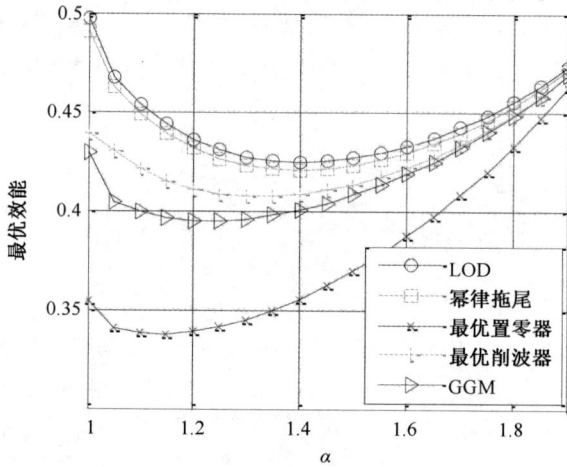

图 4-12　SαS 分布下常见非线性变换的最优效能曲线（$\gamma = 1$）

2. 实验 2：Class A 分布下的最优效能仿真

设平均功率 $\sigma = 1$，Class A 分布下的 9 种参数组合如表 4-4 所示。对 Class A 分布噪声进行非线性处理，仿真得到 Class A 分布下双参数可变拖尾非线性变换的最优效能曲线如图 4-13 所示。从图 4-13 中可以看出，在参数组合Ⅰ～Ⅵ中，双参数可变拖尾非线性变换能够取得与 LOD 类似的最优效能；在参数组合Ⅶ～Ⅸ中则略差于 LOD。Class A 分布下常见非线性变换的最优效能曲线如图 4-14 所示。图 4-14 表明，最优置零器与幂律拖尾的最优效能相似，GGM 略差于前两者，最优削波器则不适用于抑制 Class A 分布噪声。

当 $A=0.1$、$\Gamma=0.01$、$\sigma=1$ 时，Class A 分布下的误码率如图 4-15 所示。从图 4-15 中可以看出，误码率的表现与效能一致：最优置零器与幂律拖尾可以取得与 LOD 类似的最优检测性能，GGM 略差，最优削波器最差。

表 4-4　Class A 分布下的 9 种参数组合

参数组合	Ⅰ	Ⅱ	Ⅲ	Ⅳ	Ⅴ
(A,Γ)	$(0.5,10^{-2})$	$(0.3,10^{-2})$	$(0.1,10^{-2})$	$(0.5,10^{-3})$	$(0.3,10^{-3})$
参数组合	Ⅵ	Ⅶ	Ⅷ	Ⅸ	
(A,Γ)	$(0.1,10^{-3})$	$(0.5,10^{-4})$	$(0.3,10^{-4})$	$(0.1,10^{-4})$	

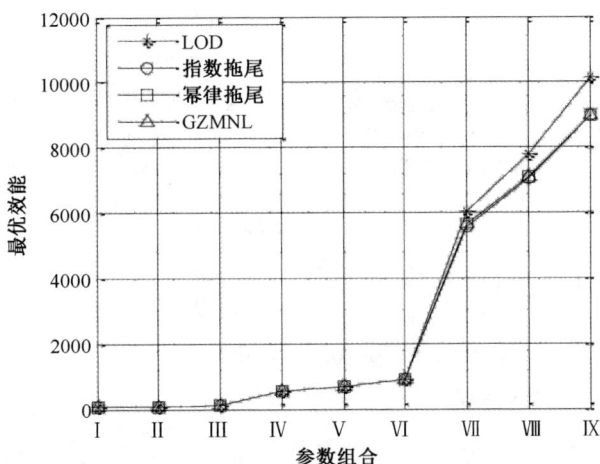

图 4-13　Class A 分布下双参数可变拖尾非线性变换的最优效能曲线（$\sigma=1$）

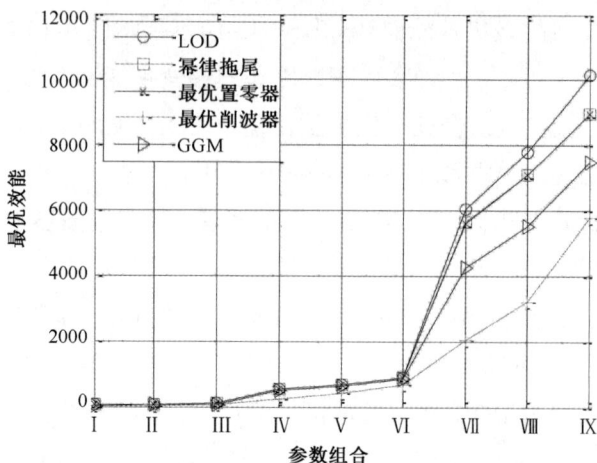

图 4-14　Class A 分布下常见非线性变换的最优效能曲线（$\sigma=1$）

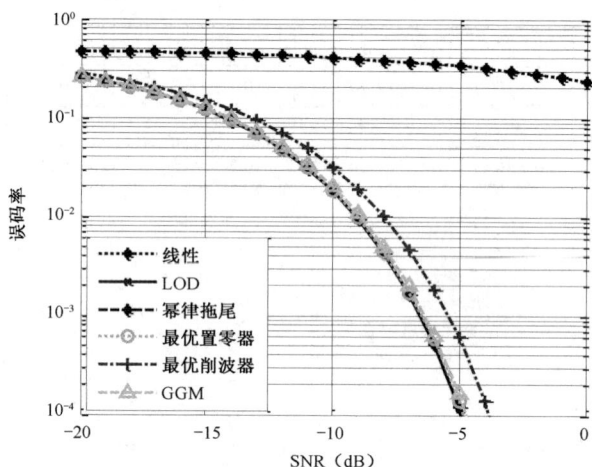

图 4-15　Class A 分布下的误码率（$A=0.1$、$\varGamma=0.01$、$\sigma=1$）

3. 实验 3：GM 分布下的最优效能仿真

GM 分布下的 9 种参数组合如表 4-5 所示，在 $\mu=[0,0]$、$\sigma_1^2=1$ 的条件下，仿真得到 GM 分布下双参数可变拖尾非线性变换的最优效能曲线如图 4-16 所示。由图 4-16 可知，双参数可变拖尾非线性变换在各种参数组合下都能取得与 LOD 类似的最优效能。GM 分布下常见非线性变换的最优效能曲线如图 4-17 所示。图 4-17 表明，最优置零器与 GGM 略差于双参数可变拖尾非线性变换和 LOD，最优削波器则明显不稳健。

表 4-5　GM 分布下的 9 种参数组合

参数组合	I	II	III	IV	V
(σ_2^2, ε)	(10,0.7)	(10^2,0.7)	(10^3,0.7)	(10,0.9)	(10^2,0.9)
参数组合	VI	VII	VIII	IX	
(σ_2^2, ε)	(10^3,0.9)	(10,0.99)	(10^2,0.99)	(10^3,0.99)	

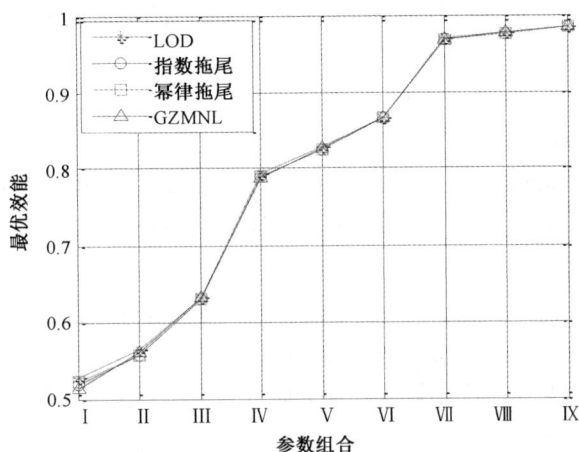

图 4-16　GM 分布下双参数可变拖尾非线性变换的最优效能曲线（ $\mu=[0,0]$ 、 $\sigma_1^2=1$ ）

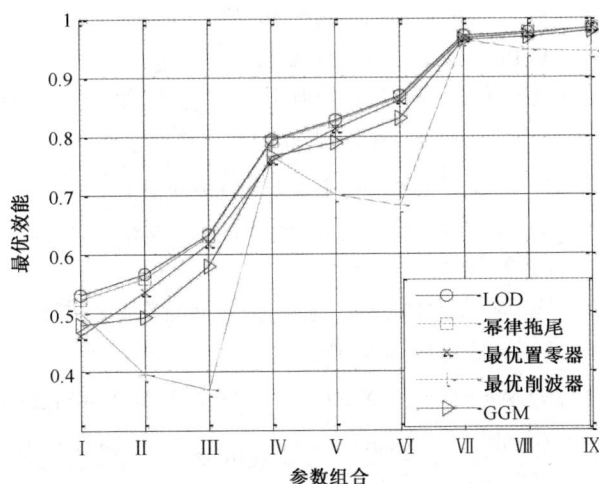

图 4-17　GM 分布下常见非线性变换的最优效能曲线（ $\mu=[0,0]$ 、 $\sigma_1^2=1$ ）

参 考 文 献

[1] 罗忠涛, 卢鹏, 张杨勇, 等. 抑制脉冲型噪声的限幅器自适应设计[J]. 电子与信息学报, 2019, 41(5):1160-1166.

[2] Walter R. An Introduction to Optimization[M]. Hoboken, New Jersey: John Wiley & Sons, 2014.

[3] Nocedal J, Wright S J. Numerical Optimization[M]. NY, US, Springer-Verlag New York, Inc., 1999.

[4] Scales L E. Introduction to Non-Linear Optimization[M]. London, UK, Macmillan Publishers, 1985.

[5] Luo Zhongtao, Jonckheere E A. Nonlinearity Design with Power-Law Tails for Correlation Detection in Impulsive Noise[J]. IEEE Access, 2020, 8:40667-40679.

[6] Nelder J A. A Simplex Method for Function Minimization[J]. Computer Journal, January 1965, 7(4):308-313.

[7] Steven M Kay. 统计信号处理基础[M]. 罗鹏飞, 译. 北京: 电子工业出版社, 2014.

[8] Zhang Guoyong, Wang Jun, Yang Guosheng, et al. Nonlinear Processing for Correlation Detection in Symmetric Alpha-Stable Noise[J]. IEEE Signal Processing Letters, 2018, 25(1):120-124.

[9] 罗忠涛, 卢鹏, 张杨勇, 等. 抑制脉冲型噪声的限幅器自适应设计[J]. 电子与信息学报, 2019, 41(5):1160-1166.

[10] Luo Zhongtao, Zhang Yangyong. Novel Nonlinearity Based on Gaussianization and Generalized Matching for Impulsive Noise Suppression[J]. IEEE Access, 2019, 7:65163-65173.

[11] 张杨勇, 罗忠涛, 聂雅琴, 等. 抑制脉冲型噪声的高斯拖尾非线性函数设计[J].电子学报, 2019, 47(11):2407-2412.

[12] Powell M J D. An Efficient Method for Finding the Minimum of a Function of Several Variables Without Calculating Derivatives[J]. Computer Journal, 1964, 7(2):155-162.

第 5 章
更多问题的扩展讨论

本章讨论非线性变换函数设计与脉冲噪声抑制的更多问题，包括效能函数的变形和简化、未知噪声分布的非线性设计、已知噪声分布的快速设计、同频干扰联合抑制。

5.1 效能函数的变形和简化

对于一般的 PDF 和非线性变换函数，效能函数已不能进一步简化，但是可以利用恒等式进行等效变换，尝试改变计算方法和所需元素。另外，针对特定的非线性变换函数，如限幅器或指数拖尾，可以简化效能函数，以探索更简单的优化方法。

5.1.1 效能函数的变形

根据第 3 章的介绍和推导，令效能函数为

$$\mathcal{E}(g) = \frac{\left[\int g(x) f'(x)\, \mathrm{d}x \right]^2}{\int g^2(x) f(x)\, \mathrm{d}x} \tag{5-1}$$

在式（5-1）中，分子含有 PDF 的导数 $f'(x)$。通过前面的介绍可知，基于 KDE 方法可以估计 $f(x)$，且估计量是光滑的。但是，对其导数的估

计有时并不容易。因此，我们考虑对分子中的积分进行变换。

为了方便推导，令

$$\mathcal{E}_{gf} = \int g(x)f'(x)\mathrm{d}x \tag{5-2}$$

根据卷积的性质，有

$$y(x) = f'(x)*g(x) = f(x)*g'(x) \\ = \int f'(x-\tau)g(\tau)\mathrm{d}\tau = \int f(x-\tau)g'(\tau)\mathrm{d}\tau \tag{5-3}$$

取 $x=0$，得到

$$y(0) = \int f'(-\tau)g(\tau)\mathrm{d}\tau = \int f(-\tau)g'(\tau)\mathrm{d}\tau \tag{5-4}$$

因为 $f(x)$ 一般为偶函数，所以其导数 $f'(x)$ 一般为奇函数，可以得到

$$-\int f'(\tau)g(\tau)\mathrm{d}\tau = \int f(\tau)g'(\tau)\mathrm{d}\tau \tag{5-5}$$

于是，有

$$\mathcal{E}_{gf} = \int g(x)f'(x)\mathrm{d}x = -\int g'(x)f(x)\mathrm{d}x \tag{5-6}$$

将变换后的分子代入效能函数，可以得到效能函数的变形为

$$\mathcal{E}(g) = \frac{\left[\int g'(x)f(x)\mathrm{d}x\right]^2}{\int g^2(x)f(x)\mathrm{d}x} \tag{5-7}$$

效能函数的变形避免了对 PDF 导数的求解，增加了对非线性变换函数导数的计算。其优点是，$g(x)$ 一般是解析函数（如削波器），因此其导数也是解析的，这使效能函数的计算更方便；其缺点是，$g(x)$ 未必处处可导，$g'(x)$ 可能在某些点处不存在，而且 $g'(x)$ 很容易产生极大值或极小值，这使得式（5-7）的计算风险增大，目前尚未找到必须使用式（5-7）的场景，有待进一步发现和查证。

5.1.2 效能函数的简化

本节介绍效能函数的简化，针对一般脉冲噪声的 PDF，对特定的 ZMNL 变换函数进行推导和简化计算。

1. 置零器

置零器的 ZMNL 变换函数可以表示为[1]

$$g(x) = \begin{cases} x, & |x| < T \\ 0, & |x| \geqslant T \end{cases} \qquad (5\text{-}8)$$

其导数为

$$g'(x) = \begin{cases} 1, & |x| < T \\ 0, & |x| > T \\ -T\delta(x+T), & x = -T \\ -T\delta(x-T), & x = T \end{cases} \qquad (5\text{-}9)$$

式（5-7）中的分子可以简化为

$$\begin{aligned}
\mathcal{E}_{\mathrm{gf}} &= \int_{-\infty}^{\infty} g'(x)f(x)\mathrm{d}x \\
&= \int_{-T^+}^{T^-} f(x)\mathrm{d}x - \int_{-T^-}^{-T^+} f(x)T\delta(x+T)\mathrm{d}x - \int_{T^-}^{T^+} f(x)T\delta(x-T)\mathrm{d}x \\
&= F(T) - F(-T) - 2Tf(T) \\
&= 2F(T) - 2Tf(T) - 1
\end{aligned} \qquad (5\text{-}10)$$

式中，$F(\cdot)$ 表示累积分布函数。

式（5-7）中的分母可以简化为

$$\mathcal{E}_{\mathrm{gg}} = \int_{-\infty}^{\infty} g^2(x)f(x)\mathrm{d}x = \int_{-T}^{T} x^2 f(x)\mathrm{d}x \qquad (5\text{-}11)$$

因此，置零器的效能函数简化为

$$\mathcal{E}(g) = \frac{\mathcal{E}_{\mathrm{gf}}^2}{\mathcal{E}_{\mathrm{gg}}} = \frac{4\left[F(T) - Tf(T) - 0.5\right]^2}{\int_0^T x^2 f(x)\mathrm{d}x} \qquad (5\text{-}12)$$

我们知道置零器的实现很简单，ZMNL 变换函数的导数也比较简单，其在线性区域为常数，在非线性区域为零。其特殊之处是在不连续点处的导数为冲激。$f(T)$ 和 $F(T)$ 在迭代优化中是标量而非向量。在简化后，分子没有积分运算，分母的积分域缩小为 0 到 T，计算量大大减小。

2. 削波器

削波器的 ZMNL 变换函数可以表示为[1]

$$g(x) = \begin{cases} x, & |x| \le T \\ T\,\mathrm{sgn}(x), & |x| > T \end{cases} \tag{5-13}$$

其导数（不考虑不可导点）为

$$g'(x) = \begin{cases} 1, & |x| < T \\ 0, & |x| \ge T \end{cases} \tag{5-14}$$

式（5-7）中的分子可以简化为

$$\mathcal{E}_{\mathrm{gf}} = \int_{-\infty}^{\infty} g'(x) f(x) \mathrm{d}x = \int_{-T}^{T} f(x) \mathrm{d}x = 2F(T) - 1 \tag{5-15}$$

式（5-7）中的分母可以简化为

$$\begin{aligned}
\mathcal{E}_{\mathrm{gg}} &= \int_{-\infty}^{\infty} g^2(x) f(x) \mathrm{d}x \\
&= \int_{-T}^{T} x^2 f(x) \mathrm{d}x + 2\int_{T}^{\infty} T^2 f(x) \mathrm{d}x \\
&= 2\int_{0}^{T} x^2 f(x) \mathrm{d}x + 2T^2 \left[1 - F(T) \right]
\end{aligned} \tag{5-16}$$

因此，削波器的效能函数简化为

$$\mathcal{E}(g) = \frac{\mathcal{E}_{\mathrm{gf}}^2}{\mathcal{E}_{\mathrm{gg}}} = \frac{2\left[F(T) - 0.5 \right]^2}{T^2 \left[1 - F(T) \right] + \int_{0}^{T} x^2 f(x) \mathrm{d}x} \tag{5-17}$$

可见，削波器的实现也比较简单，ZMNL 变换函数的导数在线性区域为常数，在非线性区域为零。在简化后，分子中仅剩有关 $F(T)$ 的运算，分母中也只有 0 到 T 的积分和有关 $F(T)$ 的运算，计算量减小。

3. 指数拖尾

指数拖尾的 ZMNL 变换函数可以表示为[2]

$$g(x) = \begin{cases} x, & |x| \le T \\ \mathrm{sgn}(x) T^{1-a} |x|^{a}, & |x| > T \end{cases} \tag{5-18}$$

其导数（不考虑不可导点）为

$$g'(x) = \begin{cases} 1, & |x| \le T \\ aT^{1-a} |x|^{a-1}, & |x| > T \end{cases} \tag{5-19}$$

式（5-7）中的分子可以简化为

$$\mathcal{E}_{gf} = \int_{-\infty}^{\infty} g'(x) f(x) dx$$
$$= \int_{-T}^{T} f(x) dx + 2\int_{T}^{\infty} a T^{1-a} x^{a-1} f(x) dx$$
$$= F(T) - F(-T) + 2a T^{1-a} \int_{T}^{\infty} x^{a-1} f(x) dx \qquad (5\text{-}20)$$
$$= 2F(T) - 1 + 2a T^{1-a} \int_{T}^{\infty} x^{a-1} f(x) dx$$

式（5-7）中的分母可以简化为

$$\mathcal{E}_{gg} = \int_{-\infty}^{\infty} g^2(x) f(x) dx$$
$$= \int_{-T}^{T} x^2 f(x) dx + 2T^{2(1-a)} \int_{T}^{\infty} x^{2a} f(x) dx \qquad (5\text{-}21)$$
$$= 2\int_{0}^{T} x^2 f(x) dx + 2T^{2(1-a)} \int_{T}^{\infty} x^{2a} f(x) dx$$

因此，指数拖尾的效能函数简化为

$$\mathcal{E}(g) = \frac{\mathcal{E}_{gf}^2}{\mathcal{E}_{gg}} = \frac{2\left[F(T) - 0.5 + a T^{1-a} \int_{T}^{\infty} x^{a-1} f(x) dx \right]^2}{\int_{0}^{T} x^2 f(x) dx + T^{2(1-a)} \int_{T}^{\infty} x^{2a} f(x) dx} \qquad (5\text{-}22)$$

指数拖尾的效能函数较为复杂，因为指数拖尾 ZMNL 变换函数的导数在非线性区域仍为指数，所以效能函数不能简化为仅与 $F(T)$ 有关的运算。不过，利用函数的奇偶性和线性区域特点，指数拖尾的效能函数依然得到了一定程度的简化。

5.2　未知噪声分布的非线性设计

本节考虑一个在现实中很容易遇到的场景：我们知道设备系统会受脉冲噪声影响，但是不知道该噪声服从哪种模型或分布。我们将其归为未知噪声分布问题，下面对其进行讨论。

5.2.1 非线性设计方案

针对未知噪声分布情况，需要先采集噪声样本数据，由此形成对噪声分布的认识。

根据我们对噪声分布的先验知识，未知噪声分布可以分为两类。

第 1 类：已知模型，但未知噪声分布参数。例如，在某个场景中，已知噪声服从 SαS 分布，但其参数 α 和 σ 需要估计，这种情况可以采用 SαS 分布估计方法；已知噪声服从 SαS 分布或 Class A 分布，但不确定具体分布及其参数，这种情况可以既检测噪声模型又估计噪声参数，可以采用 2.4 节中的方法。

第 2 类：未知模型或噪声不服从现有已知模型。也就是说，我们不能通过估计现有模型参数来确定其分布。在这种情况下，可以采用基于 KDE 的 PDF 估计。由于效能函数计算只需要 PDF 及其导数，2.3 节中的非参数估计即可满足效能函数的计算要求。可以结合基于 KDE 的 PDF 及其导数估计，对非线性变换函数的参数进行优化。

为了分辨清楚，这里将第 1 类称为"未知噪声分布"，将第 2 类称为"未知噪声模型"。

基于上述讨论，本书介绍两个非线性设计方案，未知噪声分布的非线性设计方案如图 5-1 所示。两个方案都是基于效能最大化的非线性设计方案，适用于不同的噪声模型和非线性变换函数模式。不同之处在于，在"未知噪声分布"情况下，先估计模型参数，计算 PDF，再进行非线性设计；在"未知噪声模型"情况下，直接用 KDE 方法估计 PDF，然后进行非线性设计。

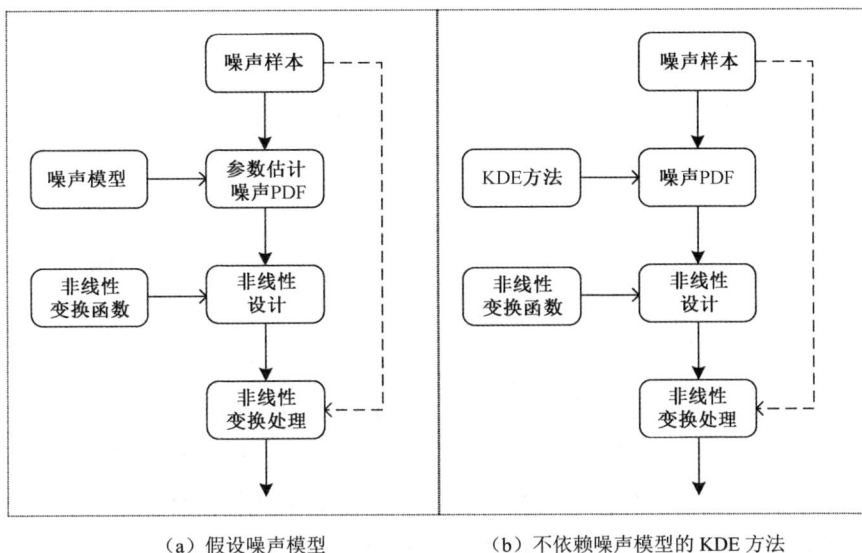

（a）假设噪声模型　　　　　　（b）不依赖噪声模型的 KDE 方法

图 5-1　未知噪声分布的非线性设计方案

下面以限幅器（削波器与置零器）为例，介绍未知噪声分布的限幅器设计。此外，针对未知噪声分布情况，我们除了研究基于效能最大化的非线性设计方法，还对 GGM 方法进行了验证[3]，并提出了 LOD 设计方法[4]。

5.2.2　未知噪声分布的限幅器设计

第 4 章的限幅器是在假设已知噪声分布的情况下设计的，这里考虑未知噪声分布的情况。回忆限幅器设计要解决的优化问题，削波器的最优门限为

$$T_{\text{opt-C}} = \arg \max_{T_{\text{C}}} \mathcal{E}(g_{\text{C}}, T, f) \tag{5-23}$$

置零器的最优门限为

$$T_{\text{opt-B}} = \arg \max_{T_{\text{B}}} \mathcal{E}(g_{\text{B}}, T, f) \tag{5-24}$$

在限幅器的自适应优化设计问题中，式（4-3）的计算需要知道噪声的 PDF 及其导数。在未知噪声分布时，可以考虑估计 PDF 及其导数。需要注意的是，估计方法是否合适及效能函数是否单峰和光滑，会影响式（5-23）与式（5-24）的求解。

在未知噪声分布时，可以采用 KDE 方法估计 PDF。2.3.2 节对 KDE 方法有详细介绍。由 KDE 方法得到的 PDF 无显式表达，其导数也没有，只能通过数值方法计算。在此过程中，需要考虑求导间隔，以使计算结果与理论值之间的误差最小。以 $\alpha=1.5$、$\sigma=1$ 时的 SαS 分布为例，设求导间隔为 h 的 c 倍，2.3 节介绍了 PDF 导数的估计情况。

SαS 分布下的效能曲线如图 5-2 所示，图 5-2 给出了根据理论值与不同估计值计算得到的效能曲线。可以看到，尽管 c 值不同导致估算的效能略有不同，但效能曲线能够保持单峰性。当 $c=1.0$ 时，效能曲线存在微弱抖动；当 $c=10.0$ 时，最优门限与理论门限略有偏差。总的来说，PDF 导数虽然会影响效能函数的计算精度，但效能曲线基本能够保持平滑。原因在于，效能函数所含积分运算具有平滑作用。

基于典型脉冲噪声分布（SαS 分布、Class A 分布）数值仿真和实测大气噪声处理经验，本书推荐 c 取值为 3～5。在该范围下能够得到光滑的效能曲线，通过数值寻优自适应设计门限，基本能够取得理论上的最大效能。

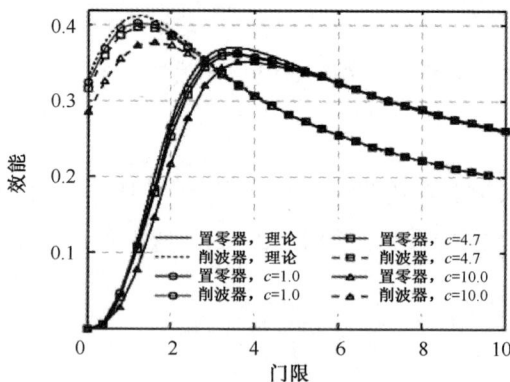

图 5-2　SαS 分布下的效能曲线（$\alpha=1.5$，$\sigma=1$）

5.2.3　多项式近似估计的尝试

针对未知噪声分布，我们既然能够基于 KDE 方法估计噪声的 PDF，就能估计 PDF 的导数，那是否相当于已经取得了 LOD 的非线性变换函数 $g_{\text{LOD}}(x) = -f'(x)/f(x)$ 的样本了呢？更进一步，我们是否可以直接估计 $g_{\text{LOD}}(x)$ 呢？

这是解决 LOD 设计的一个思路。针对此问题，笔者在文献[2]中有过探索。

假设 $X_1, X_2, \cdots, X_n, \cdots, X_N$ 为服从某未知概率密度分布的 N 个相互独立的随机样本，采用 KDE 方法估计 PDF，可以得到

$$\tilde{f}(x) = \frac{1}{Nh} \sum_{n=1}^{N} K\left(\frac{X_i - x}{h}\right), \quad h > 0 \tag{5-25}$$

式中，$K(\cdot)$ 为核函数；h 为光滑因子或带宽，决定了光滑程度。参数 h 的选择很重要，可以参考 2.3 节。

采用数值方法计算 $g(x)$。对 x 定义域选取足够小间隔 Δx，形成序列 x_i，计算 $\tilde{f}_\Delta(x_i)$ 和 $\tilde{g}(x_i)$，即

$$\tilde{f}_\Delta(x_i) = \frac{\tilde{f}(x_i) - \tilde{f}(x_{i-1})}{\Delta x} \tag{5-26}$$

$$\tilde{g}(x_i) = \frac{\tilde{f}_\Delta(x_i)}{\tilde{f}(x_i)} \tag{5-27}$$

但是，此时计算的 $\tilde{g}(x_i)$ 非常不可靠。

文献[2]给出了关于 SαS 分布噪声的实验结果（$\alpha = 1.5$，$\sigma = 1$）。基于 10 万个噪声样本，采用 KDE 方法，参数 h 的值可以取为观测数据的标准差的 0.1 倍，估计 PDF 及其导数，计算 $\tilde{g}(x_i)$。对 SαS 分布噪声的 LOD 估计如图 5-3 所示。可以看到，在 $x=0$ 附近（PDF 的值较大），$\tilde{g}(x_i)$ 比较平稳；但在其他区域（PDF 的值很小），$\tilde{g}(x_i)$ 基本没有参考性，与

理论 $g(x)$ 相差较大。因此，通过 $\tilde{g}(x_i)$ 重构 $g(x)$ 存在两个困难：找不到可靠依据来设计拖尾函数，以及很难找到合理的近似线性区域与非线性区域的结合点。

在文献[2]中，采用多项式拟合 ZMNL 变换函数的线性区域和近似线性区域。即假设在线性区域和近似线性区域 Ω 内，有

$$g(x) = \sum_{p=0}^{P} A_p x^p \qquad (5\text{-}28)$$

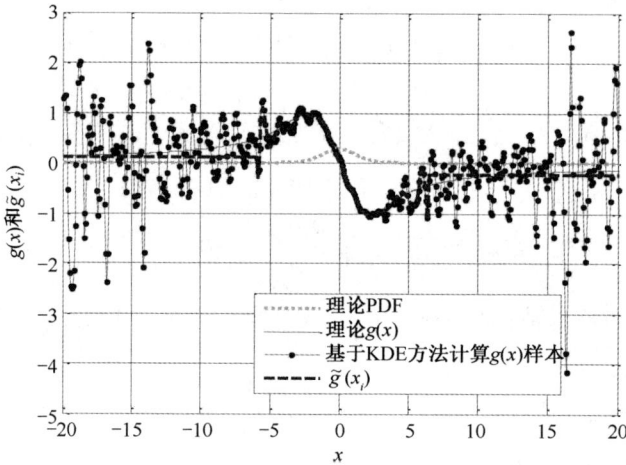

图 5-3　对 SαS 分布噪声的 LOD 估计

需要根据 $\tilde{g}(x_i)$ 估计系数 A_p。需要注意的是，一般来说，$f(x)$ 的主要能量集中在部分区域；在其他区域，$f(x)$ 很小，会使 $\tilde{g}(x_i)$ 的误差很大。因此，在估计 $g(x)$ 的过程中，有必要舍弃 $f(x)$ 较小时的 $\tilde{g}(x_i)$ 值。设置门限 f_{th}（如 0.05），提取参考区域为

$$\tilde{g}(x_j) = \frac{\tilde{f}'(x_j)}{\tilde{f}(x_j)}, \ x_j \in \Omega = \left\{ x_j : \tilde{f}(x_j) > f_{\text{th}} \right\} \qquad (5\text{-}29)$$

一般的 PDF 具有单峰，因此 Ω 是一个连续区域。根据 $\tilde{g}(x_i)$ 估计 A_p 实际上是方程组求解问题。令

$$\begin{cases} \boldsymbol{A}\boldsymbol{X}_s = \boldsymbol{g}_x \\ \boldsymbol{A} = \begin{bmatrix} A_0 & A_1 & \cdots & A_P \end{bmatrix} \\ \boldsymbol{X}_s = \begin{bmatrix} x_1^0 & \cdots & x_i^0 \\ x_1^1 & \cdots & x_i^1 \\ \vdots & & \vdots \\ x_1^P & \cdots & x_i^P \end{bmatrix} \\ \boldsymbol{g}_x = \begin{bmatrix} \tilde{g}(x_1) & \tilde{g}(x_2) & \cdots & \tilde{g}(x_i) \end{bmatrix} \end{cases} \tag{5-30}$$

在一般情况下，未知数的数量 P 远小于方程数。能够完成这种估计的方法有很多。

例如，采用最小二乘（Least Square，LS）法，得到

$$\hat{\boldsymbol{A}} = \boldsymbol{g}_x \boldsymbol{X}_s^{\mathrm{T}} \left(\boldsymbol{X}_s \boldsymbol{X}_s^{\mathrm{T}} \right)^{-1} \Leftarrow \boldsymbol{A} \boldsymbol{X}_s \boldsymbol{X}_s^{\mathrm{T}} = \boldsymbol{g}_x \boldsymbol{X}_s^{\mathrm{T}} \tag{5-31}$$

得到的 ZMNL 变换函数为

$$\hat{g}(x) = \sum_{p=0}^{P} \hat{A}_p x^p, \ x \in \Omega \tag{5-32}$$

对于非 Ω 区域，应属于非线性变换范围，即衰减拖尾，如削波、置零、$1/x$ 衰减、指数衰减等。当然，这里的 Ω 的精确值是很重要的，因为它意味着近似线性区域的门限。不过，得到精确的 Ω 并不容易（如第 3 章介绍的各种方法，没有理论指导的方法难以保证稳健性）。

文献[2]给出了设计结果。在 PDF 较大的区域，多项式近似非线性与理论非线性相近。但是，当 PDF 较小时，多项式近似结果引入了很多异常值，与理论非线性完全不相符。基于样本计算和近似的方法，不能解决拖尾函数的建模和优化问题。

5.3　已知噪声分布的快速设计

在解决效能最大化问题时，我们采用了数值寻优方法。虽然此方法可以找到近似最优解，但计算量较大。这样的计算量对于计算机来说可能仅花费几秒，但是对于某些计算能力较弱的平台（如单片机）来说，运算时

间可能大大增加。因此，针对已知噪声分布的快速设计具有很大的应用价值和现实意义[5]。

5.3.1 快速设计方案

如前所述，具有双参数的非线性变换函数设计几乎可以实现最优性能，但求最优参数时的效能最大化问题求解需要依赖数值寻优方法，其计算量远大于闭合式运算。我们尝试研究已知噪声分布的快速设计方案。

设想一个场景：已知噪声服从 SαS 分布，也能够基于噪声样本估计该分布的参数（包括 α、σ），我们想设计非线性变换函数，能够避开具有较大计算量的数值寻优过程吗？当然可以！我们可以通过离线训练多种 SαS 分布噪声与非线性变换函数参数的对应关系，并采用一定的设计方法，实现计算量较小的参数设计。

已知噪声分布的快速设计方案如图 5-4 所示。方案主要分为两个阶段。

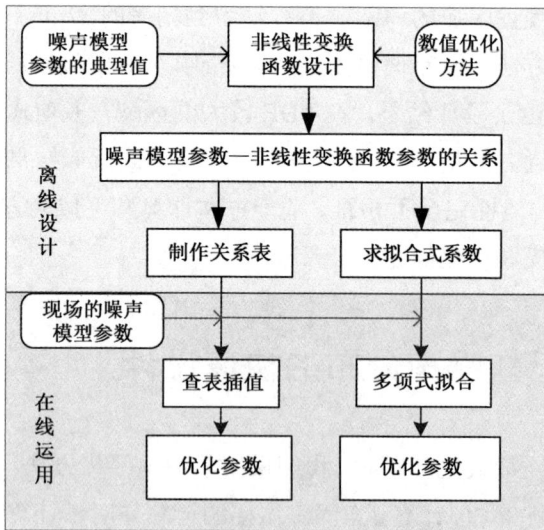

图 5-4 已知噪声分布的快速设计方案

第 1 阶段：离线设计。针对噪声模型参数的典型值，在计算机等计算能力尚可的平台，进行非线性变换函数设计，获得非线性变换函数参数的最优值，相当于构造了"噪声模型参数—非线性变换函数参数的关系"。采用快速设计算法，进行算法参数的设计。如果采用查表插值，则需要制作关系表；如果采用多项式拟合，则需要建立函数参数关于噪声参数的拟合关系模型，求拟合式系数。

第 2 阶段：在线运用。针对现场（待解决问题）的噪声模型参数，运用离线设计数据，进行现场快速设计。如果采用查表插值，则可以查询参数在表中的范围，然后采用插值求出优化参数；如果采用多项式拟合，则将参数代入拟合式，相当于进行闭合式运算，计算量较小。

在研究设计方案时，需要认识一个简单又重要的问题，即噪声模型的方差参数只会使 PDF 和 ZMNL 变换函数有线性变化，不会使效能最大化参数出现复杂变化。因此，在设计时可以利用这点来简化拟合式。

下面以 GZMNL 变换函数为例，介绍 SαS 分布和 Class A 分布下的快速设计。

5.3.2　SαS 分布下的 GZMNL 变换函数快速设计

根据表 4-3，寻找在不同 α、γ 值下的 T_{opt} 和 σ_{opt}，得到两个参数关于 α 的变化曲线，如图 5-5 所示，从图 5-5 中可以看出，T_{opt} 关于 α 的变化曲线近似直线；σ_{opt} 关于 α 的变化曲线近似抛物线；分散系数 γ 使 (T, σ) 增大 $\gamma^{1/\alpha}$ 倍。

GZMNL 变换函数的最优参数随 α 与 γ 变化的规律很简单，其快速设计具有一定的可行性。下面介绍查表插值和多项式拟合两种方法。

1．查表插值

采用查表插值求 GZMNL 变换函数的最优参数。将图 5-5 中 $\gamma = 1.0$ 时的曲线制表，得到由 α 估计 T 和 σ 的查找表如表 5-1 所示。

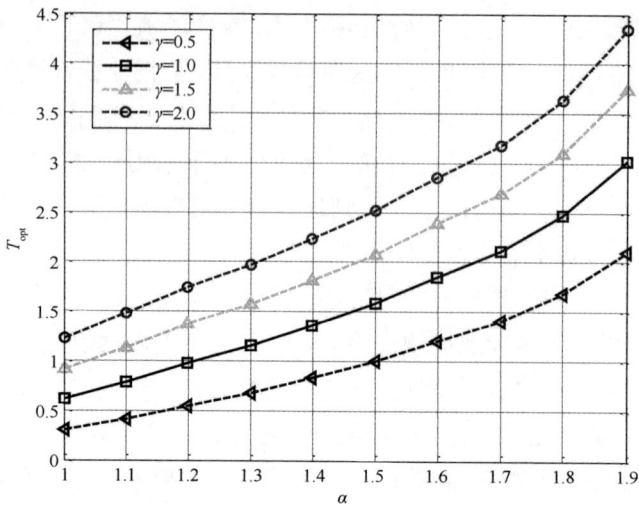

（a）T_{opt} 关于 α 的变化曲线

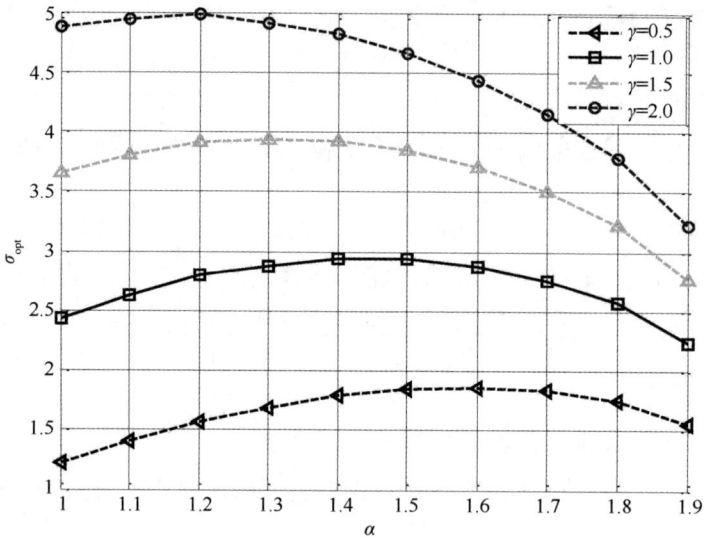

（b）σ_{opt} 关于 α 的变化曲线

图 5-5　两个参数关于 α 的变化曲线

表 5-1　由 α 估计 T 和 σ 的查找表（$\gamma=1.0$）

α	1.0	1.1	1.2	1.3	1.4	1.5	1.6	1.7	1.8	1.9
T	0.5487	0.7082	0.8836	1.0672	1.2654	1.4839	1.7226	2.0037	2.3550	2.8762
σ	2.1873	2.4297	2.5926	2.7057	2.7741	2.7701	2.7321	2.6217	2.4437	2.1423

该方法的计算过程比较简单。

（1）根据先验知识或样本估计，得到参数 α 和 γ。

（2）查表 5-1，用线性插值计算 α 对应的参数 T' 和 σ'。

（3）根据 α 和 γ，将 T' 和 σ' 与 $\gamma^{1/\alpha}$ 相乘，得到最优参数 T_{opt} 和 σ_{opt}。

2. 多项式拟合

考虑将 T_{opt} 和 σ_{opt} 的值拟合为关于 α 的多项式。拟合多项式为

$$T_{\mathrm{opt}} = \gamma^{1/\alpha} \sum_{p=0}^{P} a_p \alpha^p \tag{5-33}$$

$$\sigma_{\mathrm{opt}} = \gamma^{1/\alpha} \sum_{p=0}^{P} b_p \alpha^p \tag{5-34}$$

式中，P 表示多项式的最高阶数；a_p 和 b_p 分别表示 T_{opt} 和 σ_{opt} 关于 α 的第 p 阶多项式系数。由图 5-5 可知，所要拟合的曲线比较简单。其中，σ_{opt} 关于 α 的变化曲线近似抛物线，因此将 P 设为 2。

基于图 5-5 中的值，采用最小二乘法得到二阶拟合的多项式系数，如表 5-2 所示。

表 5-2　二阶拟合的多项式系数

	a_0	a_1	a_2
T	1.3369	−2.4174	1.6750
	b_0	b_1	b_2
σ	−3.5586	8.7610	−3.0228

该方法包括两步。

（1）由先验知识或样本估计，得到参数 α 和 γ。

（2）将表 5-2 中的多项式系数与 α、γ 分别代入式（5-33）和式（5-34），计算得到最优参数 T_{opt} 和 σ_{opt}。

对于 SαS 分布模型，利用查表插值与多项式拟合两种方法可以简化 GZMNL 变换函数的设计。对于其他模型，也可以参照此思路开发快速设计方法。

5.3.3　Class A 分布下的 GZMNL 变换函数快速设计

考虑 Class A 分布下的 GZMNL 变换函数快速设计（本节使用的变量与前面有所不同，令 GZMNL 变换函数的方差为 d、Class A 分布的标准差为 σ，两者形成区别）。设置不同的 Class A 模型参数，在每组参数下，采用 Powell 法，找到对应噪声环境下能够使效能达到最大的参数 T_{opt} 和 d_{opt}。

在不同噪声环境下，通过寻优得到最优参数，如图 5-6 所示。观察参数的变化趋势。可见，随着 A 和 Γ 的增大，d_{opt} 逐渐变大，d_{opt} 与噪声参数具有正相关关系，随着 Γ 的增大，T_{opt} 逐渐变大。总的来说，图 5-6 中的曲面形状简单且平滑。

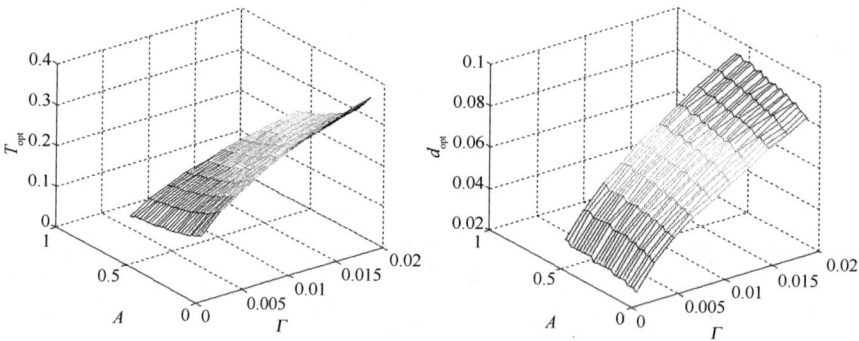

图 5-6　最优参数（$\sigma=1$）

由于曲面形状简单且平滑，分布有规律，适合通过多项式拟合来逼近。因此，考虑将 T_{opt} 和 d_{opt} 拟合为关于参数 A 和 Γ 的二元二次方程。

与 SαS 分布相似，Class A 分布的标准差 σ 的作用是衡量噪声功率，不改变噪声分布特征，仅改变噪声幅度。因此，在拟合最优参数时，σ 可以与非线性参数成正比。

综上所述，GZMNL 变换函数快速设计的二元二次方程为

$$T_{\text{eff}} = \sigma\left(a_1 + a_2\varGamma^2 + a_3 A^2 + a_4\varGamma + a_5 A + a_6\varGamma A\right) \tag{5-35}$$

$$d_{\text{eff}} = \sigma\left(b_1 + b_2\varGamma^2 + b_3 A^2 + b_4\varGamma + b_5 A + b_6\varGamma A\right) \tag{5-36}$$

式中，T_{eff} 为 GZMNL 变换函数快速设计的门限；d_{eff} 为 GZMNL 变换函数快速设计的拖尾因子；σ、A、$\varGamma$ 为 Class A 分布参数；$a_1,\cdots,a_6$ 为门限计算的相关系数；$b_1,\cdots,b_6$ 为拖尾因子计算的相关系数。

在式（5-35）和式（5-36）中，只要确定了系数 a_i 和 b_i，就能计算 T_{eff} 和 d_{eff}。

根据图 5-6 可以得到参数关系曲面，下面考虑通过拟合的方法寻找曲面关系式。这里基于最小二乘原理进行拟合。

式（5-35）和式（5-36）的模型可以表示为 $\boldsymbol{Xb} = \boldsymbol{y}$，其中 $\boldsymbol{X}$ 为 $n\times p$ 的矩阵，系数 $\boldsymbol{b}$ 为 $p\times 1$ 的列向量，观测值 $\boldsymbol{y}$ 为 $n\times 1$ 的列向量。因此，需要找到一组参数 $\boldsymbol{b}$，使得 $\|\boldsymbol{Xb} - \boldsymbol{y}\|_2^2$ 最小，即

$$\min_{\boldsymbol{b}}\left\|\begin{bmatrix} 1 & x_{11} & \cdots & x_{1j} & \cdots & x_{1p} \\ 1 & x_{21} & \cdots & x_{2j} & \cdots & x_{2p} \\ \vdots & \vdots & & \vdots & & \vdots \\ 1 & x_{i1} & \cdots & x_{ij} & \cdots & x_{ip} \\ \vdots & \vdots & & \vdots & & \vdots \\ 1 & x_{n1} & \cdots & x_{nj} & \cdots & x_{np} \end{bmatrix}\begin{bmatrix} b_0 \\ b_1 \\ \vdots \\ b_j \\ \vdots \\ b_p \end{bmatrix} - \begin{bmatrix} y_0 \\ y_1 \\ \vdots \\ y_j \\ \vdots \\ y_p \end{bmatrix}\right\|_2^2 = \min_{\boldsymbol{b}}\|\boldsymbol{Xb} - \boldsymbol{y}\|_2^2 \tag{5-37}$$

注意，由于回归方程中有常数项，可以将矩阵第一列全部设为 1。

定义残差为 $r(\boldsymbol{b}) = \boldsymbol{Xb} - \boldsymbol{y}$，展开二范数，得到

$$\begin{aligned} \|r(\boldsymbol{b})\|_2^2 &= \|\boldsymbol{Xb} - \boldsymbol{y}\|_2^2 = (\boldsymbol{Xb} - \boldsymbol{y})^{\mathrm{T}}(\boldsymbol{Xb} - \boldsymbol{y}) \\ &= (\boldsymbol{Xb})^{\mathrm{T}}(\boldsymbol{Xb}) - \boldsymbol{y}^{\mathrm{T}}\boldsymbol{Xb} - (\boldsymbol{Xb})^{\mathrm{T}}\boldsymbol{y} + \boldsymbol{y}^{\mathrm{T}}\boldsymbol{y} \\ &= \boldsymbol{b}^{\mathrm{T}}\boldsymbol{X}^{\mathrm{T}}\boldsymbol{Xb} - \boldsymbol{y}^{\mathrm{T}}\boldsymbol{Xb} - \boldsymbol{b}^{\mathrm{T}}\boldsymbol{X}^{\mathrm{T}}\boldsymbol{y} + \boldsymbol{y}^{\mathrm{T}}\boldsymbol{y} \\ &= \boldsymbol{b}^{\mathrm{T}}\boldsymbol{X}^{\mathrm{T}}\boldsymbol{Xb} - 2\boldsymbol{b}^{\mathrm{T}}\boldsymbol{X}^{\mathrm{T}}\boldsymbol{y} + \boldsymbol{y}^{\mathrm{T}}\boldsymbol{y} \end{aligned} \tag{5-38}$$

由于该二范数是 b 的二次函数，而且非负，所以存在最小值。对 b 求导，得到

$$\frac{\partial}{\partial b}\|r(b)\|_2^2 = -2\nabla\left(b^{\mathrm{T}}X^{\mathrm{T}}y\right) + \nabla\left(b^{\mathrm{T}}X^{\mathrm{T}}Xb\right)$$
$$= X^{\mathrm{T}}Xb - X^{\mathrm{T}}y \tag{5-39}$$

令导数为零，得到 $\|Xb - y\|_2^2$ 的最小值为

$$X^{\mathrm{T}}Xb = X^{\mathrm{T}}y \Rightarrow b = \left(X^{\mathrm{T}}X\right)^{-1}X^{\mathrm{T}}y \tag{5-40}$$

因此，得到最小二乘问题 $\min\limits_{b}\|Xb - y\|_2^2$ 的解为 $b = \left(X^{\mathrm{T}}X\right)^{-1}X^{\mathrm{T}}y$。

GZMNL 变换函数的快速设计与最优设计的效能之比如图 5-7 所示。由图 5-7 可知，两者相差不大。

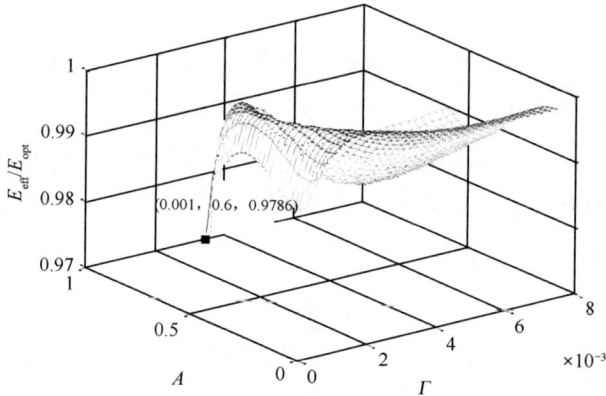

图 5-7　GZMNL 变换函数的快速设计与最优设计的效能之比（$\sigma = 1$）

5.4　同频干扰联合抑制

本章考虑射频干扰与有用信号同频的情况。也就是说，接收数据中存在有用信号、脉冲噪声和同频干扰，这是一个基于现实的考虑。例如，甚低频通信的噪声主要是大气噪声，同时通信频带也存在窄带干扰。

5.4.1　干扰噪声联合抑制方案

针对同时存在脉冲噪声和同频干扰的情况，前面研究了对大气噪声的处理，下面先分析对带内干扰的抑制，再考虑联合抑制。

考虑接收信号包含大气噪声和带内干扰，即

$$r(m) = s(m) + w(m) + i(m) \qquad (5\text{-}41)$$

式中，$r(m)$ 表示接收信号；$s(m)$ 表示发送信号；$w(m)$ 表示脉冲噪声；$i(m)$ 表示干扰信号。

可以考虑脉冲噪声幅度为零，通过设计滤波器来抑制带内干扰。其依据统计信号处理中的"高斯色噪声下的信号检测"理论，因此广义匹配滤波是最优方法，其处理可以参考图 1-2。

除了基于白化理论的广义匹配滤波，还可以采用子空间方法抑制干扰。子空间方法对点频干扰的抑制特别有效，但对宽带干扰的最优抑制存在困难，因为宽带干扰的特征值是渐变的，与噪声特征值混合，难以确定分割门限。

接下来考虑同时存在脉冲噪声和同频干扰的情况。因为在实际场景中不可能在接收端把有用信号和各种干扰信号分离，所以我们只能直接对接收信号的特性进行分析，进而设计处理方法。

目前还没有相关理论可以解决以下问题：在同时存在脉冲噪声和同频干扰的情况下如何实现对确知信号的最优检测。因此，接下来要介绍的处理方法并不是有理论支撑的最优方法，只能说该方法看起来合理且能有效提高检测性能。

关于先抑制大气噪声还是带内干扰的问题，我们的考虑如下。基于对实测信号的特性分析（包括采用 KDE 方法估计原始接收信号的 PDF），发现数据幅度明显不服从大气噪声分布。因此，不适合在存在带内干扰的情况下采用针对脉冲噪声的非线性变换。

基于上述分析，我们先对原始接收信号进行白化处理，再采用 KDE

方法估计其 PDF。结果表明，白化处理后的接收信号可以较好地符合 SαS 分布。我们在脉冲噪声抑制方面已有很好的理论和技术基础，选择先抑制同频干扰、再将其视为脉冲噪声进行处理是一个很好的办法。

基于上述分析，我们设计了联合处理方案，如图 5-8 所示。采用先抑制带内干扰、再抑制大气噪声的联合抑制方法。

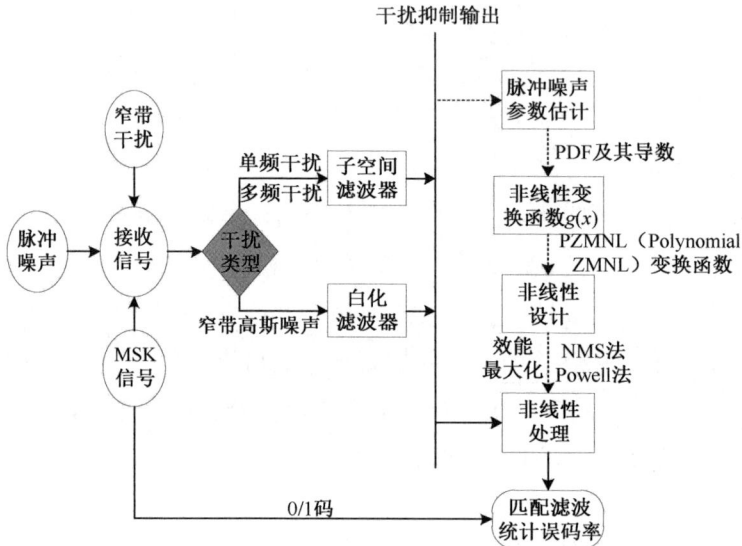

图 5-8　联合处理方案

5.4.2　子空间滤波器

白化滤波器实现了理论上对高斯色噪声的最优处理。在强干扰场景中，白化滤波器并不能彻底抑制干扰。因此，能够很好地抑制干扰的子空间思想被引入滤波器设计。子空间滤波器主要利用干扰信号、有用信号及噪声特性，对样本协方差矩阵进行特征分解，利用不同信号对应的特征子空间的正交性，将样本数据映射到非干扰子空间中，从而抑制干扰。

对于 MSK 信号的第 p 个符号，令假设 H_0 表示传输符号"0"、假设 H_1 表示传输符号"1"，则接收信号模型为

$$\begin{cases} H_0: & r_p = s_{p,0} + i + w \\ H_1: & r_p = s_{p,1} + i + w \end{cases} \tag{5-42}$$

式中，r_p 表示第 p 个符号下的接收信号向量；i 表示干扰信号向量；w 表示噪声向量（理论上只有高斯噪声能支撑白化滤波为最优处理）。

子空间滤波器设计的两个要素是 MSK 信号（$s_{p,0}$ 与 $s_{p,1}$）和干扰噪声协方差矩阵 R。可以认为 MSK 信号是已知的；一般 R 是未知的，需要基于干扰噪声的实时样本数据进行估计。其获取方法有两种：一是采集纯干扰和噪声数据来估计 R，这是一种理想情况，需要由额外的辅助通道或收信机分时工作；二是直接用接收数据估计 R，这种方法通过软件即可实现，无须增加收信机或降低工作效率。

对于 M 维向量 r_p，计算其自相关函数，并排列为协方差矩阵。所估计的协方差矩阵为

$$\hat{R} = \begin{bmatrix} \hat{R}(0) & \hat{R}^*(1) & \cdots & \hat{R}^*(M-1) \\ \hat{R}(1) & \hat{R}(0) & \cdots & \hat{R}^*(M-2) \\ \vdots & \vdots & & \vdots \\ \hat{R}(M-1) & \hat{R}(M-2) & \cdots & \hat{R}(0) \end{bmatrix} \tag{5-43}$$

自相关函数为

$$\hat{R}(m) = \frac{1}{M-m} \sum_{l=1}^{M-m} r_p(l+m) r_p^*(l), \ 0 \leqslant m \leqslant M-1 \tag{5-44}$$

式中，*表示共轭。

如果样本数据为纯干扰噪声，样本数据与接收数据的干扰特性是相同的，那么随着样本数据量增大，估计精度提高，子空间滤波器可以渐近获得理论上的最优抑制效果。如果样本数据中含有 MSK 信号，可以认为协方差矩阵是 $R = R_s + R_i + R_w$，不是干扰噪声协方差矩阵的无偏估计。这看起来会对子空间滤波器的性能造成不好的影响，实际上，由于直扩 MSK 信号的特征向量与信号波形存在极强的相关性，R_s 对子空间滤波器的性能几乎没有影响。

假设所估计的协方差矩阵的特征值分解为

$$R = U \Sigma U^{\mathrm{T}} = \begin{bmatrix} U_i & U_s & U_w \end{bmatrix} \begin{bmatrix} \Sigma_i & & \\ & \Sigma_s & \\ & & \Sigma_w \end{bmatrix} \begin{bmatrix} U_i^{\mathrm{T}} \\ U_s^{\mathrm{T}} \\ U_w^{\mathrm{T}} \end{bmatrix} \tag{5-45}$$

对干扰子空间的识别，主要根据特征向量所对应的特征值大小判断。采用一定的方法检测干扰特征值集合 Σ_i 后，确定其子空间 U_i，信号与噪声子空间则为 U_i 的补集。基于子空间投影原理，可以通过两种方法设计子空间滤波器，即

$$r_p \begin{bmatrix} U_s^{\mathrm{T}} \\ U_w^{\mathrm{T}} \end{bmatrix} \begin{bmatrix} U_s & U_w \end{bmatrix} \begin{bmatrix} s_{p,1}^{\mathrm{T}} - s_{p,0}^{\mathrm{T}} \end{bmatrix} \underset{D_p=0}{\overset{D_p=1}{\gtrless}} 0 \tag{5-46}$$

$$r_p \left\{ I - U_i U_i^{\mathrm{T}} \right\} \begin{bmatrix} s_{p,1}^{\mathrm{T}} - s_{p,0}^{\mathrm{T}} \end{bmatrix} \underset{D_p=0}{\overset{D_p=1}{\gtrless}} 0 \tag{5-47}$$

式中，I 表示单位矩阵。两种子空间滤波器基本等效。

子空间滤波器可以彻底消除强干扰的影响。与之相比，白化滤波器是通过对特征值取倒数来抑制干扰的，对于具有很大能量的干扰来说，其抑制能力不足。子空间滤波器的有效性建立在能够正确识别干扰子空间的基础上。干扰子空间的缺漏会导致出现残余干扰；将噪声子空间或有用信号子空间误判为干扰子空间会导致信噪比损失。

5.4.3　大气噪声处理实验

考虑实测大气噪声中的同频干扰，对其进行联合抑制。2.6 节对实测大气噪声的 PSD 进行了分析，在图 2-5（b）中的"Y 地晴天"情况下，工频干扰主要在 50Hz 附近，在 150Hz、250Hz 等奇次谐波附近也有幅度较大的干扰。因此，设置 MSK 信号的载波频率为 144Hz，进行联合抑制。实验过程中用到的非线性变换函数设计方法可以参考第 4 章。实测大气噪声的联合抑制如图 5-9 所示，图 5-9 给出了线性、白化线性、白化 PZMNL、白化置零器和白化削波器抑制的误码率。

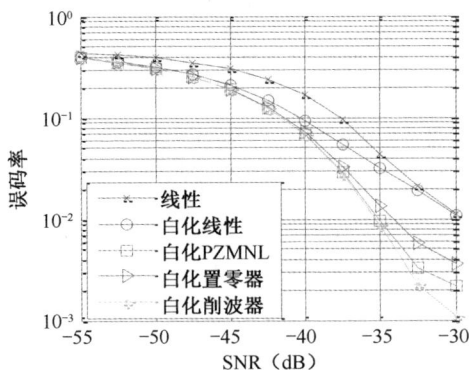

图 5-9　实测大气噪声的联合抑制

从图 5-9 中可以看出，白化滤波方法能够在直接匹配滤波检测的基础上降低检测误码率；采用白化滤波后接非线性处理的联合抑制方法可以取得比白化线性更好的性能，实验结果证明了联合抑制方法的有效性。其中，白化削波器的性能最好，白化 PZMNL 在 $\text{SNR} > -35\text{dB}$ 时的性能略差，白化置零器更差。

参 考 文 献

[1]　罗忠涛, 卢鹏, 张杨勇, 等. 抑制脉冲型噪声的限幅器自适应设计[J]. 电子与信息学报, 2019, 41(5):1160-1166.

[2]　Luo Zhongtao, Jonckheere A Edmond, Nonlinearity Design with Power-Law Tails for Correlation Detection in Impulsive Noise[J]. IEEE Access, 2020, 8:40667-40679.

[3]　Luo Zhongtao, Zhang Yangyong. Novel Nonlinearity Based on Gaussianization and Generalized Matching for Impulsive Noise Suppression[J]. IEEE Access,2019,7:65163-65173.

[4]   Luo Zhongtao, Lu Peng, Zhang Gang. Locally Optimal Detector Design in Impulsive Noise with Unknown Distribution[J]. EURASIP Journal on Advances in Signal Processing, 2018, 34:1-10.

[5]   罗忠涛, 郭人铭, 詹燕梅. 脉冲噪声非线性变换设计的研究综述[J]. 系统工程与电子技术, 2021, 43(7):1971-1980.

第2篇　相位噪声

本书讨论的相位噪声是莱斯噪声，其源于复高斯白噪声与确知信号的相位。考虑接收数据为复数，有用信号在相位域。在复数域，接收数据受零均值复高斯噪声的影响；在相位域，噪声转化为莱斯噪声。因此，当我们为了检测有用信号而把接收数据转化到相位域时，信号检测问题需要考虑相位噪声的影响。

虽然莱斯相位分布并非新事物，但人们对它的研究不多，原因主要有两个。一是有用信号在相位域的情况不多，大部分有用信号在实数域或复数域传输，信号检测也在此范围内，因此我们研究较多的是高斯噪声或复高斯噪声；二是当有用信号在相位域时，如果该信号很简单，那么信号检测依然可以基于复数域解决。

不过，当相位域的有用信号变得复杂时（如正弦、余弦函数）时，使用传统信号处理方法难以解决问题。我们需要对接收数据求相位后做检测处理。在求相位时，要考虑相位模糊问题，而且复数域噪声会转化为相位噪声，并对获取有用信号产生干扰。相位噪声不再服从高斯分布。因此，要评估噪声的影响，就要分析由零均值复高斯噪声产生的相位噪声的特性。

相位域信号处理区别于一般的实数域或复数域信号处理，其未得到充分研究。因此，相位噪声分布与相位噪声下的信号检测研究具有重要的现实意义。对相位噪声进行分析与处理，可以为后续相位域信号处理研究提供参考。

相位噪声分析与信号处理技术的理论基础依然是随机过程分析和统计信号处理。针对莱斯噪声，本书介绍与之相关的 5 个方面的工作。

第 6 章介绍相位噪声模型与莱斯相位分布。从实用场景的角度出发，分析有用信号在相位域的情况，建立两种相位噪声模型，定义无模糊相位噪声和模糊相位噪声的分布函数。

第 7 章介绍相位噪声的数字特征计算与近似。在相位噪声的分布函数及数字特征理论表达式中含有多个不可积的部分。要想提高计算速度，需要进行近似计算和数值积分。

第 8 章研究相位噪声下的信号检测。基于匹配滤波检测理论，推导两类噪声下的检测统计量分布，计算检测信噪比，并进行误码率分析。

第 9 章介绍相位域的弱信号检测。在弱信号下，能够高效地近似计算检测统计量，并简化衰落信道下的检测性能分析。

第 10 章研究相位域的局部最优检测。无模糊相位噪声引起关于边界的讨论，然后引出局部最优检测的非线性变换函数。相位噪声分布为非高斯分布，因此局部最优检测也需要分析效能函数。

相位噪声模型与莱斯相位分布

零均值复高斯噪声对应的随机相位噪声服从莱斯相位分布。本章分析相位噪声模型与莱斯相位分布,第7章分析其数字特征的计算与近似,为相位域检测性能分析提供必要支持。

6.1　概述

6.1.1　有用信号在相位域

一般来说,常规系统中的信号处理考虑实数域或复数域[1][2]。常见的噪声为高斯噪声或复高斯噪声,当前成熟的信号处理算法都是基于此类噪声提出的,对相位域传输调制波形的通信系统研究较少。相位域信号处理区别于一般的实数域或复数域信号处理,其需要考虑相位噪声的影响,涉及相位域信号处理算法。目前,对相位噪声与相位域信号处理的研究并不充分。

在传统的信号处理中,设备采集与真实数据属于实数域,人们对实数域信号的分析与研究非常充分。传统的信号处理方法大多基于实数域[3]。在实数域信号的随机分布模型中,高斯分布应用最广[2]。在统计信号处理领域,高斯噪声模型最常用,在高斯噪声影响下的信号处理问题得到了广泛研究[1][2]。在加性高斯白噪声(Additive White Gaussian Noise,AWGN)

影响下，接收数据可以建模为 $z = As + w$（A 为信号幅度，s 为有用信号，w 为高斯白噪声，所有参量均为实数）。

随着信号处理技术的发展，人们在实数域信号处理的基础上，提出了复数域信号处理算法，使信号处理理论得到了很好的补充和发展，如快速傅里叶变换[4]。在复数域信号处理中，复高斯噪声模型最常用。在复高斯白噪声（Complex White Gaussian Noise，CWGN）影响下的信号检测建模方法与实数域类似，可以表示为 $z = As + n$（n 为复高斯白噪声，A 和 s 可以是复数）。

在传统的信号处理中也存在有用信号在复数相位中的情况，如通信系统中的相位键控调制[1]和雷达领域的多普勒频率[5]。在通信系统中，通过相位键控传递信息的连续信号可以建模为

$$z(t) = A\exp\left[\mathrm{j}\left(\omega t + \vartheta_i\right)\right] + n(t) \tag{6-1}$$

式中，A 为复信号幅度；ω 为载波频率；ϑ_i 表示信息码元 i 的相位；$n(t)$ 为加性复高斯白噪声。显然，噪声在相位域造成的偏差会影响解码时的误码率[6]。在雷达领域的动目标检测技术中，脉冲压缩后，目标距离单元的慢时间离散信号可以建模为

$$z(p) = A\exp\left(\mathrm{j}2\pi f_d pT\right) + n(p) \tag{6-2}$$

式中，f_d 为多普勒频率；T 为雷达脉冲重复周期。通过复数域傅里叶变换可以得到频率信息。由上面的两个例子可知，传统模型中的有用信号形式比较简单，可以采用复数域信号处理方法进行分析。

随着相位域存在复杂有用信号（如正弦信号、余弦信号）情况的出现，使用传统信号处理方法难以解决问题。例如，2018 年 8 月，在 SIGCOMM 国际会议上，麻省理工学院的 F. Adib 等公开了平移声学—射频通信（Translational Acoustic Radio Frequency Communication，TARF）实验[7][8]。该实验首次实现了水下的水声发射器通过标准声学链路对空中接收机的水空跨界通信。因为其利用声波信号和射频反射信号的转化实现通信，所以称为 TARF。

TARF 技术能够大大提高水空通信效率和降低通信成本，将极大地促

进海底物联网、海洋探索、潜空通信等领域的技术创新与应用。TARF 信道由水下传播、水空边界和空中传播 3 部分组成。TARF 的转化过程如下。

　　水声发射器使用声音信号传输数据，当压力波到达水面时，会引起水面位移。假设 TARF 系统发射码元 i 的信号为 $s_i(t)$（通常为正弦或余弦信号）。TARF 接收器使用毫米波雷达捕捉由声压波引起的表面位移。毫米波雷达发送信号并接收其在水面上的反射信号，再解码声波信号所携带的信息。由雷达回波建模理论可知，由于水面位移非常小，水面位移对入射电磁波的调制相当于增加了一个附加相位。因此，在 TARF 中，接收信号相当于受到了附加相位调制。设该相位为 $\exp[jBs_i(t)]$，其中 B 为信号幅度；设脉冲压缩处理后的输出信号为 $A\exp[jBs_i(pT)]$，其中 A 为雷达接收信号幅度，T 为雷达信号周期。

　　记信号为离散形式 $s_i(p) = s_i(pT)$，考虑噪声分量，建模得到

$$z(p) = A\exp\left[jBs_i(p)\right] + n(p) \tag{6-3}$$

　　由式（6-3）可知，有用信号 $s_i(p)$ 在复数相位中。当信号幅度 B 未知时，采用传统复数域信号处理算法难以获取 $s_i(p)$，需要先求 $z(p)$ 的相位。在求相位时，需要考虑相位模糊问题，而且复数域噪声会转化为相位噪声，并对获取有用信号产生干扰。相位噪声不再服从高斯分布，因此，要评估噪声的影响，就要分析由零均值复高斯噪声 $n(p)$ 产生的相位噪声的特性。

　　综上所述，相位域信号处理区别于一般的实数域或复数域信号处理，其未得到充分研究。因此，相位噪声分布与相位噪声下的信号检测研究具有重要的现实意义。对相位噪声进行分析与处理，可以为后续相位域信号处理研究提供参考。

6.1.2　莱斯分布的研究历史

Stephen O. Rice 对确知信号在零均值复高斯噪声下的幅度和相位分布

做了开创性研究[9][10]。他推导了正弦、余弦信号在高斯噪声通过 I、Q 两路后的模的分布，实际上已经给出了确知信号与零均值复高斯噪声之和的模与相位的分布。当时，大家最关注的是模的分布，将其称为莱斯分布（Rician Distribution），并应用于信道建模等领域。

1953 年，Bennett 给出了目前广为应用的相位分布[11]，我们将其称为莱斯相位分布（Rician Phase Distribution）。后来，一些学者关于莱斯相位分布做了一些研究。例如，Matthews 将相位 PDF 扩展为傅里叶序列[12]；Weinstein 研究了相位 PDF 的近似形式和精确形式[13][14]；Shmaliy 推导得到相位 PDF 与信号幅度、相位的时间导数无关[15]。

近年来，人们关于莱斯相位分布的研究基本停止，很多学者热衷于讨论非零均值高斯噪声的实部和虚部相关分布情况[16][17]。其原因不难理解，如前所述，相位域信号的传输场景很少，简单的相位域信号（如固定频率导致出现线性相位）又可以通过复数域方法解决，因此研究莱斯相位分布的必要性不强。不过，当相位域信号变得复杂（如正弦信号、余弦信号）时，必须基于相位域做统计信号处理，此时就需要仔细分析莱斯相位分布了。

下面推导确知信号与零均值复高斯噪声之和 $z = A\exp(j\vartheta) + n$ 的"实部—虚部"联合分布，以及"模—相位"联合分布。以下推导过程虽然与最初的莱斯分布推导过程不同，但结果是一致的。

设噪声 n 的实部和虚部分别为 n_r 和 n_i，复信号 z 的实部和虚部分别为 z_r 和 z_i，模和相位分别为 r 和 θ，它们的关系为

$$\begin{cases} z_r = A\cos\vartheta + n_r = r\cos\theta \\ z_i = A\sin\vartheta + n_i = r\sin\theta \end{cases} \tag{6-4}$$

由于复高斯噪声服从分布 $n \sim C\mathcal{N}(0, 2\sigma^2)$，$n_r$ 和 n_i 满足联合分布

$$f(n_r, n_i) = f(n_r)f(n_i) = \frac{1}{2\pi\sigma^2}\exp\left(-\frac{n_r^2 + n_i^2}{2\sigma^2}\right) \tag{6-5}$$

z_r 和 z_i 满足联合分布

$$f(z_r, z_i) = \frac{1}{2\pi\sigma^2}\exp\left[-\frac{(z_r - A\cos\vartheta)^2 + (z_i - A\sin\vartheta)^2}{2\sigma^2}\right] \tag{6-6}$$

由雅可比（Jacobian）矩阵得到

$$\begin{vmatrix} \dfrac{\partial z_r}{\partial r} & \dfrac{\partial z_i}{\partial r} \\ \dfrac{\partial z_r}{\partial \theta} & \dfrac{\partial z_i}{\partial \theta} \end{vmatrix} = \begin{vmatrix} \cos\theta & \sin\theta \\ -r\sin\theta & r\cos\theta \end{vmatrix} = r \tag{6-7}$$

可以计算得到 r 和 θ 满足联合分布

$$
\begin{aligned}
f(r,\theta) &= \begin{vmatrix} \dfrac{\partial z_r}{\partial r} & \dfrac{\partial z_i}{\partial r} \\ \dfrac{\partial z_r}{\partial \theta} & \dfrac{\partial z_i}{\partial \theta} \end{vmatrix} f(z_r, z_i) \\
&= \frac{r}{2\pi\sigma^2}\exp\left[-\frac{(z_r - A\cos\vartheta)^2 + (z_i - A\sin\vartheta)^2}{2\sigma^2}\right] \\
&= \frac{r}{2\pi\sigma^2}\exp\left\{-\frac{1}{2\sigma^2}\Big[r^2 + A^2 - 2A(z_r\cos\vartheta + z_i\sin\vartheta)\Big]\right\} \\
&= \frac{r}{2\pi\sigma^2}\exp\left\{-\frac{1}{2\sigma^2}\Big[r^2 + A^2 - 2Ar(\cos\theta\cos\vartheta + \sin\theta\sin\vartheta)\Big]\right\} \\
&= \frac{r}{2\pi\sigma^2}\exp\left\{-\frac{1}{2\sigma^2}\Big[r^2 + A^2 - 2Ar\cos(\theta - \vartheta)\Big]\right\}
\end{aligned}
\tag{6-8}
$$

因此，相位 θ 和 r 满足联合分布

$$f(r,\theta) = \frac{r}{2\pi\sigma^2}\exp\left[-\frac{1}{2\sigma^2}\left(r^2 + A^2 - 2Ar\cos\theta\right)\right] \tag{6-9}$$

可以根据联合分布求单随机变量的分布。幅度分布为

$$
\begin{aligned}
f(r) &= \int_0^{2\pi} f(r,\theta)\mathrm{d}\theta \\
&= \int_0^{2\pi} \frac{r}{2\pi\sigma^2}\exp\left\{-\frac{1}{2\sigma^2}\Big[r^2 + A^2 - 2Ar\cos(\theta - \vartheta)\Big]\right\}\mathrm{d}\theta \\
&= \frac{r}{\sigma^2}\exp\left[-\frac{1}{2\sigma^2}\left(r^2 + A^2\right)\right]\int_0^{2\pi}\frac{1}{2\pi}\exp\left[\frac{Ar}{\sigma^2}\cos(\theta - \vartheta)\right]\mathrm{d}\theta \\
&= \frac{r}{\sigma^2}\exp\left[-\frac{1}{2\sigma^2}\left(r^2 + A^2\right)\right]I_0\left(\frac{Ar}{\sigma^2}\right)
\end{aligned}
\tag{6-10}
$$

式中，I_0 为 0 阶修正贝塞尔（Bessel）函数。该分布即莱斯分布。

考虑以下两种特殊情况。

当 $A=0$ 时，莱斯分布退化为瑞利分布，即

$$f_{A=0}(r) = \frac{r}{\sigma^2}\exp\left(-\frac{r^2}{2\sigma^2}\right) \tag{6-11}$$

当 $A\gg\sigma$ 时，在 $r\approx A$ 附近，$I_0(x)=\dfrac{\exp(x)}{\sqrt{2\pi x}}$，因此有

$$\begin{aligned}f_{\substack{A\gg\sigma\\r\approx A}}(r) &\approx \frac{r}{\sigma^2}\exp\left[-\frac{1}{2\sigma^2}\left(r^2+A^2\right)\right]\frac{\exp\left(\dfrac{Ar}{\sigma^2}\right)}{\sqrt{2\pi\dfrac{Ar}{\sigma^2}}}\\ &= \frac{1}{\sqrt{\dfrac{A}{r}}}\frac{1}{\sqrt{2\pi\sigma^2}}\exp\left[-\frac{1}{2\sigma^2}(r-A)^2\right]\end{aligned} \tag{6-12}$$

式（6-12）近似为均值为 A、方差为 σ 的高斯分布。

6.1.3　理解 Phase Wrapping

求相位不可避免地要考虑 Phase Wrapping（可以译为相位模糊、相位缠绕或相位包裹），它指的是我们在求 $r\exp(\mathrm{j}\theta)$ 的相位时，不能确定相位 θ 的真值，只能计算其模糊值 $\theta+2k\pi$，其中 k 为整数。例如，$\exp(\mathrm{j}2.1\pi)$ 的相位可以计算为 0.1π、2.1π、100.1π 等，无法确定其真值。

可以肯定，单样本是无法对相位解模糊的。相位解模糊的一个重要原则是相位应具有连续性。

例如，设 $x(m)=\exp\left[\mathrm{j}\vartheta(m)\right]=\exp(\mathrm{j}0.1\pi m)$。当 $m=1,2,3$ 时，相位真值为 $[0.1\pi,0.2\pi,0.3\pi]$。在求相位时，求得 $[0.1\pi,0.2\pi,0.3\pi]$ 是正确的，也是理想情况；求得 $[2.1\pi,2.2\pi,2.3\pi]$ 是合理的，也可以接受；但是，求得 $[2.1\pi,0.2\pi,4.3\pi]$ 就很怪异了，因为相位变化太乱了——尽管通过该相位也可以得到同样的复数样本。

相位解模糊的一个重要原则是相位应具有连续性，求连续采样点的相位时可以近似取使相邻样本相位差最小的值。例如，对于 $x(m)=\exp\left[j\vartheta(m)\right]=\exp(j1.1\pi m)$，当 $m=1,2,3$ 时，相位为 $[1.1\pi,2.2\pi,3.3\pi]$，但在求相位时，会取 $m=1$ 时的相位为 1.1π；会取 $m=2$ 时的相位为 0.2π，因为 0.2π 比 2.2π 离 1.1π 更近；会取 $m=3$ 时的相位为 -0.7π，因为 -0.7π 比 3.3π（或 1.3π）离 0.2π 更近。

相位解模糊的条件是相邻样本的相位真值之差必须小于 π，因此在一些场景下不可能实现准确的相位解模糊。例如，文献[18]分析了 TARF 系统中相位解模糊与海浪频率和浪高、水声频率等的关系。

下面考虑如何设计解模糊算法。设 $\boldsymbol{a}$ 为 M 维向量，其差分向量为

$$\boldsymbol{a}_{d}=\left[a(2)-a(1),\cdots,a(m)-a(m-1),\cdots,a(M)-a(M-1)\right] \quad (6\text{-}13)$$

根据差分向量判断相位是否发生跳变。如果 $\left|a_{d}(m)\right|>\pi$，则相位发生跳变，否则未发生跳变。用矩阵 $\boldsymbol{b}$ 标志相位是否发生跳变，则矩阵 $\boldsymbol{b}$ 中的元素 $b(m)$ 为

$$b(m)=\begin{cases}\text{round}\left\{a_{d}(m)/2\pi\right\}, & \left|a_{d}(m)\right|>\pi \\ 0, & \left|a_{d}(m)\right|\leqslant\pi\end{cases} \quad (6\text{-}14)$$

式中，$\text{round}(\cdot)$ 表示四舍五入。

真值受跳变影响的向量为 $\boldsymbol{c}$，则有

$$c(m)=\sum_{l=1}^{m}b(l) \quad (6\text{-}15)$$

计算得到解模糊向量为

$$\boldsymbol{d}=\boldsymbol{a}-2\pi\boldsymbol{c} \quad (6\text{-}16)$$

可以在算法中对判断跳变的门限做限制。以 MATLAB 程序为例，MATLAB 自带解模糊函数 unwrap(P,tol,dim)，其中 P 为待处理的多维数组，dim 控制对矩阵的行或列进行解模糊，tol 为跳变容差，默认值为 π。总的来说，unwrap 函数的解模糊原理是当 P 的连续元素之间的绝对跳变大于或等于默认跳变容差时，unwrap 将通过在 P 中增加 $\pm2\pi$ 的倍数来更正相位。

6.2　复信号模型与相位噪声模型

本节先给出复信号模型，然后考虑相位模糊因素，建立两种相位噪声模型。

6.2.1　复信号模型

设信号 s 是在相位域传输的有用信号。B 为实数，表示信号幅度。为了简化分析，用 $\vartheta = Bs$ 表示有用信号。在加性复高斯噪声 $n \sim \mathcal{CN}\left(0, 2\sigma^2\right)$ 下，复信号可以建模为

$$z = A\exp\left(\mathrm{j}\vartheta\right) + n \qquad (6\text{-}17)$$

式中，$A = |A|\exp\left(\mathrm{j}\theta_A\right)$ 为带有相位 θ_A 的复信号。令 $K = |A|^2/2\sigma^2$ 为复信号的信噪比，简称复信噪比（Complex Signal Noise Ratio，CSNR），其 dB 值为 $K_{\mathrm{dB}} = 10\lg K$，复信噪比与莱斯分布中的莱斯因子类似。

设 A 和 σ 已知，分析式（6-17）的信号检测问题等价于分析

$$z\exp\left(-\mathrm{j}\theta_A\right) = |A|\exp\left(\mathrm{j}\vartheta\right) + n\exp\left(-\mathrm{j}\theta_A\right) \qquad (6\text{-}18)$$

由于 n 具有旋转对称性，与 $\exp\left(-\mathrm{j}\theta_A\right)$ 相乘后其分布不发生变化。因此，为了方便讨论，后面均考虑 $\theta_A = 0$ 及 $A \geqslant 0$ 情况。

6.2.2　相位噪声模型

为了检测式（6-17）中的有用信号 ϑ，需要求 z 的相位，必然会遇到相位模糊问题。

针对相位模糊问题，本节考虑两种情况。情况 1：z 的相位无模糊效

应或经过完美解模糊处理；情况 2：未经解模糊处理。前者是分析后者的基础。下面采用两种求相位符号：$\measuredangle z$ 表示未经解模糊处理的测量相位，$\measuredangle z \in [-\pi, \pi]$；$\measuredangle z$ 表示真实相位，相当于完美解模糊。

情况 1 相当于已精确提取或已知信号 ϑ，此时相位及其噪声可以表示为

$$\theta = \measuredangle z = \vartheta + \phi \in \left[\vartheta - \pi, \vartheta + \pi\right] \tag{6-19}$$

$$\phi = \measuredangle\left[z\exp(-j\vartheta)\right] = \measuredangle\left[A + n\exp(-j\vartheta)\right] \in [-\pi, \pi] \tag{6-20}$$

式中，θ 表示无模糊相位，即真实相位；ϕ 表示噪声在相位中的真实等效相位，称为无模糊相位噪声。

在情况 2 下，相位及其噪声可以表示为

$$\psi = \measuredangle z \in [-\pi, \pi] \tag{6-21}$$

$$\varphi = \measuredangle z - \vartheta_{\mathrm{w}} \in [-\pi - \vartheta_{\mathrm{w}}, \pi - \vartheta_{\mathrm{w}}] \tag{6-22}$$

式中，ψ 表示 z 的测量相位；φ 表示模糊相位噪声。

ϑ 在 $[-\pi, \pi]$ 的模糊相位为

$$\vartheta_{\mathrm{w}} = \mathrm{mod}(\vartheta, 2\pi) \in [-\pi, \pi] \tag{6-23}$$

式中，$\mathrm{mod}(\cdot)$ 表示取余函数，如 $\mathrm{mod}(a,b)$ 表示 a 被 b 除后的余数。

复数及其相位如图 6-1 所示。在无模糊效应下，z 的相位 $\theta = \vartheta + \phi$，噪声 $\phi \in [-\pi, \pi]$；在模糊效应下，$[-\pi, \pi]$ 的测量相位 $\psi = \varphi + \vartheta_{\mathrm{w}}$，其中 ϑ_{w} 为信号 ϑ 的模糊相位。在图 6-1 中，假设相位信号无模糊，即 $\vartheta_{\mathrm{w}} = \vartheta$。

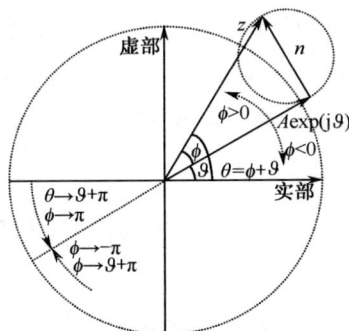

（a）无模糊相位

图 6-1　复数及其相位

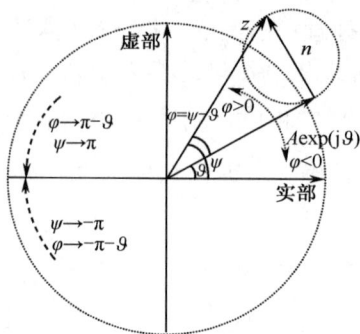

（b）模糊相位

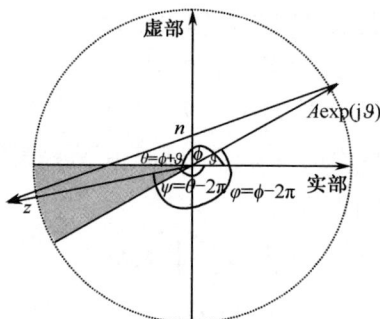

（c）模糊效应

图 6-1　复数及其相位（续）

　　注意，由 z 得到 φ 一般通过相位解模糊算法实现。式（6-19）和式（6-20）不是一般的相位解模糊，而是相位完美解模糊的等效表示。在多数情况下，完美解模糊不能实现。在实际应用中，常用模糊相位进行信号处理。下面对无模糊相位噪声 ϕ 和模糊相位噪声 φ 进行分析，研究其分布函数与特征[19][20]。

6.3　无模糊相位噪声的分布函数

6.3.1　无模糊相位噪声的 PDF

基于式（6-17），推导 z 的相位 θ 和模 $r=|z|$ 的联合概率密度函数

（PDF），得到

$$f(r,\theta) = \frac{r}{2\pi\sigma^2} \exp\left\{-\frac{1}{2\sigma^2}\left[r^2 + A^2 - 2Ar\cos(\theta - \vartheta)\right]\right\} \quad (6\text{-}24)$$

因此，对于无模糊相位噪声，ϕ 和 r 的联合 PDF 为

$$f(r,\phi) = \frac{r}{2\pi\sigma^2} \exp\left[-\frac{1}{2\sigma^2}\left(r^2 + A^2 - 2Ar\cos\phi\right)\right] \quad (6\text{-}25)$$

利用式（6-25）求边缘 PDF 可以得到单参数 PDF。例如，对 ϕ 求积分，可以得到模 r 的 PDF 为

$$f_r(r) = \int_{-\pi}^{\pi} f(r,\phi)\mathrm{d}\phi = \frac{r}{\sigma^2}\exp\left[-\frac{1}{2\sigma^2}\left(r^2 + A^2\right)\right]I_0\left(\frac{Ar}{\sigma^2}\right) \quad (6\text{-}26)$$

引入复信噪比 K，可由 $\int_0^{\infty} f(r,\phi)\,\mathrm{d}r$ 计算得到 ϕ 的 PDF。该积分的计算结果为

$$\begin{aligned}
f_G(x,K) = &\frac{1}{2\pi}\exp(-K) + \\
&\frac{1}{2}\sqrt{\frac{K}{\pi}}\cos x\exp\left(-K\sin^2 x\right)\left[1 + \mathrm{erf}\left(\sqrt{K}\cos x\right)\right]
\end{aligned} \quad (6\text{-}27)$$

$f_G(x,K)$ 是一个定义在实数域的函数，周期为 2π。人们将其称为莱斯相位分布。

考虑到相位噪声的有效值定义在区间 $[-\pi, \pi]$，将无模糊相位噪声的 PDF 记为

$$f_u(x,K) = \begin{cases} f_G(x,K), & x \in [-\pi, \pi] \\ 0, & \text{其他} \end{cases} \quad (6\text{-}28)$$

根据式（6-28）计算不同复信噪比下的 PDF，得到无模糊相位噪声的 PDF 曲线如图 6-2 所示。

根据式（6-28）和图 6-2 可以得到以下结论。

（1）PDF 有一条基线为 $f_G(x,K) = \exp(-K)/2\pi$，K 越小，基线越高。

（2）$K = 0$ 表示无信号，相位均匀分布，即 $f(x,0) = 1/2\pi$。

（3）PDF 为偶函数，即无模糊相位噪声分布为对称分布。

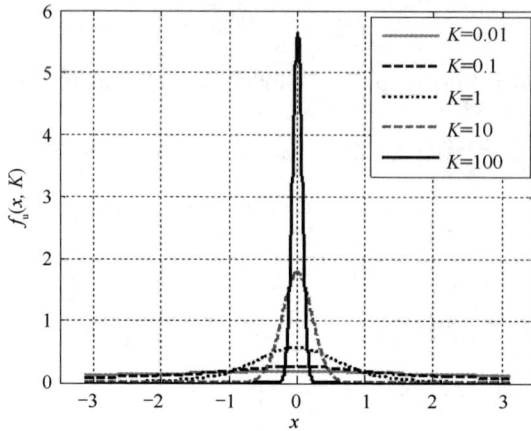

图 6-2 无模糊相位噪声的 PDF 曲线

（4） $f_G(x,K)$ 在区间 $[0,\pi]$ 单调递减。该单调性可以通过分析得到：$\left[1+\mathrm{erf}\left(\sqrt{K}\cos x\right)\right]$ 为正且递减；$\cos x$ 在区间 $[0,\pi/2]$ 为正，在区间 $[\pi/2,\pi]$ 为负，均递减；$\exp\left(-K\sin^2 x\right)$ 为正，在区间 $[0,\pi/2]$ 递减，在区间 $[\pi/2,\pi]$ 递增。因此，它们的乘积在区间 $[0,\pi]$ 单调递减。

（5）PDF 的最大值出现在 $x=0$ 处，最小值出现在 $x=\pm\pi$ 处，最大值与最小值之差为 $\sqrt{K/\pi}$。

6.3.2　无模糊相位噪声的 CDF

对无模糊相位噪声的 PDF 积分，可以得到无模糊相位噪声的累积分布函数（Cumulative Distribution Function，CDF），即

$$F_u(x,K)=\begin{cases}0, & x<-\pi \\ \int_{-\pi}^{x}f_u(t,K)\mathrm{d}t, & -\pi\leqslant x\leqslant\pi \\ 1, & x>\pi\end{cases}\qquad(6\text{-}29)$$

式中

$$\int_{-\pi}^{x}f_u(t,K)\mathrm{d}t=\frac{\exp(-K)}{2\pi}(x+\pi)+\frac{1}{4}\mathrm{erf}\left(\sqrt{K}\sin x\right)+\frac{1}{2}\mathrm{cexf}(x,K)\quad(6\text{-}30)$$

$$\text{cexf}(x,K)=\sqrt{\frac{K}{\pi}}\int_{-\pi}^{x}\cos t\exp\left(-K\sin^2 t\right)\text{erf}\left(\sqrt{K}\cos t\right)\text{d}t \qquad （6\text{-}31）$$

式（6-31）为定义的新积分式，无显式表达，目前只能通过数值计算得到。

根据式（6-29）计算不同复信噪比下的 CDF，得到无模糊相位噪声的 CDF 曲线如图 6-3 所示。

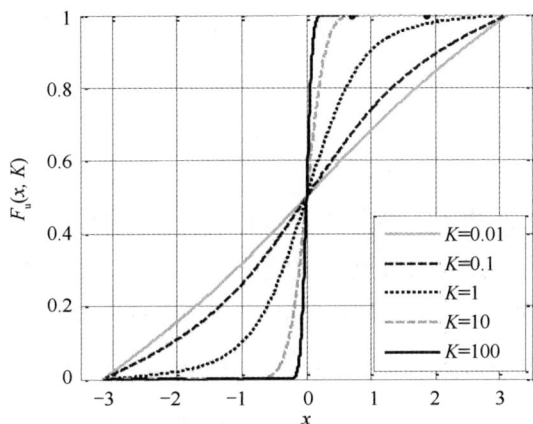

图 6-3　无模糊相位噪声的 CDF 曲线

根据图 6-3 可以得到以下结论。

（1）CDF 关于点（0,0.5）中心对称，满足 $F_u(x,K)+F_u(-x,K)=1$。

（2）$F_u(-\pi,K)=0$，$F_u(0,K)=0.5$，$F_u(\pi,K)=1$。

关于函数 cexf(x,K)的计算，式（6-31）不可积，通过数值积分计算的时间较长。这在需要进行大量计算的时候会带来麻烦，尤其在后期计算检测统计量时，求噪声的均值和方差会反复计算 cexf(x,K)。针对该问题，笔者采用了插值法，即生成 cexf(x,K)函数字典，再针对 x 和 K 进行插值。详见 6.5 节。

6.3.3　在较大的复信噪比下的近似高斯分布

传统研究认为相位噪声服从高斯分布，没有关注相位噪声的复杂分布。可以在复信噪比较大的情况下证明其合理性。

考虑 $K \gg 1$，有 $\exp(-K) \approx 0$。由图 6-2 可知，大部分噪声集中在 $x = 0$ 附近。对于 $x \approx 0$，有 $\sin x \approx 0$ 和 $\cos x \approx 1$，因此，有

$$f_{\mathrm{G}}(x,K) \approx \sqrt{\frac{K}{\pi}} \exp(-Kx^2) \qquad (6\text{-}32)$$

可以将式（6-32）近似为一种高斯分布形式

$$f_{\mathrm{G}}(x,K) \approx f_{\mathrm{g}}(x,K) = \frac{1}{\sqrt{2\pi\sigma_{\mathrm{g}}^2(K)}} \exp\left[-\frac{x^2}{2\sigma_{\mathrm{g}}^2(K)}\right] \qquad (6\text{-}33)$$

其方差为

$$\sigma_{\mathrm{g}}^2(K) = \frac{1}{2K} = \frac{\sigma^2}{A^2} \approx \sigma^2(K) \qquad (6\text{-}34)$$

因此，当 K 较大时，相位噪声近似服从高斯分布，它的方差与复高斯噪声的方差成正比，与幅度 A 成反比。

考虑用 CDF 之差的上确界 $\sup_x |F(x,K) - F_{\mathrm{g}}(x,K)|$ 衡量分布的相似性，$F_{\mathrm{g}}(x,K) = \int_{-\infty}^{x} f(t,K)\mathrm{d}t$ 是近似高斯分布的 CDF。

对于 $K = [1,10,100]$，$\sup_x |F(x,K) - F_{\mathrm{g}}(x,K)| \approx [2.7\%, 0.4\%, 0.04\%]$，且 $1 - \sigma_{\mathrm{g}}^2(K)/\sigma^2(K) \approx [34\%, 5.6\%, 0.5\%]$。因此，可以认为在 $K \geqslant 10$ 时，相位分布与高斯分布近似。

6.4 模糊相位噪声的分布函数

6.4.1 模糊相位噪声的 PDF

相位模糊指真实相位会映射到与其相距 2π 的整数倍的模糊相位上。对于相位测量来说，真实相位 $\angle z$ 会映射到 $[-\pi,\pi]$ 的 $\angle \tilde{z}$ 上。因此，$\angle z$ 与 $\angle \tilde{z}$ 的 PDF 具有对应关系，可以表示为

$$f_\psi\left(\measuredangle z\right)=f_\theta\left(\measuredangle z\right) \tag{6-35}$$

因此，在区间 $[-\pi,\pi]$，有

$$f\left(\theta-\vartheta,K\right)=f\left(\psi-\vartheta_{\mathrm{w}},K\right)=f_{\mathrm{G}}\left(\phi,K\right)=f_{\mathrm{G}}\left(\varphi,K\right) \tag{6-36}$$

这里利用了 (θ,ψ) 及 $(\vartheta,\vartheta_{\mathrm{w}})$ 的模糊相位关系。

考虑噪声 φ 在 2π 范围内，可以得到模糊相位噪声的 PDF 为

$$f_{\mathrm{w}}\left(x,K,\vartheta\right)=\begin{cases} f_{\mathrm{G}}\left(x,K\right), & x\in\left[-\pi-\vartheta_{\mathrm{w}},\pi-\vartheta_{\mathrm{w}}\right] \\ 0, & \text{其他} \end{cases} \tag{6-37}$$

为了观察 ϑ 的影响，根据式（6-37）计算 $K=1$ 时的 PDF，得到模糊相位噪声的 PDF 曲线如图 6-4 所示。其中有用信号无模糊，即 $\vartheta_{\mathrm{w}}=\vartheta$。

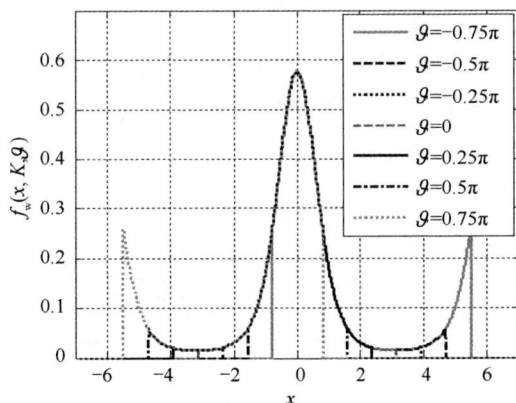

图 6-4　模糊相位噪声的 PDF 曲线（K=1）

对比图 6-4 与图 6-2 可以得到以下结论。

（1）$f_{\mathrm{w}}\left(x,K,\vartheta\right)$ 与 $f_{\mathrm{u}}\left(x,K\right)$ 的表达式相同，但定义域不同。

（2）$f_{\mathrm{w}}\left(x,K,\vartheta\right)$ 是关于 ϑ 的周期函数，且周期为 2π。

（3）$f_{\mathrm{w}}\left(x,K,\vartheta\right)$ 的参数 ϑ 控制了定义域。具体表现为：它将标准对称分布的范围 $[-\pi,\pi]$ 移到 $[-\pi-\vartheta_{\mathrm{w}},\pi-\vartheta_{\mathrm{w}}]$，当 $\vartheta_{\mathrm{w}}<0$ 时向右移，当 $\vartheta_{\mathrm{w}}>0$ 时向左移；无模糊相位噪声的 PDF 是模糊相位噪声的 PDF 在 $\vartheta_{\mathrm{w}}=0$ 时的特殊情况。

6.4.2 模糊相位噪声的 CDF

对模糊相位噪声的 PDF 积分，可以得到模糊相位噪声的 CDF，即

$$F_{\mathrm{w}}\left(x,K,\vartheta\right)=\begin{cases}0, & x<-\pi-\vartheta_{\mathrm{w}}\\ \int_{-\pi-\vartheta_{\mathrm{w}}}^{x} f_{\mathrm{w}}\left(t,K,\vartheta\right)\mathrm{d}t, & -\pi-\vartheta_{\mathrm{w}}\leqslant x\leqslant\pi-\vartheta_{\mathrm{w}}\\ 1, & x>\pi-\vartheta_{\mathrm{w}}\end{cases}\quad（6\text{-}38）$$

式中

$$\int_{-\pi-\vartheta_{\mathrm{w}}}^{x} f_{\mathrm{w}}\left(t,K,\vartheta\right)\mathrm{d}t=\frac{\exp(-K)}{2\pi}\left[x+\pi+\vartheta_{\mathrm{w}}\right]+\frac{1}{2}\mathrm{cexf}_{\mathrm{w}}\left(x,K,\vartheta_{\mathrm{w}}\right)+$$
$$\frac{1}{4}\left[\mathrm{erf}\left(\sqrt{K}\sin x\right)-\mathrm{erf}\left(\sqrt{K}\sin\vartheta_{\mathrm{w}}\right)\right]\quad（6\text{-}39）$$

$$\mathrm{cexf}_{\mathrm{w}}\left(x,K,\vartheta_{\mathrm{w}}\right)=\mathrm{cexf}\left(x\right)-\mathrm{cexf}\left(-\pi-\vartheta_{\mathrm{w}}\right)\quad（6\text{-}40）$$

式（6-40）不可积，可以通过数值计算得到。

根据式（6-38）计算 $K=1$ 时的 CDF，得到模糊相位噪声的 CDF 曲线如图 6-5 所示。

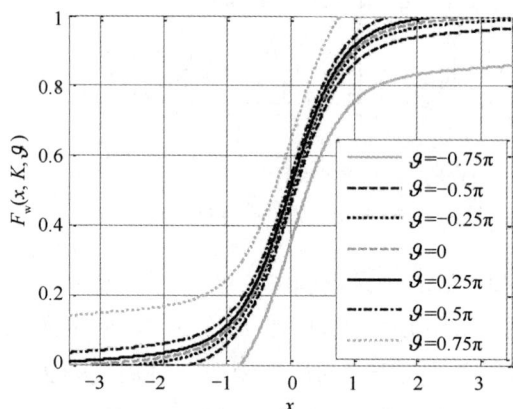

图 6-5 模糊相位噪声的 CDF 曲线（$K=1$）

根据图 6-5 可以得到以下结论。

（1）当 ϑ 变化时，$F_{\mathrm{w}}\left(x,K,\vartheta\right)$ 有明显变化。

（2）当且仅当 $\vartheta=0$ 时，CDF 曲线有中心对称点。

6.5　相关 MATLAB 程序

下面列出本章相关 MATLAB 程序。

6.5.1　无模糊相位噪声的 PDF 与 CDF

```
%%--------------------主程序Main_unwrap_21510.m--------------
clear all;close all;clc;
SNRK = [-20:1:20];              %复信噪比的值（dB）
phix=pi*(-1:1e-3:1);            %角度自变量，即相位噪声的定义域
for iK=1:length(SNRK)           %循环次数
waitbar(iK/length(SNRK))        %显示进程
SNRr=SNRK(iK);                  %选择当前的复信噪比
Kg(1,iK)= 10^(SNRr/10);         %复信噪比换算
Ksnr=Kg(1,iK);                  %复信噪比数组存放
phas=PhaseDst(phix, Ksnr, 0);   %求参数
ftg(iK,:)=phas.ft;              %PDF
Ftg(iK,:)=phas.Ft;              %CDF
End
%%-------------------绘制曲线--------------------------------
figure(1);plot(phix,ftg(1,:),'-c',phix,ftg(2,:),'--r',phix,ftg(3,:),':k',phix,ftg(4,:),'--
g',phix,ftg(5,:),'-b', 'linewidth',2);   grid on;
xlabel('{\itx}'); ylabel('{\itf}({\itx},{\itK})');
xlim([-3.5 3.5]); ylim([0 6]);
legend('{\itK}=0.01','{\itK}=0.1','{\itK}=1','{\itK}=10','{\itK}=100')   %PDF
figure(2);plot(phix,Ftg(1,:),'-c',phix,Ftg(2,:),'--r',phix,Ftg(3,:),':k',phix,Ftg(4,:),'--
g',phix,Ftg(5,:),'-b','linewidth',2);   grid on;
xlabel('{\itx}');ylabel('{\itF}({\itx},{\itK})');
xlim([-3.5 3.5]);ylim([0 1]);
legend('{\itK}=0.01','{\itK}=0.1','{\itK}=1','{\itK}=10','{\itK}=100')   %CDF
%%-------------------- PhaseDst ----------------------------
```

```
function para=PhaseDst(t,K, miu )
%无模糊相位噪声的求参数子程序
%t表示样本点
%K表示信噪比
%miu表示均值
ft = ftStd0(t,K,miu);      %计算PDF的子程序
fd = fdStd0(t,K,miu);      %计算PDF导数的子程序
%Ft = Fcphs(t,K,miu);     %计算CDF的子程序，对各点递归计算，计算速度慢
Ft = Fcphs2(t,K,miu);     %计算CDF的子程序，通过采样插值得到，计算速度快
%计算方差
dt=1e-4; t0=-pi:dt:pi;ft0 = ftStd0(t0,K,miu); %计算PDF的子程序
D2=sum(ft0.*(t0.^2))*dt;%数值计算
%计算效能
fd0 = fdStd0(t0,K,miu);%计算PDF导数的子程序
gt0 = -fd0./ft0; %非线性变换函数
Eff(1,2)=-gt0*fd0'*dt;Eff(1,3)=gt0.^2*ft0'*dt;
Eff(1,1)=Eff(1,2)^2/Eff(1,3); %采用LOD的效能函数
Eff(2,2)=1;Eff(2,3)=D2;Eff(2,1)=Eff(2,2)^2/Eff(2,3); %线性效能函数
%输出
para.miu=miu;para.t=t;para.ft=ft;para.Ft=Ft;para.K=K;para.D2=D2;para.Eff=Eff;
end
%%--------------------- ftStd0-----------------------
function ft = ftStd0(x,K,miu)
%根据参数K计算PDF
ft=zeros(size(x));%初始化
x=x-miu;%去均值后计算
[~,Num_in]=find(abs(x)<=pi);
ft(Num_in)= ftGlob(x(Num_in),K);%全域计算，不管区间
end
%%--------------------- ftGlob -----------------------------
function ft = ftGlob(x,K)
ft=1/(2*pi)*exp(-K)+1/2*sqrt(K/pi)*cos(x).*exp(-K*sin(x).^2).*(1+erf(sqrt(K)*cos(x)));
end
%%---------------------- fdStd0-----------------------------
function fd = fdStd0(x,K,miu)
%根据参数K计算PDF的导数
fd=zeros(size(x));
```

```
x=x-miu;
[~,Num_in]=find(abs(x)<=pi);
fd(Num_in)=fdGlob(x(Num_in),K);
end
%%--------------------- fdGlob ----------------------------
function fd = fdGlob(x,K)
fd=zeros(size(x));
fd=-1/2*sqrt(K/pi)*sin(x).*exp(-K*sin(x).^2) .*(1+erf(sqrt(K)*cos(x))).* (1+2*K*
cos(x).^2)-K/(2*pi)* sin(2*x)*exp(-K);
end
```

%在计算CDF时，式（6-31）不可积，可以采用两种计算方法。一是数值计算方法，优点是准确，缺点是计算速度慢（这个缺点会在后续计算多样本的检测统计量时被放大，导致程序计算非常慢）；二是插值法，优点是计算速度快，缺点是一些值不准确（如当复信噪比很大时）。

```
%%---------------------- Fcphs-----------------------------------
function Ft = Fcphs(x,K,miu)
%计算标准的Ft，cexf通过递归拟合，计算速度较慢
%根据参数K计算CDF
Ft=zeros(size(x));%初始化
x=x-miu;
[~,Num_in]=find(abs(x)<=pi);
[~,Num_out]=find(x>pi);
Ft(Num_out)=1; %x大于π则CDF为1
x=x(Num_in); %只需要计算小于π的值
yx = 0.5*cexf(x,K); %计算CDF的最后一项
y2=1/(2*pi)*exp(-K)*(x+pi) +erf(sqrt(K)*sin(x))*0.25;%计算CDF的前半部分
Ft(Num_in)=yx+y2;
End
%%----------------------- cexf -----------------------------------
function yx = cexf(x,K)
%根据参数K计算cexf值
%如果K为向量，则第2个函数为theta
yx=zeros(size(x));%初始化
if length(K)==1
theta=0;
elseif length(K)==2
theta=K(2);
```

```
K=K(1);
end
g=@(t) sqrt(K/pi)*cos(t).*exp(-K*sin(t).^2).*erf(sqrt(K)*cos(t));
%待积分函数，全局函数的组成部分，使用自带函数quadl
[~,Num_out]=find(x+theta>pi);%当x+theta大于π时
yx(Num_out)=0;%值为0
[~,Num_in]=find(abs(x+theta)<=pi);%当x+theta小于π时
if length(Num_in)>200 %如果需要计算的值较多，则采用精度较低的方法
for iNum=1:length(Num_in)
tend=x(Num_in(iNum));
yx(Num_in(iNum))=quadl(g,-pi-theta,tend,1e-7);%精度较低
end
else   %如果需要计算的值较少，则采用精确计算方法
for iNum=1:length(Num_in)
tend=x(Num_in(iNum));
yx(Num_in(iNum))=quadl(g,-pi-theta,tend,1e-10);
%quadl为自适应Lobatto数值积分函数，适用于对精度要求高、被积函数曲线比
较平滑的数值积分
end
end
end
%%--------------------- Fcphs2---------------------------------
function Ft = Fcphs2(x,K,miu)
%计算标准的Ft，cexf_interp2近似计算，采用插值法，计算速度较快
%根据参数K计算CDF
Ft=zeros(size(x));%初始化
x=x-miu;
[~,Num_in]=find(abs(x)<=pi);
[~,Num_out]=find(x>pi);
Ft(Num_out)=1;              %x大于π则CDF为1
x=x(Num_in);                    %只需要计算x小于π的值
yx = 0.5*cexf_interp2(x,K); %计算CDF的最后1项，采用插值法
y2=1/(2*pi)*exp(-K)*(x+pi)+erf(sqrt(K)*sin(x))*0.25;%计算CDF的前两项
Ft(Num_in)=yx+y2;
end
%%-------------------- cexf_interp2-----------------------------
function output=cexf_interp2(xvec,Kvec)
```

```
%采用插值法计算cexf，速度快
%这里的K和x用向量表示，输出kron(K,x)
load Data_cexf %K的范围为[0.001, 100]，x的范围为[-π, π]
output=zeros(length(Kvec),length(xvec));
for ik=1:length(Kvec)
output(ik,:)=interp2(Kfor,xfor,data_cexf,Kvec(ik)*ones(1,length(xvec)),xvec);%自带的插值
函数interp2
end
end
```

6.5.2　模糊相位噪声的 PDF 与 CDF

```
%%---------------------主程序Main_wrap_21510.m---------------------
clear all; close all; clc
%% --------K=1时的分布----
phix=2*pi*(-1.3:1e-3:1.3); %角度自变量
vang=[-0.75:0.25:0.75]*pi; %计算相位真值，即变化的theta
for iv=1:length(vang)
phas=DstWrap(phix,1,vang(iv),0 );
%利用得到的相位真值计算其分布
fwg(iv,:)=phas.ft;%PDF
Fwg(iv,:)=phas.Ft;%CDF
end
%%-------绘制曲线-------
figure(5);
plot(phix,fwg(1,:),'-c',phix,fwg(2,:),'--r',phix,fwg(3,:),':k',phix,fwg(4,:),'--g',...
phix,fwg(5,:),'-k',phix,fwg(6,:),'-.r',phix,fwg(7,:),':c','linewidth',2);   grid on;
xlabel('{\itx}');ylabel('f_w({\itx},{\itK},\vartheta),  {\itK}=1');
xlim([-7 7]);ylim([0 0.7]);
legend('\vartheta=-0.75\pi','\vartheta=-0.5\pi','\vartheta=-0.25\pi','\vartheta=0',...
'\vartheta=0.25\pi', '\vartheta=0.5\pi','\vartheta=0.75\pi')
set(gcf,'unit','centimeters','position', [10 10 12 9]);
figure(6);
plot(phix,Fwg(1,:),'-c',phix,Fwg(2,:),'--r',phix,Fwg(3,:),':k',phix,Fwg(4,:),'--g',...
phix,Fwg(5,:),'-b',phix,Fwg(6,:),'-.r',phix,Fwg(7,:),':c','linewidth',2);   grid on;
```

```
    xlabel('{\itx}');ylabel('F_w({\itx},{\itK},\vartheta),  {\itK}=1');xlim([-3.5 3.5]);ylim
([0 1.1]);
    legend('\vartheta=-0.75\pi','\vartheta=-0.5\pi','\vartheta=-0.25\pi','\vartheta=0','\
vartheta=0.25\pi','\ vartheta=0.5\pi','\vartheta=0.75\pi')
    set(gcf,'unit','centimeters','position', [10 10 12 9]);
    %%-------------------- DstWrap --------------------
    function para=DstWrap(t, K, theta, Ican)
    %求参数
    %t表示样本点
    %K表示复信噪比
    %theta表示信号真值
    %Ican用于控制计算阶段
    if Ican == 0
    theta=(mod(theta/pi +1, 2)-1 )*pi;%将theta模糊至[-π, π]，采用取余函数
    %计算得到的theta等于原来设置的theta，即信号无模糊。
    ft = ftWrap(t,K,theta); %计算PDF的子程序
    Ft = FcWrap(t,K,theta); %计算CDF的子程序
    miu=theta;
    Dstd=PNapprx(K); %无模糊相位噪声的近似方差
    Mx(1,1)=-2*pi*sign(theta)*Fcphs2(abs(theta)-pi,K,0);%均值
    %积分要进行数值计算，成了双重数值积分，因此采用插值法
    dt2=pi*1e-3;  tm=0:dt2:pi;  FxK=Fcphs2( (tm),K,0);        %待积分式
    Eint=cumsum(fliplr(FxK))*dt2 *(length(tm)-1)/length(tm);    %倒序积分
    Exint=interp1(tm,Eint, abs(theta));    %以Eint(tm)为函数，以abs(theta)为自变量，
进行插值运算
    Ex(1,1)=Dstd-abs(theta)*4*pi*(1-Fcphs2(abs(theta)-pi,K,0))+4*pi*Exint;% 能 量 的
计算值
    Dx(1,1)=Dstd+4*pi*Exint-4*pi*abs(theta)+4*pi*Fcphs2(abs(theta)-
pi,K,0)*(abs(theta)-pi*Fcphs2 (abs(theta)-pi,K,0));%方差的计算值
    para.t=t;para.ft=ft;para.Ft=Ft;para.miu=miu;para.K=K;
    para.Mx=Mx;%均值
    para.Ex=Ex;%能量
    para.Dx=Dx;%方差
    else
    theta=(mod(theta/pi +1, 2)-1 )*pi;
    miu=theta;
    dt=1e-3;
```

```
phas=PhaseDst([0 1], K, 0);
Dstd=phas.D2; %标准分布方差
Bs=theta;
%均值的计算与近似
Mx(1,1)=-2*pi*sign(theta)*Fcphs(abs(theta)-pi,K,0);      %均值
Mx(1,2)=-theta*(exp(-K)+sqrt(K*pi)*(erf(sqrt(K))-1)); %当Bs<1时，均值的近似值
%能量的计算与近似
dt2=abs(theta)*1e-3;
tm=(pi-abs(theta)):dt2:pi;
Exint=sum(Fcphs(tm,K,0))*dt2*(length(tm)-1)/length(tm); %所需积分项，注意
(length(tm)-1)/length(tm)是因为多积分了一个点
Ex(1,1)=Dstd-abs(theta)*4*pi*(1-Fcphs(abs(theta)-pi,K,0))+4*pi*Exint;%能量
Ex(1,2)=Dstd+abs(theta)^2*(exp(-K)+sqrt(K*pi)*(erf(sqrt(K))-1));       %能量的
近似值
%方差的计算与近似
Dx(1,1)=Dstd+4*pi*Exint-4*pi*abs(theta)+4*pi*Fcphs(abs(theta)-
pi,K,0)*(abs(theta)-pi*Fcphs (abs(theta)-pi,K,0));%方差
Dx(1,2)=Dstd+abs(theta)^2*(exp(-K)+sqrt(K*pi)*(erf(sqrt(K))-1))*(1-exp(-K)-
sqrt(K*pi)*(erf (sqrt(K))-1));
%方差的近似值
para.miu=miu;para.t=t;para.K=K;
para.Mx=Mx; para.Ex=Ex;para.Dx=Dx;
end
end
%%-------------------- ftWrap -----------------------------------------
function ft = ftWrap(x,K,theta)
%根据参数K计算PDF
theta_w=angle(exp(j*theta));%angle返回信号的相位，theta_w=theta，假设信号无
模糊
ft=zeros(size(x));
[~,Num_in]=find(abs(x+theta_w)<pi);%如果x小于π
ft(Num_in)= ftGlob(x(Num_in),K);%全域计算，不管区间
end
%%-------------------- FcWrap -----------------------------------------
function Ft = FcWrap(x,K,theta)
%根据参数K计算CDF
Ft=zeros(size(x));
```

227

```
%x=x-miu;
[~,Num_in]=find(abs(x+theta)<=pi);%如果x小于π
[~,Num_out]=find((x+theta)>pi);    %如果x大于π
Ft(Num_out)=1;%x大于π则CDF为1
x=x(Num_in);%只需要计算小于π的值
yx = 0.5*cexf(x,[K,theta]);%计算CDF的最后1项
y2=1/(2*pi)*exp(-K)*(x+pi+theta)+(erf(sqrt(K)*sin(x))-
erf(sqrt(K)*sin(theta)))*0.25;
Ft(Num_in)=yx+y2;
end
%%--------------------PNapprx-----------------------------------
function Dk=PNapprx(Kg)
%计算近似方差
%所需系数
cove=[16     17    -232    -903    -278]/1000;%用于exp
Dk=zeros(1,length(Kg));%方差初始化
for ik=1:length(Kg)
K=Kg(ik);
if K<=0.1    %复信噪比较小时近似
Dk(ik)=pi^2/3-2*sqrt(pi*K)+K/2;
elseif K>10    %复信噪比较大时近似
Dk(ik)=1/(2*K);
else %中间区域近似拟合
Dk(ik)=polyval(cove,log(K));%log的方差，polyval求多项式的值
Dk(ik)=exp(Dk(ik));%换算为方差
end
end
end
```

参 考 文 献

[1]   Molisch A F. 无线通信（第 2 版）[M]. 田斌, 等译. 北京：电子工业出版社, 2015.

228

[2]　Kay S M. 统计信号处理基础：估计与检测理论[M]. 罗鹏飞, 等译. 北京：电子工业出版社, 2014.

[3]　Oppenheim A V. 信号与系统（第 2 版）[M]. 刘树棠, 译. 北京：电子工业出版社, 2013.

[4]　Lyons R G. 数字信号处理（第 3 版）[M]. 张建华, 等译. 北京：电子工业出版社, 2015.

[5]　丁鹭飞, 耿富录, 陈建春. 雷达原理（第 5 版）[M]. 北京：电子工业出版社, 2014.

[6]　Blachman N M. The Effect of Phase Error on DPSK Error Probability[J]. IEEE Transactions on Communications, 1981, 29(3):364-365.

[7]　Tonolini F, Adib F. Networking Across Boundaries: Enabling Wireless Communication Through the Water-Air Interface[C]//The 2018 Conference of the ACM Special Interest Group. ACM, 2018.

[8]　陈铖, 高雅, 李迎春, 等. 声波—毫米波水空跨介质通信—声波斜入射水面[C]//中国声学学会水声学分会 2019 年学术会议, 2019:135-137.

[9]　Stephen O Rice. Statistical Properties of a Sine Wave Plus Random Noise[J]. Bell System Technical Journal, 1948, 27(1):109-157.

[10]　Stephen O Rice. Mathematical Analysis of Random Noise[J]. Bell System Technical Journal, 1944, 23(3):282-332.

[11]　Bennett W R. Methods of Solving Noise Problems[C]//In Proceedings of the IRE. Boston, USA: IEEE Press, 1956:609-638.

[12]　Matthews J W. On the Fourier Coefficients for the Phase-Shift Keyed Phase Density Function[J]. IEEE Transactions on Information Theory, 1975, 21(3):337-338.

[13]　Weinstein F S. Simplified Relationships for the Probability Distribution of the Phase of a Sine Wave in Narrow-Band Normal Noise[J]. IEEE Transactions on Information Theory, 1974, 20(5):658-661.

[14]　Weinstein F S. Calculating the Exact Probability Distribution of the Phase of a Sine Wave in Narrow-Band Normal Noise by Means of Infinite Series[J]. IEEE Transactions on Information Theory, 2003, 21(6):675-679.

[15]   Shmaliy Y S. Probability Density of the Phase of a Random RF Pulse in the Presence of Gaussian Noise[J]. AEU - International Journal of Electronics and Communications, 2009, 63(1):15-23.

[16]   Nadarajah S, Chu J, Xiao Jiang. Distributions of Amplitude and Phase for Bivariate Distributions[J]. AEU - International Journal of Electronics and Communications, 2016, 70(9):1249-1258.

[17]   Dharmawansa P, Rajatheva N, Tellambura C. Envelope and Phase Distribution of Two Correlated Gaussian Variables[J]. IEEE Transactions on Communications, 2009, 57(4):915-921.

[18]   Luo Zhongtao, Guo Renming, Liu Meiding. Parameter Conditions for Phase Unwrapping and Coherent Processing in the TARF Communication[C]// 2019 International Conference on Computer and Communications (ICCC). Cheng Du, China: IEEE Press, 2019:831-836.

[19]   Luo Zhongtao, Zhan Yanmei, Edmond J. Analysis on Functions and Characteristics of the Rician Phase Distribution[C]//2020 International Conference on Communications in China(ICCC), Chongqing, China:IEEE Press, 2020: 306-311.

[20]   Luo Zhongtao, Zhan Yanmei, Zhang Yangyong. Analysis of the Boundary Effect on Signal Detection in Unwrapped Phase Noise[C]//2020 International Conference on Information Communication and Signal Processing(ICICSP), Shanghai, China: IEEE Press, 2020:63-68.

第 7 章

相位噪声的数字特征计算与近似

本章介绍相位噪声的数字特征理论表达式，针对复杂的数字特征理论表达式提出近似计算方法，并介绍一种自适应数值积分方法，以计算分布函数和数字特征理论表达式中的不可积部分。

7.1 数字特征的理论表达式

本节介绍相位噪声的数字特征理论表达式，包括均值和方差。相位噪声的数字特征计算是一般的相位噪声研究容易忽略的部分。

7.1.1 无模糊相位噪声的均值和方差

由于无模糊相位噪声的 PDF 为偶函数，因此其一阶原点矩（均值）为 0，即

$$E(\phi) = \int_{-\pi}^{\pi} x f_{\mathrm{u}}(x, K) \mathrm{d}x = 0 \tag{7-1}$$

显然，所有的奇数阶中心矩都等于 0。二阶原点矩与二阶中心矩相等，方差为

$$\sigma_u^2(K) = D(\phi) = E(\phi^2) = \int_{-\pi}^{\pi} x^2 f_u(x, K) \mathrm{d}x$$

$$= \frac{\pi^2}{3} \exp(-K) + \sqrt{\frac{K}{\pi}} \int_0^\pi x^2 \cos x \exp(-K \sin^2 x) \mathrm{d}x + \quad \text{(7-2)}$$

$$\sqrt{\frac{K}{\pi}} \int_0^\pi x^2 \cos x \exp(-K \sin^2 x) \operatorname{erf}(\sqrt{K} \cos x) \mathrm{d}x$$

式（7-2）中含有不可积的部分，只能进行数值计算。7.2 节介绍对该方差的近似计算。

7.1.2　模糊相位噪声的均值和方差

根据式（6-37）可以得到均值为

$$E(\varphi) = M_w(K, \vartheta) = \int_{-\pi-\vartheta_w}^{\pi-\vartheta_w} x f_w(x, K, \vartheta) \mathrm{d}x = \int_{-\pi-\vartheta_w}^{\pi-\vartheta_w} x f_G(x, K) \mathrm{d}x \quad \text{(7-3)}$$

推导得到

$$E(\varphi) = -\operatorname{sgn}(\vartheta_w) 2\pi F_u(|\vartheta_w| - \pi, K) \quad \text{(7-4)}$$

根据式（7-4）计算均值，得到模糊相位噪声的均值如图 7-1 所示。其中，复信噪比 K 为 $0.01 \sim 100$，信号 ϑ 为 $-0.9\pi \sim 0.9\pi$。

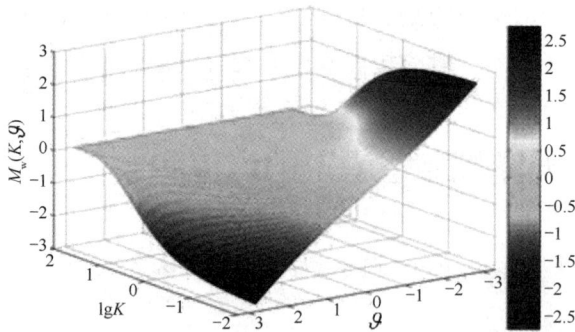

图 7-1　模糊相位噪声的均值

根据图 7-1 可以得到以下结论。

（1）$M_w(K, \vartheta)$ 是关于 ϑ 的奇函数，即 $M_w(K, -\vartheta) = -M_w(K, \vartheta)$。

（2）$M_w(K, \vartheta)$ 与 ϑ_w 的符号相反。

（3）当 $\vartheta \in [-\pi/2,\pi/2]$ 时，$M_{\mathrm{w}}(K,\vartheta)$ 关于 ϑ 单调递减。

可以将二阶原点矩视为模糊相位噪声的能量，即

$$E(\varphi^2)=P_{\mathrm{w}}(K,\vartheta)=\int_{-\pi-\vartheta_{\mathrm{w}}}^{\pi-\vartheta_{\mathrm{w}}} x^2 f_{\mathrm{w}}(x,K,\vartheta)\mathrm{d}x=\int_{-\pi-\vartheta_{\mathrm{w}}}^{\pi-\vartheta_{\mathrm{w}}} x^2 f_{\mathrm{G}}(x,K)\mathrm{d}x \quad （7\text{-}5）$$

显然，$P_{\mathrm{w}}(K,\vartheta)$ 是关于 ϑ 的偶函数，因此仅需推导 $\vartheta>0$ 时的情况，推导得到

$$P_{\mathrm{w}}(K,\vartheta)=\sigma_{\mathrm{u}}^2(K)-4\pi|\vartheta_{\mathrm{w}}|F_{\mathrm{u}}(\pi-|\vartheta_{\mathrm{w}}|,K)+4\pi\int_{\pi-|\vartheta_{\mathrm{w}}|}^{\pi} F_{\mathrm{u}}(x,K)\mathrm{d}x \quad （7\text{-}6）$$

式（7-6）中含有无模糊相位噪声的 CDF 积分，因此无显式表达。根据式（6-29）可以得到 CDF 的积分，即

$$\int_{\pi-x}^{\pi} F_{\mathrm{u}}(t,K)\mathrm{d}t=\frac{\mathrm{e}^{-K}}{4\pi}(4\pi x-x^2)+\frac{1}{4}\int_{\pi-x}^{\pi}\mathrm{erf}(\sqrt{K}\sin t)\mathrm{d}t+$$
$$\frac{1}{2}\sqrt{\frac{K}{\pi}}\int_{\pi-x}^{\pi}\int_{-\pi}^{y}\cos t\exp(-K\sin^2 t)\mathrm{erf}(\sqrt{K}\cos t)\mathrm{d}t\mathrm{d}y \quad （7\text{-}7）$$

式中，有两个积分需要进行数值计算，即

$$\begin{cases}\int_{\pi-x}^{\pi}\mathrm{erf}(\sqrt{K}\sin t)\mathrm{d}t\\\int_{\pi-x}^{\pi}\int_{-\pi}^{y}\cos t\exp(-K\sin^2 t)\mathrm{erf}(\sqrt{K}\cos t)\mathrm{d}t\mathrm{d}y\end{cases} \quad （7\text{-}8）$$

根据式（7-6）计算能量，得到模糊相位噪声的能量如图 7-2 所示。

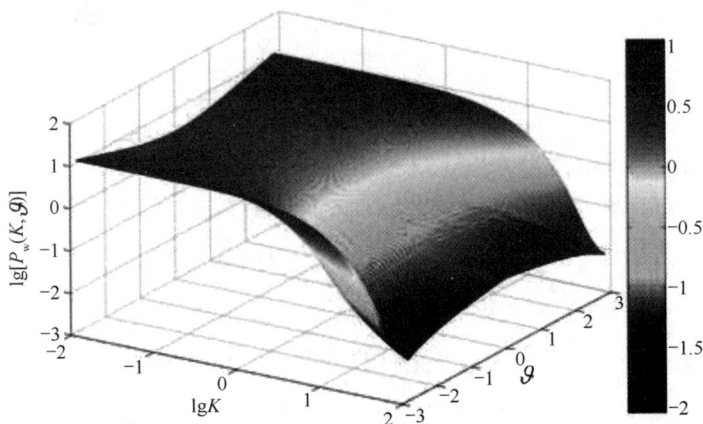

图 7-2　模糊相位噪声的能量

根据图 7-2 可以得到以下结论。

（1） $P_w(K, \vartheta)$ 是关于 ϑ 的偶函数，即 $P_w(K, -\vartheta) = P_w(K, \vartheta)$ 。

（2）当 $\vartheta \in [0, \pi/2]$ 时， $P_w(K, \vartheta)$ 关于 ϑ 单调递增。

（3） $P_w(K, \vartheta)$ 是关于 K 的减函数。

方差即二阶中心矩，可以通过一阶原点矩和二阶原点矩计算得到

$$\sigma_w^2(K, \vartheta) = D_w(K, \vartheta) = P_w(K, \vartheta) - M_w^2(K, \vartheta)$$

$$= \sigma_u^2(K) - 4\pi|\vartheta_w| + 4\pi\int_{\pi-|\vartheta_w|}^{\pi} F_u(x, K)\mathrm{d}x + \quad (7\text{-}9)$$

$$4\pi F_u(|\vartheta_w| - \pi, K)\left[|\vartheta_w| - F_u(|\vartheta_w| - \pi, K)\right]$$

根据式（7-9）计算方差，得到模糊相位噪声的方差如图 7-3 所示。

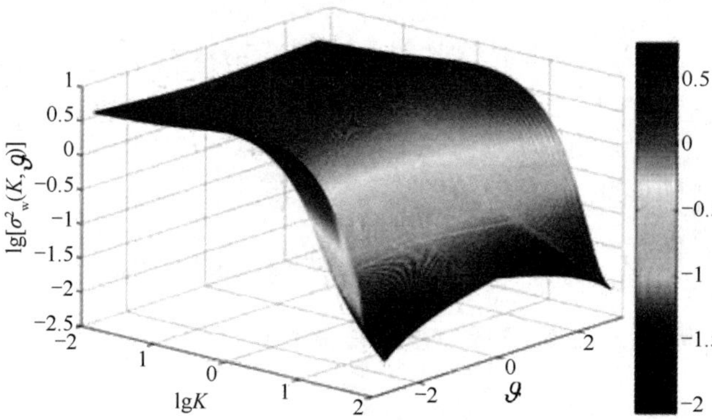

图 7-3　模糊相位噪声的方差

根据图 7-3 可以得到以下结论。

（1） $D_w(K, \vartheta)$ 是关于 ϑ 的偶函数，即 $D_w(K, -\vartheta) = D_w(K, \vartheta)$ 。

（2）当 $\vartheta \in [0, \pi/2]$ 时， $D_w(K, \vartheta)$ 关于 ϑ 单调递增。

（3） $D_w(K, \vartheta)$ 是关于 K 的减函数。

需要注意的是，模糊相位噪声的 PDF、CDF，以及均值和方差，都是关于 ϑ 的周期函数，周期为 2π 。

7.2　数字特征的近似计算

在 7.1 节给出的数字特征理论表达式中，包含多个不可积的部分，尤其是对 CDF 积分需要计算双重数值积分，计算量很大。因此，有必要分析数字特征的近似计算问题。

7.2.1　无模糊相位噪声的方差近似

无模糊相位噪声的均值为 0，但是在方差的计算式中含有不可积的部分。为了方便计算，本节提出一种具有闭合表达式的方差近似计算方法，包含以下 3 种情况。

（1）当复信噪比较小（$0 \leqslant K \leqslant 0.1$）时，对式（7-2）中的积分进行近似计算。当 $x \approx 0$ 时，有 $\exp(x) \approx 1+x$ 和 $\mathrm{erf}(x) \approx 2x/\sqrt{\pi}$，则式（7-2）可以近似为

$$\sigma_{\mathrm{ua}}^2(K) \approx \frac{\pi^2}{3}(1-K) + \sqrt{\frac{K}{\pi}}\left(-2\pi - 0 + \frac{2}{\sqrt{\pi}}\sqrt{K}\frac{6\pi + 4\pi^3}{24}\right) \qquad (7\text{-}10)$$

$$= \frac{\pi^2}{3} - 2\sqrt{\pi K} + \frac{K}{2}$$

（2）当复信噪比适中（$0.1 < K < 10$）时，采用多项式拟合 $\lg \sigma_{\mathrm{ua}}^2(K)$ 与 $\lg K$ 的关系。设 $\lg \sigma_{\mathrm{ua}}^2(K) = \sum_{p=0}^{P} a_p (\lg K)^p$，其中 p 表示阶数。先根据式（7-2）计算得到 $\sigma_{\mathrm{ua}}^2(K)$，再采用最小二乘法估计各阶系数。例如，对于最高阶 $P=4$，各阶系数为 $a_p = [-0.278, -0.903, -0.232, 0.017, 0.016]$。

（3）当复信噪比较大（$K \geqslant 10$）时，相位噪声近似为高斯分布。在图 6-2 中，当复信噪比较大时，大部分噪声集中在 $x=0$ 附近。考虑当复信噪比 K 远大于 1 时，对于 $x \approx 0$，有 $\sin x \approx 0$ 和 $\cos x \approx 1$，则式（6-27）

可以近似为

$$f_{\mathrm{G}}(x,K) \approx \sqrt{\frac{K}{\pi}}\exp\left(-Kx^2\right) = \frac{1}{\sqrt{2\pi}\dfrac{1}{\sqrt{2K}}}\exp\left[-\frac{1}{2\left(\dfrac{1}{\sqrt{2K}}\right)^2}x^2\right] \qquad (7\text{-}11)$$

由式（7-11）可知，方差近似为 $1/(2K)$。

综上所述，方差近似为

$$\sigma_{\mathrm{ua}}^2(K) = \begin{cases} \dfrac{\pi^2}{3} - 2\sqrt{\pi K} + \dfrac{K}{2}, & 0 \leqslant K \leqslant 0.1 \\[2ex] 10^{\sum\limits_{p=0}^{P} a_p(\lg K)^p}, & 0.1 < K < 10 \\[2ex] \dfrac{1}{2K}, & 10 \leqslant K \end{cases} \qquad (7\text{-}12)$$

无模糊相位噪声的方差如图 7-4 所示。图 7-4（a）为方差与 K 的关系曲线。在复信噪比较小时，方差较大，接近 $\pi^2/3$；当 K 增大时，方差减小；在复信噪比较大时，方差与 K 近似成反比。图 7-4（b）为方差的近似值与仿真值之比。可见，该比值接近 1。如果要使近似值具有更高精度，可以采用具有更多段的分段函数和更高阶的多项式。

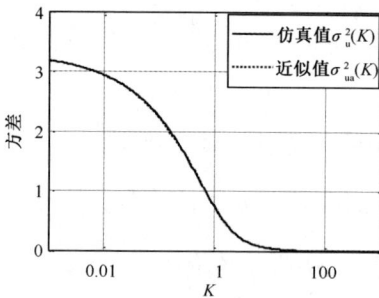

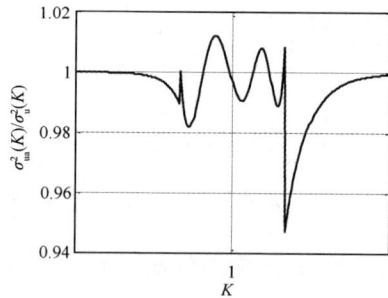

（a）方差与 K 的关系曲线　　　　（b）方差的近似值与仿真值之比

图 7-4　无模糊相位噪声的方差

7.2.2　模糊相位噪声的均值、能量和方差近似

考虑在弱信号($0<|\vartheta|<1$)下,对模糊相位噪声的数字特征理论表达式进行近似,包括均值、能量和方差,即式(7-4)、式(7-6)和式(7-9)。

无模糊相位噪声的累积分布函数为式(6-29),引入一阶泰勒级数对其进行简化。当 $x\approx0$ 时,有

$$F_u\left(x-\pi,K\right)=F_u\left(-\pi,K\right)+xF_u'\left(-\pi,K\right)=xf_u\left(-\pi,K\right) \tag{7-13}$$

式中

$$f_u\left(-\pi,K\right)=f_u\left(\pi,K\right)=\frac{1}{2\pi}\left[e^{-K}+\sqrt{K\pi}\left(\text{erf}\sqrt{K}-1\right)\right] \tag{7-14}$$

可以得到

$$2\pi f_u\left(\pi,K\right)=e^{-K}+\sqrt{K\pi}\left(\text{erf}\sqrt{K}-1\right) \tag{7-15}$$

在后续推导中,经常会用到式(7-15)。

因此,有

$$2\pi F_u\left(|\vartheta_w|-\pi,K\right)\approx|\vartheta_w|\left[e^{-K}+\sqrt{K\pi}\left(\text{erf}\sqrt{K}-1\right)\right] \tag{7-16}$$

将式(7-16)代入式(7-4),可以将均值的表达式近似为

$$M_{wa}\left(K,\vartheta\right)=-\vartheta_w\left[e^{-K}+\sqrt{K\pi}\left(\text{erf}\sqrt{K}-1\right)\right] \tag{7-17}$$

在能量的表达式中含有无模糊相位噪声的 CDF 积分,可以根据梯形法则将该积分近似为

$$\int_{\pi-\vartheta_w}^{\pi}F_u\left(x,K\right)\mathrm{d}x\approx\frac{|\vartheta_w|}{2}\left[F_u\left(\pi,K\right)+F_u\left(\pi-|\vartheta_w|,K\right)\right] \\ =|\vartheta_w|-\frac{|\vartheta_w|}{2}F_u\left(|\vartheta_w|-\pi,K\right) \tag{7-18}$$

因此,可以将能量的表达式近似为

$$P_{wa}\left(K,\vartheta\right)=\sigma_u^2\left(K\right)+\vartheta_w^2\left[e^{-K}+\sqrt{K\pi}\left(\text{erf}\sqrt{K}-1\right)\right] \tag{7-19}$$

根据均值和能量的近似,可以将方差的表达式近似为

$$D_{\mathrm{wa}}(K,\vartheta)=P_{\mathrm{wa}}(K,\vartheta)-M_{\mathrm{wa}}^2(K,\vartheta)=\sigma_{\mathrm{u}}^2(K)+$$
$$\vartheta_{\mathrm{w}}^2\left[\mathrm{e}^{-K}+\sqrt{K\pi}\left(\mathrm{erf}\sqrt{K}-1\right)\right]\left[1-\mathrm{e}^{-K}-\sqrt{K\pi}\left(\mathrm{erf}\sqrt{K}-1\right)\right] \quad (7\text{-}20)$$

本节给出的表达式均为闭合表达式，可实现快速、高效的计算。

下面对式（7-4）、式（7-6）、式（7-9）与式（7-17）、式（7-19）、式（7-20）的结果进行仿真，得到均值、能量和方差的理论值与近似值如图 7-5 所示。由图 7-5 可知，当 $0<\vartheta<1$ 时，均值、能量和方差都近似得很好；但当 $\vartheta>1$ 时，近似值与理论值的差距变得十分明显。如果用 $0<|\vartheta|<1$ 表示弱信号，则可以说上述近似方法对弱信号的近似精度很高。

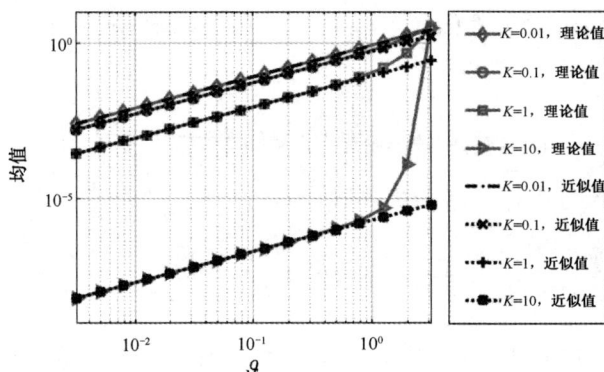

（a）均值的理论值与近似值

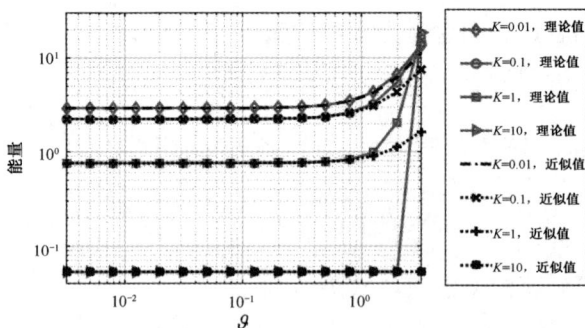

（b）能量的理论值与近似值

图 7-5　均值、能量和方差的理论值与近似值

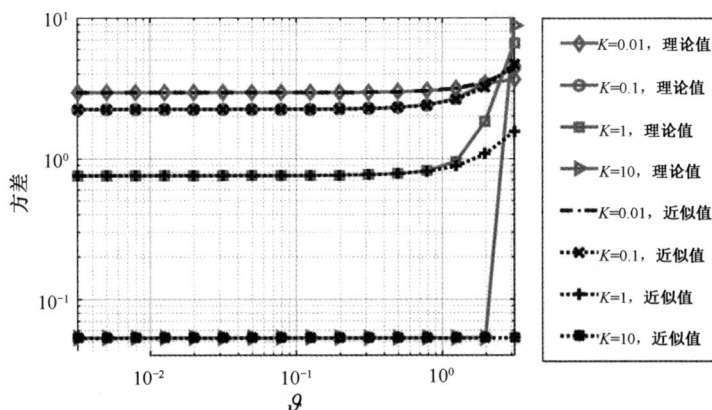

（c）方差的理论值与近似值

图 7-5　均值、能量和方差的理论值与近似值（续）

均值、能量和方差的近似值与理论值之比如图 7-6 所示。由图 7-6 可知，均值的近似值在弱信号下（$\vartheta < 1$）和复信噪比较小时，以及在微弱信号下（$0 < \vartheta < 0.2$）和复信噪比较大时与真值的误差很小；能量和方差的近似值在弱信号（$0 < \vartheta < 1$）下与真值的误差一直很小。可以说，本节的近似计算方法对能量和方差的近似很好，对均值稍差。

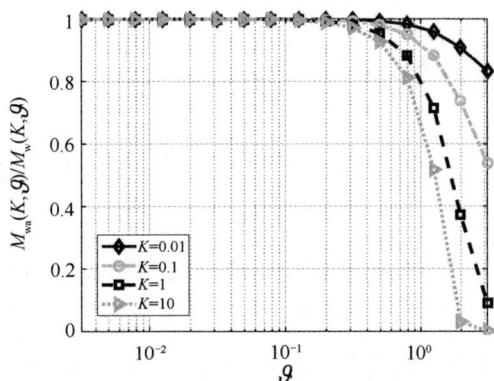

（a）均值的近似值与理论值之比

图 7-6　均值、能量和方差的近似值与理论值之比

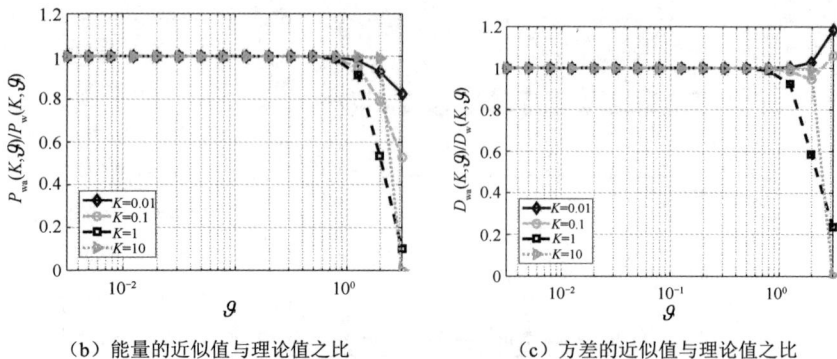

（b）能量的近似值与理论值之比　　　　　（c）方差的近似值与理论值之比

图 7-6　均值、能量和方差的近似值与理论值之比（续）

7.3　自适应数值积分

由于数字特征理论表达式含有多个不可积的部分，只能采用数值计算方法求解。因此，本节介绍自适应数值积分，为此类因无闭合表达式而不可积的问题提供解决思路。

7.3.1　传统数值积分方法

数值积分方法在多个领域有不同程度的应用。目前使用的数值积分方法大多由传统数值积分方法改进而来。例如，2018 年，张永矿在海洋结构物疲劳裂纹扩展寿命的计算中，尝试用数值积分方法推出高阶计算方法，以减少计算步数[1]；2018 年，Votava 等讨论了使用基于 Simpson 积分改进的数值积分方法测量能耗的可能性[2]；2019 年，臧顺全通过 Gauss 型数值积分，针对包含反常积分或重积分的热传导方程，给出了关于正问题的高精度数值解法[3]。

将数值积分方法应用于莱斯相位分布的分布函数和数字特征计算，可以绕过求原函数这个难点。目前，常用的基础数值积分方法包括梯形积分、插值型积分、Newton-Cotes 积分、复化 Simpson 积分等。

此外，在数值积分中使用龙贝格（Romberg）加速公式，可以通过增加少量线性运算获得更高的算法精度。Romberg 加速公式在积分区间逐次分半的过程中，对复化 Newton-Cotes 积分产生的近似值进行加权平均，可以获得精度较高的近似值。

本书结合文献[4]和相关资料，给出以下介绍。

1. 梯形积分

梯形积分利用积分区间 $[a,b]$ 的两个端点的函数值 $f(a)$ 和 $f(b)$ 的算术平均数来估计 $f(\xi)$，从而得到积分的近似值。梯形积分式为

$$I = \int_a^b f(x)\mathrm{d}x = (b-a)f(\xi) \approx (b-a)\frac{f(a)+f(b)}{2} \qquad (7\text{-}21)$$

2. 插值型积分

插值型积分是在区间 $[a,b]$ 上，适当选取节点 x_m，利用 $f(x_m)$ 加权平均得到积分的近似值。插值型积分式为

$$\int_a^b f(x)\mathrm{d}x \approx \sum_{m=0}^{M} A_m f(x_m) \qquad (7\text{-}22)$$

式中，A_m 为求积系数，又称伴随节点 x_m 的权；M 为节点数。内插值型积分式为

$$\int_a^b f(x)\mathrm{d}x \approx \int_a^b L_M(x)\mathrm{d}x = \int_a^b \sum_{m=0}^{M} f(x_m)l_m(x)\mathrm{d}x = \sum_{m=0}^{M} A_m f(x_m) \quad (7\text{-}23)$$

式中，$L_M(x)$ 为插值多项式；$l_m(x)$ 为

$$l_m(x) = \prod_{\substack{i=0 \\ i \neq m}}^{M} \frac{x-x_i}{x_m-x_i} \qquad (7\text{-}24)$$

式中，$m = 0,1,2,\cdots,M$ 为插值基数。

3. Newton-Cotes 积分

在式（7-23）中，当所取节点等距时，将其称为 Newton-Cotes 公式。将区间 $[a,b]$ 等分为 M 份，用 $L_M(x)$ 近似 $f(x)$，此时有 $h = (b-a)/M$，

$x_i = a + ih\ (i = 0,1,\cdots,M)$。

求积系数可以表示为

$$A_m = \int_a^b l_m(x)\mathrm{d}x = \int_a^b \prod_{\substack{i=0 \\ i \neq m}}^{M} \frac{x - x_i}{x_m - x_i}\mathrm{d}x = (b-a)C_m^{(M)} \tag{7-25}$$

因此，Newton-Cotes 公式为

$$\int_a^b f(x)\mathrm{d}x \approx (b-a)\sum_{m=0}^{M} C_m^{(M)} f(x_m) \tag{7-26}$$

Cotes 系数为

$$C_m^{(M)} = \frac{1}{M}\frac{(-1)^{M-m}}{m!(M-m)!}\int_0^M \prod_{\substack{i=0 \\ i \neq m}}^{M}(t-i)\mathrm{d}t \tag{7-27}$$

式中，$m = 0,1,\cdots,M$。Cotes 系数不仅与被积函数无关，还与积分区间无关。

当 $M = 1$ 时，Newton-Cotes 公式即梯形积分式。

当 $M = 2$ 时，得到抛物线公式，又称 Simpson 公式，可以表示为

$$\int_a^b f(x)\mathrm{d}x \approx \frac{b-a}{6}\left[f(a) + 4f\left(\frac{a+b}{2}\right) + f(b)\right] \tag{7-28}$$

当 $M = 3$ 时，得到 Newton 公式为

$$\int_a^b f(x)\mathrm{d}x \approx \frac{3(b-a)}{8}\left[f(a) + 3f\left(\frac{2a+b}{3}\right) + 3f\left(\frac{a+2b}{3}\right) + f(b)\right] \tag{7-29}$$

当 $M = 4$ 时，得到 Cotes 公式为

$$\int_a^b f(x)\mathrm{d}x \approx \frac{b-a}{90}\left[7f(x_0) + 32f(x_1) + 12f(x_2) + 32f(x_3) + 7f(x_4)\right] \tag{7-30}$$

4. 复化 Simpson 积分

将区间 $[a,b]$ 等分为 M 份，在每个子区间上使用 Simpson 公式，可以得到

$$\int_{x_m}^{x_{m+1}} f(x)\mathrm{d}x \approx \frac{x_{m+1} - x_m}{6}\left[f(x_m) + 4f(x_{m+0.5}) + f(x_{m+1})\right] \tag{7-31}$$

式中，$x_{m+0.5} = x_m + h/2$。将使用 Simpson 公式得到的 M 个子区间的积分值累加，可以得到总的被积函数 $f(x)$ 的积分值，这就是复化的含义，

可以得到

$$
\begin{aligned}
\int_a^b f(x)\mathrm{d}x &= \sum_{m=0}^{M-1}\int_{x_m}^{x_{m+1}} f(x)\mathrm{d}x \\
&= \frac{h}{6}\left[f(a)+4\sum_{m=0}^{M-1} f(x_{m+0.5})+2\sum_{m=1}^{M-1} f(x_m)+f(b)\right]
\end{aligned}
\tag{7-32}
$$

式（7-32）为复化 Simpson 公式，将复化 Simpson 值记为 S_M。

5. Romberg 加速公式

在二分区间的过程中运用 Romberg 加速公式，可以将粗糙的梯形值 T_M 逐步加工为精度较高的复化 Simpson 值 S_M、Cotes 值 C_M 和 Romberg 值 R_M，即

$$
S_M = \frac{4}{3}T_{2M} - \frac{1}{3}T_M
\tag{7-33}
$$

$$
C_M = \frac{16}{15}S_{2M} - \frac{1}{15}S_M
\tag{7-34}
$$

$$
R_M = \frac{64}{63}C_{2M} - \frac{1}{63}C_M
\tag{7-35}
$$

7.3.2　自适应 Simpson 积分计算

将 Simpson 公式作为自适应 Simpson 积分计算的基础公式。自适应 Simpson 积分计算的思想是：以 Simpson 公式为基础，利用 Romberg 算法，在区间逐次二分的过程中，不断修正积分值，获得更快的收敛速度。

1. 计算步骤

（1）将积分区间 $[a,b]$ 逐次二分，每分一次就用 Simpson 公式算出相应的积分近似值 S_M 和 S_{2M}。

（2）根据式（7-34），将 Simpson 值加工为精度更高的 Cotes 值 C_M。

（3）用 C_M 和 S_M 的两次计算值判断误差，当达到事先给定的误差精度或最大区间数 M 时，停止计算，可以确定步长 h。

2. 误差分析

设每个子区间的误差为 ε，最大区间数为 M，由于每个子区间的实际误差有正有负，累加各子区间的误差会出现正负误差相互抵消的情况，这有利于减小最终误差。因此，最大误差为

$$I - \sum_{i=1}^{M} C_i = M\varepsilon \qquad (7\text{-}36)$$

式中，I 表示十分接近真实积分值的近似积分值；C_i 表示第 i 个子区间的 Cotes 值。式（7-36）表明了自适应 Simpson 积分计算的误差范围为 $[0, M\varepsilon]$。

在实际应用中，如果出现实际误差大于最大误差的情况，说明在达到最大区间数 M 时，仍未使子区间误差限定在 ε 内。此时应修改输入参数：一方面，可以增大 M 或在满足系统精度要求的情况下，增大 ε；另一方面，可以不断减小子区间误差 ε，这虽然能提高算法精度，但同时需要增大最大区间数 M，会带来更大计算量，因此不能一味减小子区间误差 ε。

7.3.3　仿真分析

本节以无模糊相位噪声的累积分布函数中含有的不可积部分，即式（6-31）为例，对自适应 Simpson 积分计算进行仿真。

采用自适应 Simpson 积分计算式（6-31）后，得到函数曲线（$\varepsilon = 10^{-5}$）如图 7-7 所示。$\mathrm{cexf}(x,k)$ 的绝对误差和相对误差（$\varepsilon = 10^{-5}$）如图 7-8 所示。参数设置为：$\varepsilon = 10^{-5}$、$M = 1000$、$x \in [-\pi, \pi]$。

当子区间误差 $\varepsilon = 10^{-5}$、最大区间数 $M = 1000$ 时，理论绝对误差范围为 $[0, 10^{-2}]$。由图 7-8 可知，仿真绝对误差不超过 5‰，仿真相对误差不超过 1%，在理论绝对误差范围内。另外，区间 $[-\pi, 0]$ 内的相对误差不超过 9‰，区间 $[0, \pi]$ 内的相对误差不超过 4‰，但两个区间内的绝对误差相差不大，这是因为区间 $[-\pi, 0]$ 比区间 $[0, \pi]$ 的积分值小。

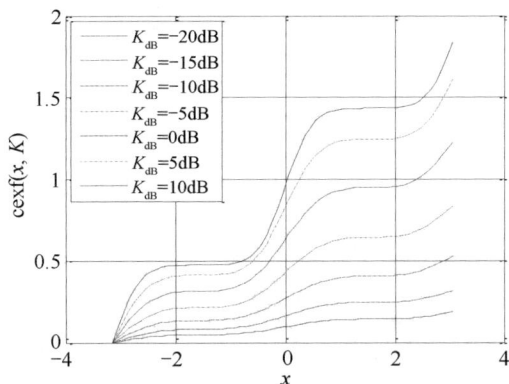

图 7-7　函数曲线（ $\varepsilon = 10^{-5}$ ）

将子区间误差 ε 调整为 10^{-7} ，得到 $\mathrm{cexf}(x,k)$ 的绝对误差和相对误差
（ $\varepsilon = 10^{-7}$ ）如图 7-9 所示。当 $\varepsilon = 10^{-7}$ 、 $M = 1000$ 时，理论绝对误差范围
为 $[0,10^{-4}]$ 。由图 7-9 可知，仿真绝对误差范围为 $[0,4\times10^{-4}]$ ，超出了
理论绝对误差范围，这是因为在达到最大区间数 M 时，还有部分子区
间的误差不满足 ε 的要求，即有部分子区间还未二分区间就结束了循
环，并输出了结果。在这种情况下，应增大最大区间数 M ，使其不会
溢出。

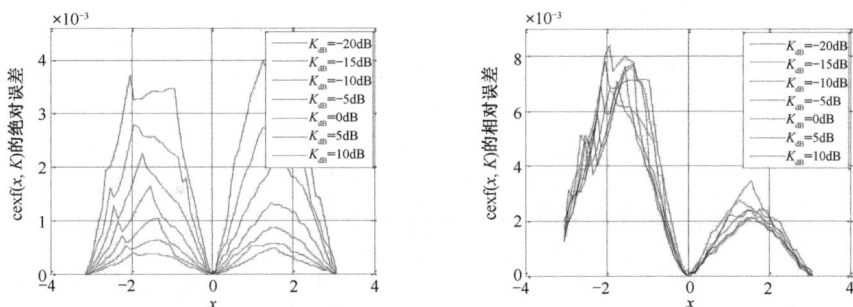

（a）绝对误差　　　　　　　　　（b）相对误差

图 7-8　 $\mathrm{cexf}(x,K)$ 的绝对误差和相对误差（ $\varepsilon = 10^{-5}$ ）

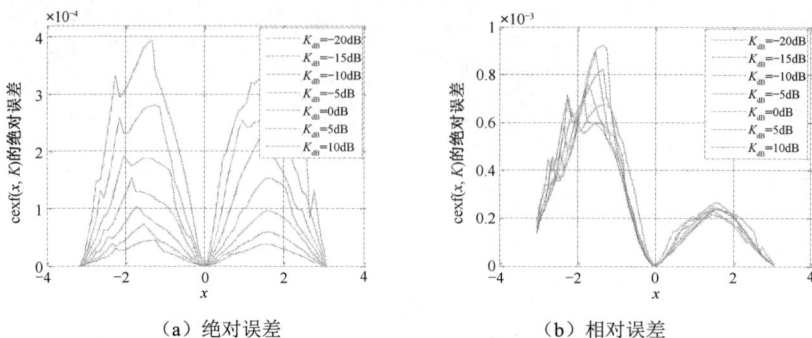

（a）绝对误差　　　　　　　　　　（b）相对误差

图 7-9　$\mathrm{cexf}(x, K)$ 的绝对误差和相对误差（$\varepsilon = 10^{-7}$）

通过对函数 $\mathrm{cexf}(x, K)$ 的仿真分析，可以进一步得到无模糊相位噪声的 CDF 曲线，如图 7-10 所示。对比发现，图 7-10 与图 6-3 基本吻合。

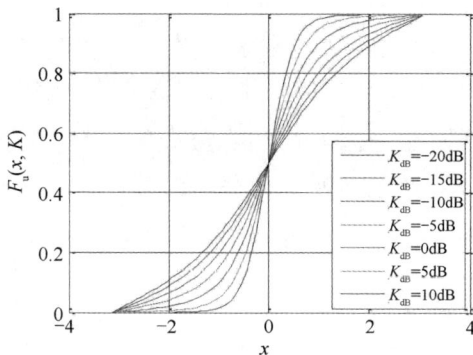

图 7-10　无模糊相位噪声的 CDF 曲线

7.4　相关 MATLAB 程序

7.4.1　模糊相位噪声的数字特征

```
%%--------------------主程序Main_wrap_21510.m --------------------------------
SNRK = [-20:1:20];          %复信噪比的值（dB）
```

```
vang=[-0.9:0.1:0.9]*pi;          %相位真值
Kg=[];
for iK=1:length(SNRK)
waitbar(iK/length(SNRK))%显示进程
SNRr=SNRK(iK); Kg(1,iK)= 10^(SNRr/10); Ksnr=Kg(1,iK);
for iv=1:length(vang)
phaw=DstWrap(0, Ksnr, vang(iv),0); %求参数
Mwg(iv,iK)=phaw.Mx(1);     %均值
Ewg(iv,iK)=phaw.Ex(1);     %能量
Dwg(iv,iK)=phaw.Dx(1);     %方差
end
end
%%-------三维-------
%均值
figure(7);
mesh(log10(Kg),vang,(Mwg))
xlabel('log10({\itK})'); ylabel('\vartheta');     zlabel('M_{\itw}({\itK},\vartheta)');
%能量
figure(8);
mesh(log10(Kg),vang,log10(Ewg))
xlabel('log10({\itK})'); ylabel('\vartheta');     zlabel('log10(P_{\itw}({\itK},\vartheta))');
%方差
figure(9);
mesh(log10(Kg),vang,log10(Dwg))
xlabel('log10({\itK})'); ylabel('\vartheta');     zlabel('log10(\sigma^2_{\itw}({\itK},\vartheta))');
```

7.4.2　数字特征的近似计算

1. 无模糊相位噪声的方差与近似方差

```
%%--------------------主程序Main_unwrap_21510.m -----------------------
%%---------对称分布的方差和近似方差------------
SNRK= [-30:0.2:30];%复信噪比的值（dB）
for iK=1:length(SNRK)
waitbar(iK/length(SNRK))
SNRr=SNRK(iK); Kg(1,iK)= 10^(SNRr/10); Ksnr=Kg(1,iK);
```

```
phas=PhaseDst(phix, Ksnr, 0);        %均值为0
Vsg(1,iK)= [phas.D2];                %方差
Vsg(2,iK)= PNapprx(Ksnr);            %近似方差
end
figure(3);
semilogx(Kg,Vsg(1,:),'-r',Kg,Vsg(2,:),':b','linewidth',2);grid on
xlabel('{\itK}');ylabel('方差\sigma^2({\itK})');xlim([Kg(1) Kg(end)]);
legend('仿真值\sigma^2({\itK})','近似值\sigma_a^2({\itK})')        %仿真方差和
近似方差
figure(4);
semilogx(Kg,Vsg(2,:)./Vsg(1,:),'-r','linewidth',2);grid on
%误差
xlabel('{\itK}');ylabel('\sigma^2_a({\itK}) / \sigma^2({\itK})');xlim([Kg(1) Kg(end)]);
%legend('Normalized variance')
```

2. 模糊相位噪声在弱信号下的数字特征

```
%%-------主程序Main_wrap_21510.m-------------------------
SNRrg = [-20:-10:0:10];        %复信噪比的值（dB）
thetag=[0.001:0.1:1]*pi;       %信号确定相位
for iR=1:length(SNRrg)
SNRr=SNRrg(iR)
    for ith=1:length(thetag)
Krg(1,iR)=10^(SNRr/10);Ksnr=Krg(1,iR);Kfor(1,iR)=Ksnr;
Bfor(1,ith)=thetag(ith);                %当前信号相位
B=Bfor(ith);
%%----------分布特征的计算----------
theta=Bfor(1,ith);phix=(-theta-2*pi):0.01:(-theta+2*pi);
pwra=DstWrap(phix, Ksnr, theta,1);        %近似
Kfor(1,iR)=Ksnr;
Dfor(iR,ith)=pwra.Dx(1);Dfor2(iR,ith)=pwra.Dx(2);        %方差集合
Efor(iR,ith)=pwra.Ex(1);Efor2(iR,ith)=pwra.Ex(2);        %能量集合
Mfor(iR,ith)=pwra.Mx(1);Mfor2(iR,ith)=pwra.Mx(2);        %均值集合
end
end
Bfor=thetag;Kfor=10.^(SNRrg/10);
%%----------近似计算----------
```

```
%均值
figure(10);
loglog(thetag,-Mfor(1,:),'-bd',thetag,-Mfor(2,:),'-co',thetag,-Mfor(3,:),'-gs',thetag,
-Mfor(4,:),'-k>',...
    thetag,-Mfor2(1,:),':rx',thetag,-Mfor2(2,:),':r.',thetag,-Mfor2(3,:),':r+',thetag,
-Mfor2(4,:),':r*','linewidth', 2);grid on;
    legend('K=0.01,Theory','K=0.1, Theory','K=1, Theory','K=10, Theory','K=0.01,
Approx','K=0.1, Approx','K=1, Approx','K=10, Approx')
    xlabel('\vartheta');ylabel('均值');
    xlim([thetag(1), thetag(end)]);
    ylim([1e-9 10]);
    %近似值与理论值之比
    figure(11);semilogx(thetag,-Mfor2(1,:)./-Mfor(1,:),'-r',thetag,-Mfor2(2,:)./-Mfor(2,:),
'-c',thetag,-Mfor2(3,:)./-Mfor(3,:),'-b',thetag,-Mfor2(4,:)./-Mfor(4,:),'-k','linewidth',2);grid
on
    legend('K=0.01','K=0.1','K=1','K=10')
    xlabel('\vartheta');ylabel('M_w_a(K,\vartheta) / M_w(K,\vartheta)');
    xlim([0, 1]);
    %能量
    figure(12);
    loglog(thetag,Efor(1,:),'-bd',thetag,Efor(2,:),'-co',thetag,Efor(3,:),'-gs',thetag,Efor
(4,:),'-k>',...
    thetag,Efor2(1,:),':rx',thetag,Efor2(2,:),':r.',thetag,Efor2(3,:),':r+',thetag,Efor2(4,:),':r*'
,'linewidth',2);grid on;
    legend('K=0.01,Theory','K=0.1, Theory','K=1, Theory','K=10, Theory','K=0.01,Approx',
'K=0.1, Approx', 'K=1, Approx','K=10, Approx')
    xlabel('\vartheta');ylabel('能量');xlim([thetag(1), thetag(end)]);ylim([ 4e-2 30])
    %近似值与理论值之比
    figure(13);semilogx(thetag,Efor2(1,:)./Efor(1,:),'-r',thetag,Efor2(2,:)./Efor(2,:),'-c',
thetag,Efor2(3,:)./ Efor(3,:),'-b',thetag,Efor2(4,:)./Efor(4,:),'-k','linewidth',2);grid on
    legend('K=0.01','K=0.1','K=1','K=10')
    xlabel('\vartheta');ylabel('E_wa(K,\vartheta) / E_w(K,\vartheta)');
    xlim([0, 1]);
    %方差
    figure(14);
    loglog(thetag,Dfor(1,:),'-bd',thetag,Dfor(2,:),'-co',thetag,Dfor(3,:),'-gs',thetag,Dfor
(4,:),'-k>',...
```

```
    thetag,Dfor2(1,:),':rx',thetag,Dfor2(2,:),':r.',thetag,Dfor2(3,:),':r+',thetag,Dfor2(4,:),
':r*','linewidth',2);grid on;
    legend('K=0.01,Theory','K=0.1,Theory','K=1,Theory','K=10,Theory','K=0.01,Approx
','K=0.1, Approx','K=1, Approx','K=10, Approx')
    xlabel('\vartheta');ylabel('方差');xlim([thetag(1), thetag(end)]);ylim([ 4e-2 10])
    %近似值与理论值之比
    figure(15);semilogx(thetag,Dfor2(1,:)./Dfor(1,:),'-r',thetag,Dfor2(2,:)./Dfor(2,:),'-c',
thetag,Dfor2(3,:)./ Dfor(3,:),'-b',thetag,Dfor2(4,:)./Dfor(4,:),'-k','linewidth',2);grid on
    legend('K=0.01','K=0.1','K=1','K=10')
    xlabel('\vartheta');ylabel('D_wa(K,\vartheta) / D_w(K,\vartheta)');
    xlim([0, 1]);))-1));
    %方差的近似值
```

7.4.3　自适应数值积分

```
%%--------------------主程序main_cexf_210510.m -------------------------------
clc;close all;clear all;
%对CDF中的函数cexf(x, K)进行计算，并与自带函数quad进行对比
UpperLimit = -pi:0.1:pi;   %积分上限
k = 10.^((-20:5:10)/20);   %复信噪比的范围
for i=1:length(k)
for j=1:length(UpperLimit);
q(i,j)=sqrt(k(i)/pi)*interg(@(x)cexfin(x,k(i)),-pi,UpperLimit(j),1e-5,1000);%interg设
计的数值积分，子区间误差为10^-5
%绘制图7-8后将子区间误差调整为10^-7
Q(i,j)=sqrt(k(i)/pi)*quad(@(x)cexfin(x,k(i)),-pi,UpperLimit(j));%自带函数quad
end
end
figure(1);
plot(UpperLimit,q(1,:),UpperLimit,q(2,:),UpperLimit,q(3,:),UpperLimit,q(4,:),Upper
Limit,q(5,:),UpperLimit,q(6,:),UpperLimit,q(7,:))
xlabel('x','fontsize',14);ylabel('cexf(x, K)','fontsize',14);
legend('K_dB=-20dB','K_dB=-15dB','K_dB=-10dB','K_dB=-5dB','K_dB=0dB','K_dB=5dB','K_dB=10dB');
aberr=abs(Q-q); %绝对误差
figure(2);
```

```
    plot(UpperLimit,aberr(1,:),UpperLimit,aberr(2,:),UpperLimit,aberr(3,:),UpperLimit,
aberr(4,:),UpperLimit,aberr(5,:),UpperLimit,aberr(6,:),UpperLimit,aberr(7,:));
    legend('KdB=−20dB','KdB=−15dB','KdB=−10dB','KdB=−5dB','KdB=0dB','KdB=5dB','KdB=10dB');
    xlabel('x','fontsize',14);ylabel('cexf(x, K)的绝对误差','fontsize',14);
    reerr=aberr./abs(Q);%相对误差
    figure(3);
    plot(UpperLimit,reerr(1,:),UpperLimit,reerr(2,:),UpperLimit,reerr(3,:),UpperLimit,re
err(4,:),UpperLimit,reerr(5,:),UpperLimit,reerr(6,:),UpperLimit,reerr(7,:));
    xlabel('x','fontsize',14);ylabel('cexf(x, K)的相对误差','fontsize',14);
    legend('KdB=−20dB','KdB=−15dB','KdB=−10dB','KdB=−5dB','KdB=0dB','KdB=5dB','KdB=10dB');
    %CDF曲线
    clc;close all;clear all;
    UpperLimit = -pi:0.1:pi;    %积分上限
    k = 10.^((-20:5:10)/20);
    for i=1:length(k)
    for j=1:length(UpperLimit);
    q(i,j)=sqrt(k(i)/pi)*interg(@(x)cexfin(x,k(i)),-pi,UpperLimit(j));%如果要调整子区
间误差和最大区间数，可以增加变量
    cex(i,j)=q(i,j)/2+erf(sqrt(k(i))*sin(UpperLimit(j)))/4+
exp(-k(i))*(UpperLimit(j)+pi)/2/pi;
    Q(i,j)=sqrt(k(i)/pi)*quad(@(x)cexfin(x,k(i)),-pi,UpperLimit(j));
    end
    end
    figure(4); %CDF
    plot(UpperLimit,cex(1,:),UpperLimit,cex(2,:),UpperLimit,cex(3,:),UpperLimit,cex(4,:),
UpperLimit,cex(5,:),UpperLimit,cex(6,:),UpperLimit,cex(7,:))
    xlabel('x','fontsize',14);ylabel('Fu(x, K)','fontsize',14);ylim([0,1]);
    legend('KdB=−20dB','KdB=−15dB','KdB=−10dB','KdB=−5dB','KdB=0dB','KdB=5dB','KdB=10dB');
    %%%--------------------cexfin -----------------------------
    function y=cexfin(x,k)
    y = cos(x).*exp(-k*sin(x).^2).*erf(sqrt(k)*cos(x));%函数cexf(x, K)中的积分
    end
    %%%-------------------- interg -----------------------------
    function Qtotal = interg(fun,a,b,tol,nmax,varargin)
    %自适应Simpson积分。fun表示被积函数，a表示积分区间左端点，b表示积分区
间右端点，tol表示子区间误差，nmax表示最大区间数。
    if nargin < 4 || isempty(tol), tol = 1e-5; end;    %如果输入变量小于4，则设置子区间
```

误差为10^{-5}

```
    if nargin < 5 || isempty(nmax), nmax = 1000; end;%如果输入变量小于5，则设置最
大区间数为1000
    h=b-a; %积分区间
    x=[a a+h/2 b]; %分为两个子区间
    y=fun(x);
    Q(1)=recursion(fun,x(1),x(2),y(1),y(2),tol,nmax);%递归计算第1个子区间的积分值
    Q(2)=recursion(fun,x(2),x(3),y(2),y(3),tol,nmax);%递归计算第2个子区间的积分值
    Qtotal=sum(Q);
    end
    %%------------------------------------------------------------
    function Q=recursion(func,a,b,fa,fb,tol,nmax)    %比较误差，递归调用
    Maxtimes=2;%递归数，每递归一次进行加1操作
    h = b-a;
    x = [a a+h/4 a+h/2 b-h/4 b];
    fa = func(x(1));fb = func(x(2));fc = func(x(3));fd = func(x(4));fe = func(x(5));
    Q1 = (h/6)*(fa + 4*fc + fb);%3点Simpson
    Q2 = (h/12)*(fa + 4*fd + 2*fc + 4*fe + fb);%5点Simpson
    Q = Q2 + (Q2 - Q1)/15;%加工为Cotes值
    %误差小于或等于10⁻⁵则退出递归
    if abs(Q-Q2)<=tol
    return
    end
    %达到最大区间数，则退出递归
    Maxtimes=Maxtimes+1;
    if Maxtimes==nmax
    return
    end
    %不满足上述条件则继续对区间进行Simpson积分计算
    Qac=recursion(func,x(1),x(3),fa,fc,tol,nmax);
    Qcd=recursion(func,x(3),x(5),fc,fd,tol,nmax);
    Q=Qac+Qcd;
    end
```

参 考 文 献

[1]　张永矿. 数值积分和谱方法在海洋结构物疲劳裂纹扩展中的应用[D].
上海：上海交通大学, 2018.

[2]　Votava J, Kyncl J, Straka L. Energy Consumption Measurements Based on
Numerical Integration[C]//2018 International Scientific Conference on
Electric Power Engineering(EPE). Brno, Czech Republic: IEEE Press,
2018:1-4.

[3]　臧顺全. 热传导方程正问题和反问题的数值解研究[D]. 西安：西安理
工大学, 2019.

[4]　丁丽娟, 程杞元. 数值计算方法（第二版）[M]. 北京：北京理工大学出
版社, 2005.

第 8 章
相位噪声下的信号检测

本章分析相位噪声对有用信号检测的影响，讨论相位域信号检测理论。根据前面分析的相位噪声分布[1]，结合统计信号处理中的匹配滤波检测方法[2]，给出相位域的检测器，并分析检测性能[3][4]。针对无模糊相位噪声和模糊相位噪声下的信号检测，推导检测统计量的分布并计算检测信噪比。

8.1　信号模型

在通信系统中，信号调制方式和信道特性都会影响信号传输性能。在衰落信道中，衰落因子和信号幅度会对传输性能产生影响。在频域，衰落包括平坦衰落和频率选择性衰落。为了方便分析，本节考虑平坦衰落模型，即假设衰落因子和信号幅度在不同波形的时间间隔内保持不变。

考虑在一个码元时间内，有用信号的复数域幅度 A 和相位域幅度 B 均保持不变。在通信系统的接收端，假设 H_i 下的基带数据的复数形式可以建模为

$$H_i: \quad z(m) = A\exp\left[jBs_i(m)\right] + n(m) \tag{8-1}$$

式中，$z(m)$ 表示接收信号；$s_i(m)$ 表示假设 H_i 下的发送信号；$n(m)$ 表示复加性高斯白噪声；采样点序号 $m = 1, 2, 3, \cdots, M$，M 表示一个波形中的样本数。

基于 $z(m)$，考虑两种相位数据。

一是经过完美解模糊处理后的相位，模型为

$$\theta(m) = \sphericalangle[z(m)] = Bs_i(m) + \phi_i(m) \tag{8-2}$$

$$\phi_i(m) = \sphericalangle\{z(m)\exp[-\mathrm{j}Bs_i(m)]\} \tag{8-3}$$

式中，$\theta(m)$ 为 $z(m)$ 的无模糊相位；$\phi_i(m)$ 为无模糊相位噪声。

二是没有经过解模糊处理的测量相位，有用信号 $Bs_i(m)$ 的模糊信号为 $[Bs_i(m)]_{\mathrm{w}}$，可以得到模糊相位模型为

$$y(m) = \angle[z(m)] = [Bs_i(m)]_{\mathrm{w}} + \varphi_i(m) \tag{8-4}$$

$$\varphi_i(m) = \angle[z(m)] - [Bs_i(m)]_{\mathrm{w}} \tag{8-5}$$

式中，$y(m)$ 为 $z(m)$ 的测量相位；$\varphi_i(m)$ 为模糊相位噪声。

向量表示为 $\boldsymbol{y} = [y(1), y(2), \cdots, y(M)]^{\mathrm{T}}$，$\boldsymbol{\theta} = [\theta(1), \theta(2), \cdots, \theta(M)]^{\mathrm{T}}$，$\boldsymbol{s}_i = [s_i(1), s_i(2), \cdots, s_i(M)]^{\mathrm{T}}$。波形能量可以表示为 $E_{si} = \boldsymbol{s}_i^{\mathrm{T}}\boldsymbol{s}_i$。

值得说明的是，虽然在实际应用中很难实现完美解模糊，但对 $\theta(m)$ 的分析有助于评估 $y(m)$ 的检测性能。因此，对无模糊相位的检测分析很有必要。

8.2　匹配滤波器

信号检测的任务是从式（8-2）或式（8-4）中检测 $s_i(m)$。在现有的通信系统中，匹配滤波器的应用极为广泛。

实际上，在高斯白噪声下，匹配滤波检测的效果与最大似然序列检测相近，两者仅在表达形式上有差别。在二元假设检测中，接收信号用 $\boldsymbol{r}$ 表示，发送信号用 $\boldsymbol{s}$ 表示。假设系统已经实现同步，等概率随机发送码元"0"和"1"，且有用信号的幅度为负数。那么，匹配滤波器可以表示为

$$\boldsymbol{r}^{\mathrm{T}}(\boldsymbol{s}_0 - \boldsymbol{s}_1) \underset{D_0}{\overset{D_1}{\gtrless}} 0 \tag{8-6}$$

式中，D_1 和 D_0 表示匹配滤波检测器的两种判决结果。

对于高斯白噪声下的信号检测，匹配滤波器可以取得最优性能。本节考虑使用匹配滤波器对含有相位噪声的数据进行处理，是因为现代通信系统一般采用匹配滤波检测方法，目前还没有出现针对相位噪声的检测器。

信号检测理论表明，误码率可能因调制方式或信道特性的不同而不同，可以用信噪比（Signal Noise Ratio，SNR）评估检测性能。在 AWGN 中，信噪比定义为信号能量和噪声能量之比，等于匹配滤波器的输出信噪比。

在高斯白噪声下，匹配滤波器的检测统计量表示为

$$T(\boldsymbol{r}) = \boldsymbol{r}^{\mathrm{T}}\boldsymbol{s} = \sum_{m=1}^{M} r(m)s(m) \tag{8-7}$$

式中，$r(m)$ 表示接收信号；$s(m)$ 表示发送信号；M 表示样本数。

在相位域信号检测中，根据式（8-2）和式（8-4），可以得到无模糊相位噪声与模糊相位噪声下的匹配滤波器的检测统计量，分别为

$$T_i(\boldsymbol{\theta}) = \boldsymbol{\theta}^{\mathrm{T}}\boldsymbol{s}_i = \sum_{m=1}^{M} \theta(m)s_i(m) \tag{8-8}$$

$$T_i(\boldsymbol{y}) = \boldsymbol{y}^{\mathrm{T}}\boldsymbol{s}_i = \sum_{m=1}^{M} y(m)s_i(m) \tag{8-9}$$

判决准则分别为

$$T_i(\boldsymbol{\theta}) = \boldsymbol{\theta}^{\mathrm{T}}\boldsymbol{s}_i \underset{D_0}{\overset{D_1}{\gtrless}} 0 \tag{8-10}$$

$$T_i(\boldsymbol{y}) = \boldsymbol{y}^{\mathrm{T}}\boldsymbol{s}_i \underset{D_0}{\overset{D_1}{\gtrless}} 0 \tag{8-11}$$

由于检测性能与噪声分布密切相关，下面分析无模糊相位噪声与模糊相位噪声下的信号检测问题，推导检测统计量的分布并计算检测信噪比。

8.3 无模糊相位噪声下的信号检测

本节分析无模糊相位噪声下的信号检测问题。基于匹配滤波检测理论，推导检测统计量的分布并计算检测信噪比。以二进制相移键控（Binary

Phase Shift Keying，BPSK）调制为例，分析检测性能，验证理论推导的
准确性。

8.3.1　检测统计量的分布

判决准则和通信性能与检测统计量的分布密切相关。可以基于式（8-8）
推导无模糊相位噪声下的检测统计量分布。

设信号模型为

$$\theta(m) = \sphericalangle\big[Bs(m)+n(m)\big] = Bs(m)+\phi(m) \tag{8-12}$$

式中，$n(m)$ 表示复高斯白噪声；$\phi(m)$ 表示等效的无模糊相位噪声，服从
无模糊相位噪声分布，概率密度函数为 $f_u(x,K)$。

检测统计量渐近服从高斯分布，可以表示为

$$\boldsymbol{\theta}^T \boldsymbol{s} = \sum_{m=1}^M \theta(m)s(m) \overset{a}{\sim} \mathcal{N}\big[E_{Tu}(K,B,\boldsymbol{s}), D_{Tu}(K,B,\boldsymbol{s})\big] \tag{8-13}$$

式中，E_{Tu} 和 D_{Tu} 分别为检测统计量的均值和方差。当 $M\to\infty$ 时，有

$$E_{Tu}(K,B,\boldsymbol{s}) = BE_s \tag{8-14}$$

$$D_{Tu}(K,B,\boldsymbol{s}) = \sigma_u^2(K)E_s \tag{8-15}$$

无模糊相位噪声与高斯噪声一样，都是对称分布。因此，在无模糊相
位噪声的影响下，检测统计量的分布与在 AWGN 下一样，均值等于有用
信号 $Bs(m)$ 的能量，方差为噪声方差与滤波器能量的积。

下面推导在加性高斯噪声的影响下，当噪声方差有界时，确知信号的
检测统计量分布。设信号模型为

$$x(m) = \xi s(m)+w(m) \tag{8-16}$$

式中，$w(m)$ 为加性高斯噪声，均值为 $\mu(m)$，方差为 σ^2。检测统计量为

$$T(\boldsymbol{x}) = \sum_{m=1}^M x(m)s(m) \tag{8-17}$$

$T(\boldsymbol{x})$ 渐近服从高斯分布，当 $M\to\infty$ 时，有

$$T(\boldsymbol{x}) \overset{a}{\sim} \mathcal{N}\bigg(\xi E_s + \sum_{m=1}^M \mu(m)s(m), \sigma^2 E_s\bigg) \tag{8-18}$$

由中心极限定理可知，$x(m)$ 独立同分布，检测统计量在 $M \to \infty$ 时渐近服从高斯分布。这里 $w(m)$ 服从相位噪声分布且 $\xi s(m)$ 是确知信号，则 $x(m)$ 的期望和方差可以计算为

$$E\big[x(m)\big] = \xi s(m) + \mu(m) \qquad (8\text{-}19)$$

$$D\big[x(m)\big] = D\big[w(m)\big] = \sigma^2 \qquad (8\text{-}20)$$

检测统计量的均值为

$$
\begin{aligned}
E\big[T(\boldsymbol{x})\big] &= E\left[\sum_{m=1}^{M} x(m)s(m)\right] = \sum_{m=1}^{M} E\big[x(m)\big]s(m) \\
&= \sum_{m=1}^{M} \xi s(m)s(m) + \sum_{m=1}^{M} \mu(m)s(m) \qquad (8\text{-}21) \\
&= \xi E_s + \sum_{m=1}^{M} \mu(m)s(m)
\end{aligned}
$$

方差为

$$
\begin{aligned}
D\big[T(\boldsymbol{x})\big] &= D\left[\sum_{m=1}^{M} x(m)s(m)\right] \\
&= \sum_{m=1}^{M} D\big[x(m)\big]s^2(m) \qquad (8\text{-}22) \\
&= \sigma^2 E_s
\end{aligned}
$$

该推导没有对噪声类型提出要求，因此适用于无模糊噪声、模糊噪声及前面介绍的脉冲噪声。

8.3.2 检测信噪比

由于检测统计量 $\boldsymbol{\theta}^{\mathrm{T}}\boldsymbol{s}$ 渐近服从高斯分布，无模糊相位噪声下的判决准则可以参考 AWGN 下的判决准则。虽然通信性能与具体调制方式、信道模型有关，但本节关注基本的检测性能，主要分析检测信噪比。

检测统计量的信噪比简称检测信噪比（Test Signal Noise Ratio，TSNR）。

基于式（8-13），无模糊相位噪声下的检测信噪比 $\mathrm{TSNR_u}$ 可以表示为

$$\mathrm{TSNR}_u\left(K,B,E_s\right)=\frac{E_{\mathrm{Tu}}^2\left(K,B,\boldsymbol{s}\right)}{D_{\mathrm{Tu}}\left(K,B,\boldsymbol{s}\right)}=\frac{B^2 E_s}{\sigma_u^2\left(K\right)} \tag{8-23}$$

在不同复信噪比下，根据式（8-23），得到检测信噪比的根与信号幅度 B 的关系曲线如图 8-1 所示。参数为：信号 $s(m)=\sin(\omega m)$，角频率 $\omega=0.03\pi$，样本数 $M=100$。

显然，检测信噪比与信号能量 $B^2 E_s$ 成正比，与噪声功率 $\sigma_u^2(K)$ 成反比。式（8-23）较为简单，且仅依赖信号 $s(m)$ 的能量 E_s，与传统的 AWGN 下基于能量的检测类似。

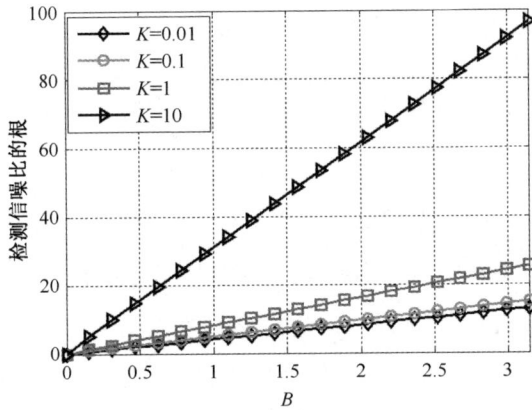

图 8-1　检测信噪比的根与信号幅度 B 的关系曲线

8.3.3　误码率分析

下面以二进制相移键控（Binary Phase Shift Keying，BPSK）调制为例，分析误码率性能。

假设在平坦衰落信道下，且 $A>0$、$B>0$，二元假设下的复信号模型为

$$z(m)=\begin{cases} A\exp\left[-\mathrm{j}Bs(m)\right]+n(m), & H_0 \\ A\exp\left[\mathrm{j}Bs(m)\right]+n(m), & H_1 \end{cases} \tag{8-24}$$

式中，$n(m)$ 为复高斯白噪声，$n\sim C\mathcal{N}\left(0,2\sigma^2\right)$。相位为

$$\theta(m)=\begin{cases} -Bs(m)+\phi_0(m), & H_0 \\ Bs(m)+\phi_1(m), & H_1 \end{cases} \qquad (8\text{-}25)$$

式中，$-Bs(m)$ 和 $Bs(m)$ 分别代表 0 码和 1 码；$\phi_0(m)$ 和 $\phi_1(m)$ 表示无模糊相位噪声。

假设等概率发送 0 码和 1 码且两者相互独立，基于匹配滤波检测理论，判决准则为

$$T(\boldsymbol{\theta})=\sum_{m=1}^{M}\theta(m)s(m)=\boldsymbol{\theta}^{\mathrm{T}}\boldsymbol{s}\underset{D_0}{\overset{D_1}{\gtrless}}0 \qquad (8\text{-}26)$$

无模糊相位噪声下的理论误码率为

$$\mathrm{BER_u}=Q\left(\sqrt{\mathrm{TSNR_u}}\right)=Q\left[B\sqrt{\frac{E_s}{\sigma_u^2(K)}}\right] \qquad (8\text{-}27)$$

式中，$\mathrm{TSNR_u}$ 为无模糊相位噪声下的检测信噪比；$\sigma_u^2(K)$ 为无模糊相位噪声的方差。

根据式（8-26）与式（8-27），得到无模糊相位下的误码率如图 8-2 所示。参数为：信号 $s(m)=\sin(\omega m)$，角频率 $\omega=0.03\pi$，样本数 $M=100$；有用信号的复数域幅度 $A=1$；复信噪比 K 的取值范围是 $[0.01,100]$；有用信号的相位域幅度 B 是变化的，取值为 0.01、0.03、0.1、0.3、1。在图 8-2 中，B 的最大值为 1，因为当 B 越大时，$\mathrm{TSNR_u}$ 越大，误码率越低。

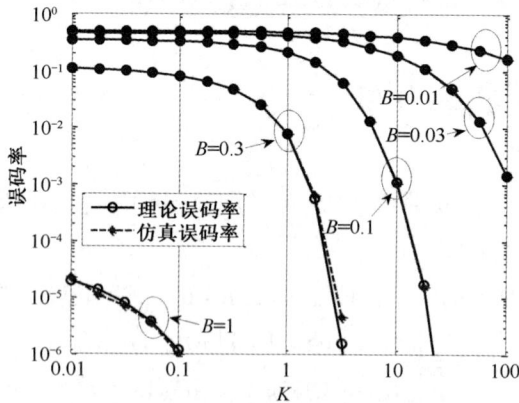

图 8-2 无模糊相位噪声下的误码率

由图 8-2 可知，仿真误码率和理论误码率非常接近。可以表明我们对无模糊相位噪声下的相位域信号检测分析是正确的。显然，误码率随 K 和 B 的增大而降低。

8.4　模糊相位噪声下的信号检测

本节分析模糊相位噪声下的信号检测问题。基于匹配滤波检测理论，推导检测统计量的分布并计算检测信噪比。以 BPSK 调制为例，分析检测性能，验证理论推导的准确性。

8.4.1　检测统计量的分布

基于式（8-9），推导模糊相位噪声下的检测统计量分布。

设信号模型为

$$y(m) = \measuredangle\big[Bs(m) + n(m)\big] = \big[Bs(m)\big]_{\mathrm{w}} + \varphi(m) \tag{8-28}$$

式中，$n(m)$ 表示复高斯白噪声；$\varphi(m)$ 表示等效的模糊相位噪声，服从模糊相位噪声分布，概率密度函数为 $f_{\mathrm{w}}(x, K, \vartheta)$。

检测统计量渐近服从高斯分布，可以表示为

$$\boldsymbol{y}^{\mathrm{T}}\boldsymbol{s} = \sum_{m=1}^{M} y(m)s(m) \overset{a}{\sim} \mathcal{N}\big[E_{\mathrm{Tw}}(K, B, \boldsymbol{s}), D_{\mathrm{Tw}}(K, B, \boldsymbol{s})\big] \tag{8-29}$$

式中，E_{Tw} 和 D_{Tw} 分别为检测统计量的均值和方差。当 $M \to \infty$ 时，有

$$E_{\mathrm{Tw}}(K, B, \boldsymbol{s}) = \sum_{m=1}^{M} \Big\{\big[Bs(m)\big]_{\mathrm{w}} + M_{\mathrm{w}}\big[K, Bs(m)\big]\Big\}s(m) \tag{8-30}$$

$$D_{\mathrm{Tw}}(K, B, \boldsymbol{s}) = \sum_{m=1}^{M} \sigma_{\mathrm{w}}^2\big[K, Bs(m)\big]s^2(m) \tag{8-31}$$

对于模糊相位噪声而言，当 $|Bs(m)|$ 超过 π 时，信号会出现相位模糊。当 $Bs(m)$ 不等于 $\big[Bs(m)\big]_{\mathrm{w}}$ 时，讨论会变得很复杂。因此，本节考虑信号

$Bs(m)$ 没有出现相位模糊的情况，即 $|Bs(m)| \leqslant \pi$。在实践中，这种情况是比较常见的。令 $\left[Bs(m)\right]_{\mathrm{w}} = Bs(m)$，可以得到

$$E_{\mathrm{Tw}}(K,B,\boldsymbol{s}) = BE_s - \frac{2B\pi}{|B|}\sum_{m=1}^{M}|s(m)|F_{\mathrm{u}}\left[\left|Bs(m)\right| - \pi, K\right] \quad (8\text{-}32)$$

在不同复信噪比下，得到检测统计量的均值和方差如图 8-3 所示。参数为：信号 $s(m) = \sin(\omega m)$，角频率 $\omega = 0.03\pi$，样本数 $M = 100$。

考虑复信噪比 K 和信号幅度 B 的变化，可以观察到：均值是关于 B 的奇函数，但非单调递增，当 B 增大时，均值可能减小；均值的最大值随 K 的增大而增大。当 $B \in [0, \pi]$ 时，方差单调递增。方差是关于 B 的偶函数，因此幅度相同、符号相反的信号具有相同的方差。

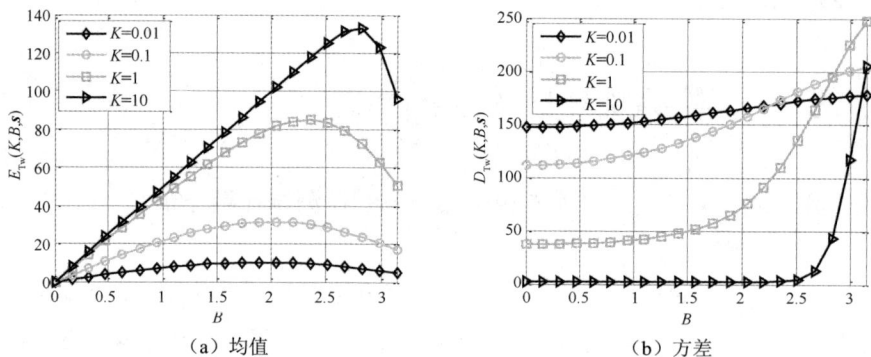

（a）均值 　　　（b）方差

图 8-3　检测统计量的均值和方差

根据均值和方差的特性，可以定性分析判决准则和通信性能。例如，BPSK 信号使用 $\pm B$ 表示 0 码和 1 码，可以用匹配滤波器实现检测。因为不同码元的检测统计量均值相反、方差相等，所以判决准则的检测门限为 0，与 AWGN 下的检测门限相等。

8.4.2　检测信噪比

模糊相位噪声下的判决准则同样可以参考 AWGN 下的判决准则。基

于式（8-29），模糊相位噪声下的检测信噪比 $\mathrm{TSNR_w}$ 可以表示为

$$\mathrm{TSNR_w}(K,B,\boldsymbol{s})=\frac{E_{\mathrm{Tw}}^2(K,B,\boldsymbol{s})}{D_{\mathrm{Tw}}(K,B,\boldsymbol{s})} \tag{8-33}$$

显然，由式（8-31）和式（8-32）可知，式（8-33）的计算非常复杂，且 $\mathrm{TSNR_w}(K,B,\boldsymbol{s})$ 依赖信号 $s(m)$。

在不同复信噪比下，根据式（8-33），得到检测信噪比的根与信号幅度 B 的关系曲线如图 8-4 所示。参数为：信号 $s(m)=\sin(\omega m)$，角频率 $\omega=0.03\pi$，样本数 $M=100$。

由图 8-4 可知，检测信噪比的根非单调递增，当 B 增大时，其值可能会变小；当 K 变化时，曲线极大值对应的 B 是变化的；当 $|B|<1$ 时，曲线几乎为线性，这对于信号检测来说是非常有意义的，因为可以考虑在弱信号下对复杂的检测信噪比计算式进行简化。

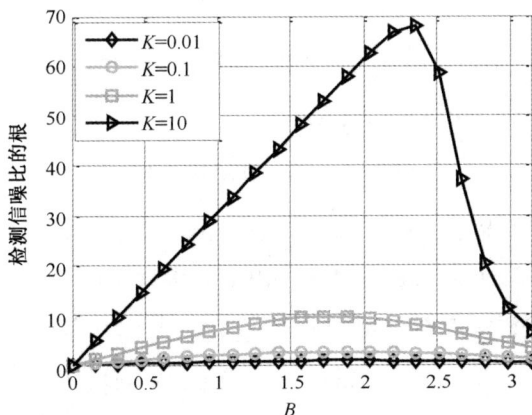

图 8-4　检测信噪比的根与信号幅度 B 的关系曲线

在模糊相位噪声下，B 越大，检测信噪比可能越小。这与"信号越强意味着检测性能越好"的常识并不矛盾。实际上，图 8-4 是基于式（8-4）得到的，检测时不会用到 B 的信息（即使 B 很大）。相反，如果 B 是已知的，则可以使用无模糊相位 $\theta(m)$，在一般情况下，B 越大时可以获得更大的检测信噪比。

8.4.3　误码率分析

下面以 BPSK 调制为例，分析误码率性能。

假设在平坦衰落信道下，且 $A>0$、$B>0$，二元假设下的复信号模型为

$$z(m) = \begin{cases} A\exp\big[-\mathrm{j}Bs(m)\big]+n(m), & H_0 \\ A\exp\big[\mathrm{j}Bs(m)\big]+n(m), & H_1 \end{cases} \qquad (8\text{-}34)$$

式中，$n(m)$ 为复高斯白噪声，$n \sim C\mathcal{N}\big(0,2\sigma^2\big)$。相位为

$$y(m) = \measuredangle\big[z(m)\big] = \begin{cases} -Bs(m)+\varphi_0(m), & H_0 \\ Bs(m)+\varphi_1(m), & H_1 \end{cases} \qquad (8\text{-}35)$$

式中，$-Bs(m)$ 和 $Bs(m)$ 分别代表 0 码和 1 码；$\varphi_0(m)$ 和 $\varphi_1(m)$ 表示模糊相位噪声。

假设等概率发送 0 码和 1 码且两者相互独立，基于匹配滤波检测理论，判决准则为

$$T(\boldsymbol{y}) = \sum_{m=1}^{M} y(m)s(m) = \boldsymbol{y}^{\mathrm{T}}\boldsymbol{s} \underset{D_0}{\overset{D_1}{\gtrless}} 0 \qquad (8\text{-}36)$$

模糊相位噪声下的理论误码率为

$$\mathrm{BER_w} = Q\big(\sqrt{\mathrm{TSNR_w}}\big) \qquad (8\text{-}37)$$

为了分析，可以将 MFD（Matched Filter Detector）与最大似然检测器（Maximum-Likelihood Detector，MLD）进行对比。

最大似然检测器为

$$\sum_{m=1}^{M} \ln f_{\mathrm{w}}\big[y(m)-Bs(m)\big|K,Bs(m)\big] \underset{D_0}{\overset{D_1}{\gtrless}} \\ \sum_{m=1}^{M} \ln f_{\mathrm{w}}\big[y(m)+Bs(m)\big|K,-Bs(m)\big] \qquad (8\text{-}38)$$

最大似然检测需要知道信号幅度 B 的值，这在实践中是无法实现的。但是在仿真中可以实现 MLD，便于与匹配滤波器对比，以验证匹配滤波器的性能。

基于 BPSK 信号仿真，得到 MLD 与 MFD 的误码率如图 8-5 所示。参数为：信号幅度 B 是变化的，值为 [0.1,1,2,3]，信号 $s(m)=\sin(\omega m)$，角

频率 $\omega = 0.03\pi$，样本数 $M = 100$。

由图 8-5 可知，在模糊相位噪声下，基于式（8-33）和式（8-38）的理论误码率与仿真误码率一致。显然，误码率性能在 $B = 3$ 时比在 $B = 2$ 时差。$\mathrm{TSNR_w}$ 关于 B 非单调递增，表明在 MFD 下，增大信号幅度不一定能提高通信性能。当 B 增大时，MLD 的误码率性能会变差，但也优于 MFD。

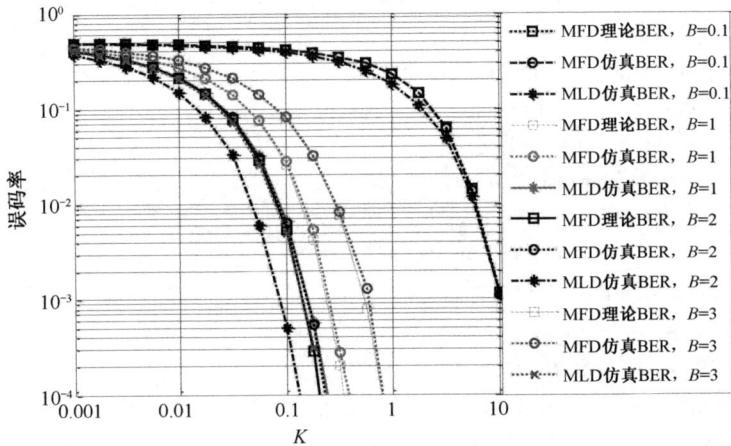

图 8-5　MLD 与 MFD 的误码率

8.5　相关 MATLAB 程序

8.5.1　检测统计量

```
%%--------------------无模糊相位噪声与模糊相位噪声下的检测统计量仿真程序
Main_Wrap_TSNR_21510.m----------------
    clear all; close all; clc;warning('off');
    %求模糊相位噪声和无模糊相位噪声下的检测统计量分布及特征
    %%-----------分布-----------
    SNRrg = [-20:-10:0:10];              %复信噪比的值（dB）
```

```
Ar=1;                          %复数域信号幅度
thetag=[0:0.05:1]*pi;          %有用信号相位
M=100;                         %样本数
fs=1e4;                        %采样频率
fc=150;                        %载波频率
st=sin(2*pi*fc*(1:M)/fs);      %信号波形
s2=st*st';s4=(st.*st)*(st.*st)'; %st的二阶、四阶
%%-----------分布与特征------------
for iR=1:length(SNRrg)%复信噪比循环
SNRr=SNRrg(iR)
for ith=1:length(thetag)%信号相位循环
Krg(1,iR)=10^(SNRr/10);Ksnr=Krg(1,iR);
Kfor(1,iR)=Ksnr;%当前的复信噪比
Bfor(1,ith)=thetag(ith);%当前的信号相位
B=Bfor(ith);
%%-----------统计量相关计算-----------
pwta=TstWrap(Ksnr,B,st);       %计算统计量
ETafor(iR,ith)=pwta.Ta(1,1);   %均值的近似值
DTafor(iR,ith)=pwta.Ta(1,2);   %方差的近似值
EFafor(iR,ith)=pwta.Ta(1,3);   %在模糊相位噪声下，检测信噪比的根的近似值
ETwfor(iR,ith)=pwta.Tx(1,1);   %均值的理论值
DTwfor(iR,ith)=pwta.Tx(1,2);   %方差的理论值
EFwfor(iR,ith)=pwta.Tx(1,3);   %在模糊相位噪声下，检测信噪比的根的理论值
EFufor(iR,ith)=pwta.Tsnr(1,5); %在无模糊相位噪声下，检测信噪比的根
end
end
Bfor=thetag;%当前的信号相位
Kfor=10.^(SNRrg/10);%当前的复信噪比
%%-----------绘图-----------
%均值的理论值
figure(1);%ETW
plot(thetag,ETwfor(1,:),'-bd',thetag,ETwfor(2,:),'-co',thetag,ETwfor(3,:),'-gs',
thetag,ETwfor(4,:),'-k>', 'linewidth',2);grid on;
legend('K=0.01,Theory','K=0.1, Theory','K=1, Theory','K=10, Theory')
xlabel('B');ylabel('Mean, E_T_w(K,B,s)');xlim([thetag(1), thetag(end)]);%ylim([ 1e-9 10])
%方差的理论值
figure(2);%DTW
```

```
    plot(thetag,DTwfor(1,:),'-bd',thetag,DTwfor(2,:),'-co',thetag,DTwfor(3,:),'-gs',
thetag,DTwfor(4,:),'-k>', 'linewidth',2);grid on;
    legend('K=0.01,Theory','K=0.1, Theory','K=1, Theory','K=10, Theory')
    xlabel('B');ylabel('Variance,D_T_w(K,B,s)');xlim([thetag(1), thetag(end)]); %ylim
([4e-2 30])
    %在模糊相位噪声下，检测信噪比的根的理论值
    figure(3);%TSNRw
    plot(thetag,EFwfor(1,:),'-bd',thetag,EFwfor(2,:),'-co',thetag,EFwfor(3,:),'-gs',
thetag,EFwfor(4,:),'-k>', 'linewidth',2);grid on;
    legend('K=0.01,Theory','K=0.1, Theory','K=1, Theory','K=10, Theory')
    xlabel('B');ylabel('检测信噪比的根');xlim([thetag(1), thetag(end)]);%ylim([4e-2 10])
    %在无模糊相位噪声下，检测信噪比的根
    figure(4);
    plot(thetag,EFufor(1,:),'-bd',thetag,EFufor(2,:),'-co',thetag,EFufor(3,:),'-gs',
thetag,EFufor(4,:),'-k>', 'linewidth',2);grid on;
    legend('K=0.01,Theory','K=0.1, Theory','K=1, Theory','K=10, Theory')
    xlabel('B');ylabel('检测信噪比的根');xlim([thetag(1), thetag(end)]);%ylim([4e-2 10])
    %%---------------------TstWrap-------------------------------------------
    function pata=TstWrap(K,B,st)
    %计算模糊相位噪声与无模糊相位噪声下的检测统计量及检测信噪比
    %K表示复信噪比
    %B表示信号幅度
    %st表示信号
    s2=st*st';
    s4=(st.*st)*(st.*st)';%st的二阶、四阶
    dt=1e-4;t0=-pi:dt:pi;
    ft0 = ftStd0(t0,K,0);%计算PDF的子程序
    Dstd=sum(ft0.*(t0.^2))*dt;%计算方差
    %精确计算均值
    Ewx0=abs(st)*(Fcphs(abs(B*st)-pi,K,0))';
    Ewx=sign(B)*(abs(B)*s2-2*pi*Ewx0);
    %近似计算均值
    Ewa=B*s2*(1-exp(-K)-sqrt(K*pi)*(erf(sqrt(K))-1));
    %精确计算方差
    dt2=pi*1e-5; tm=0:dt2:pi; FxK=Fcphs2( (tm),K,0); %待积分式，dt2影响精度
    Eint=cumsum(fliplr(FxK))*dt2 *(length(tm)-1)/length(tm);%倒序积分
    Exint=interp1(tm,Eint, abs(B*st));%插值运算
```

```
sigma=Dstd+4*pi*Exint-abs(B*st)*4*pi.*(1-Fcphs2(abs(B*st)-pi,K,0))-
4*(pi^2)*(Fcphs2(abs(B*st)-pi,K,0)).^2;
    Dwx=sigma*(st.^2)';%DTw
    %近似计算方差
    Dwa=Dstd*s2+B^2*s4*(exp(-K)+sqrt(K*pi)*(erf(sqrt(K))-1))*(1-exp(-K)-
sqrt(K*pi)*(erf(sqrt(K))-1));
    snrk=SNRKapprx(K); %检测信噪比中与复信噪比有关的系数
    SNRk=sqrt(snrk*B^2*s2);%检测信噪比表示为与复信噪比有关的形式
    %输出数据
    pata.Ta=[Ewa,Dwa,Ewa/sqrt(Dwa)];%近似值
    pata.Tx = [Ewx, Dwx, Ewx/sqrt(Dwx)];%精确值
    pata.Tsnr(1,1)=Ewx/sqrt(Dwx);%根据精确的均值和方差计算
    pata.Tsnr(1,2)=Ewa/sqrt(Dwa);%根据近似的均值和方差计算
    pata.Tsnr(1,3)=sqrt(B^2*s2/Dstd)* (1-exp(-K)-sqrt(pi*K)*(erf(sqrt(K))-1));%根据无
模糊的检测信噪比计算
    pata.Tsnr(1,4)=snrk;%根据系数计算
    pata.Tsnr(1,5)=sqrt(B^2*s2/Dstd);%无模糊的检测信噪比
    end
    %%--------------------SNRKapprx------------------------------------------
    function Dk=SNRKapprx(Kg)
    %近似计算检测信噪比中与K有关的系数
    cove=[16     17    -232    -903    -278 ]/1000;  %用于exp运算
    Dk=zeros(1,length(Kg));                  %方差初始化
    for ik=1:length(Kg)
    K=Kg(ik);%复信噪比
    if K<=1
    Dk(ik)=K;
    elseif K>=10
    Dk(ik)=2*K;
    else
    Dk(ik)=K^1.3; %中间区域方差
    end
    end
    end
```

8.5.2　误码率

```
%%------无模糊相位噪声与模糊相位噪声下的误码率仿真程序Main_Wrap_Ber_
21510.m------
clear all;close all;clc; warning('off');
[c,MHz,GHz,kHz,ms,us,km,mm,um] = cons_set;%设置常数
%求无模糊相位噪声下和模糊相位噪声下基于匹配滤波检测的误码率
%%-----------分布------------
M=100; %样本数
P= 100; para.P=P;%周期数
N=M*P;     %采样点数
t=1:N;
fs=1e4;   %采样频率
fc=150;    %载波频率
s1=sin(2*pi*fc*(1:M)/fs);%信号的基础波形
Es=s1*s1';
%%-----------计算------------
SNRag= [-30:2.5:20];%复信噪比
SNRbg= [0.1:1:2:3];%信号幅度，模糊相位噪声参数
SNRbg= [0.01:0.03:0.1:0.3:1];%无模糊相位噪声参数
for mtcl=1:10%5000
MTCL=mtcl
%初始化
numoferr0=zeros(length(SNRag),length(SNRbg));
numoferr1=zeros(length(SNRag),length(SNRbg));
numoferr2=zeros(length(SNRag),length(SNRbg));
for ia=1:length(SNRag)%复信噪比循环
SNRa=SNRag(ia);
A=1; %固定复数域信号幅度
K=10^(SNRa/10);      %复信噪比转换
sgma=A/sqrt(2*K);     %复高斯噪声参数
%%-----------观察PDF------------
phix=pi*(-1:1e-3:1)+0;%自变量范围
phas=PhaseDst(phix, K, 0);%求无模糊相位噪声的参数
for ib=1:length(SNRbg)%信号幅度循环
B=SNRbg(ib);%当前相位域信号幅度
```

```
%%---------仿真BPSK信号-----------------------------
[ para.symbinf ]= bpsk_prdc( para.P );%发射周期数
st1=B*kron(para.symbinf,s1);%相位信号，kron为矩阵运算
wt0=sgma*(randn(size(t))+j*randn(size(t)));%复高斯噪声
rt0=wt0; %无信号
rt1=exp(+j*st1)+wt0;
rt2=exp(-j*st1)+wt0;
%%---------无模糊相位信号------------
yt1=angle(rt1.*exp(-j*st1))+st1;%无模糊相位信号
yp1=s1*reshape(yt1,M,P);%MFD数据
%reshape把yt1变成M行P列
%%---------模糊相位信号--MFD----------
yt2=angle(rt1);%模糊相位信号
yp2=s1*reshape(yt2,M,P);%MFD数据
%%---------模糊相位信号--MLD------------
yt2=angle(rt1);
zt0=ftWrap(yt2-st1,K,+st1);%在正确假设下，所有样本的PDF
zt1=ftWrap(yt2+st1,K,-st1);%在错误假设下，所有样本的PDF
zp0=sum(reshape(log(zt0),M,P));%假设H0下的似然函数，即各样本PDF的积，将
其作为MLD检测数据
zp1=sum(reshape(log(zt1),M,P));%假设H1下的似然函数
%%------------检测与判决------------
eta2 = 0;%-1与+1的检测门限
code_dect0=max(sign(real(zp0-zp1)),0);%如果正确假设概率大于错误假设概率，
则输出1，否则输出0。统计次数
numoferr0(ia,ib)=numoferr0(ia,ib)+ P-sum(code_dect0);%如果与发射码不相等，则
为误码
code_dect1=sign(yp1-eta2);
numoferr1(ia,ib)=numoferr1(ia,ib)+ sum(abs(code_dect1-para.symbinf))/2;%无模糊
MFD
code_dect2=sign(yp2-eta2);%取统计量与门限之差的符号
numoferr2(ia,ib)=numoferr2(ia,ib)+ sum(abs(code_dect2-para.symbinf))/2;%模糊MFD
if mtcl==1 %如果MTCL=1，则为第1次循环，计算理论检测概率
simu_err0(ia,ib)=numoferr0(ia,ib)/P;%MLD误码率
simu_err1(ia,ib)=numoferr1(ia,ib)/P;%无模糊误码率
simu_err2(ia,ib)=numoferr2(ia,ib)/P;%模糊误码率
%无模糊理论值
```

theo_err3(ia,ib)=qfunc(sqrt(B^2 * s1*s1') *sqrt(1/phas.D2));%无模糊相位理论误码率

%计算模糊理论值

pwta=TstWrap(K,B,s1);%计算检测统计量的子程序

theo_err (ia,ib)=qfunc((pwta.Tx(1,3))) ;%理论误码率计算使用了准确的统计量

elseif mtcl>1

simu_err0(ia,ib)=(simu_err0(ia,ib)*(mtcl-1)+numoferr0(ia,ib)/P)/mtcl; %Wrapped MLD

simu_err1(ia,ib)=(simu_err1(ia,ib)*(mtcl-1)+numoferr1(ia,ib)/P)/mtcl; %Unwrapped MFD

simu_err2(ia,ib)=(simu_err2(ia,ib)*(mtcl-1)+numoferr2(ia,ib)/P)/mtcl; %Wrapped MFD

end

end

end

end

%模糊相位噪声下的MLD与MFD仿真

figure(5);

semilogy(SNRag,theo_err(:,1),':ks',SNRag,simu_err2(:,1),'--ko',SNRag,simu_err0(:,1),'-.k*',...

SNRag,theo_err(:,2),':rs',SNRag,simu_err2(:,2),'--ro',SNRag,simu_err0(:,2),'-.r*',...

SNRag,theo_err(:,3),':bs',SNRag,simu_err2(:,3),'--bo',SNRag,simu_err0(:,3),'-.b*',...

SNRag,theo_err(:,4),':gs',SNRag,simu_err2(:,4),'--go',SNRag,simu_err0(:,4),'-.g*','linewidth',2)%

xlabel('K');ylabel('BER');grid on; ylim([1e-4 1])

legend('MFD理论BER, B=0.1','MFD仿真BER, B=0.1','MLD仿真BER, B=0.1', 'MFD理论BER, B=1','MFD仿真BER, B=1','MLD仿真BER, B=1', 'MFD理论BER, B=2','MFD仿真BER, B=2','MLD仿真BER, B=2', 'MFD理论BER, B=3','MFD仿真BER, B=3','MLD仿真BER, B=3')

%无模糊相位噪声下的MFD仿真

figure(6);

semilogy(SNRag,theo_err3(:,1),':cx',SNRag,simu_err1(:,1),'--k>',...

SNRag,theo_err3(:,2),':rs',SNRag,simu_err1(:,2),'--ro',...

SNRag,theo_err3(:,3),':bs',SNRag,simu_err1(:,3),'--bo',...

SNRag,theo_err3(:,4),':gs',SNRag,simu_err1(:,4),'--go',...

SNRag,theo_err3(:,5),':ks',SNRag,simu_err1(:,5),'--ko', 'linewidth',2)

xlabel('K');ylabel('BER');grid on; ylim([1e-4 1])

legend('MFD 理 论 BER, B=0.01','MFD 仿 真 BER, B=0.01', 'MFD 理 论 BER, B=0.03','MFD仿真BER, B=0.03', 'MFD理论BER, B=0.1','MFD仿真BER, B=0.1', 'MFD

```
理论BER, B=0.3','MFD仿真BER, B=0.3')
    %%--------------------- cons_set ---------------------------------------------
    function [c,MHz,GHz,kHz,ms,us,km,mm,um] = cons_set
    %设置常数
    c=3e8;%光速
    MHz=10^6;%兆赫兹
    GHz=10^9;%吉赫兹
    kHz=10^3;%千赫兹
    ms=10^(-3);%毫秒
    us=10^(-6);%微秒
    km=10^3;%千米
    mm=10^(-3);%毫米
    um=10^(-6);%微米
    end
    %%--------------------- bpsk_prdc ---------------------------------------------
    function [bpsk]= bpsk_prdc(P)
    %生成BPSK信号
    s0=+1;s1=-1;
    signal=randn(P);
    for p=1:length(signal)
    if signal(p)<0
    bpsk(1,p)–s0;
    else bpsk(1,p)=s1;
    end
    end
    end
```

参 考 文 献

[1]   Luo Zhongtao, Zhan Yanmei, Edmond J. Analysis on Functions and Characteristics of the Rician Phase Distribution[C]//2020 International Conference on Communications in China(ICCC), Chongqing, China: IEEE Press, 2020:306-311.

[2] Kay S M. 统计信号处理基础：估计与检测理论[M]. 罗鹏飞, 等译. 北京：电子工业出版社, 2014.

[3] Molisch A F. 无线通信（第 2 版）[M]. 田斌, 等译. 北京：电子工业出版社, 2015.

[4] 罗忠涛, 夏杭, 詹燕梅, 等. 相位噪声中弱信号检测的信噪比计算与分析[J]. 信号处理, 2022, 38(3):659-666.

第 9 章
相位域的弱信号检测

本章研究在实际场景中经常遇到的弱信号情况[1][2]，即 $|Bs(m)|\lhd 1$，考虑模糊相位噪声下的弱信号检测问题。由于信道特性会对信号传输产生影响，本章考虑固定信号幅度，在平坦衰落信道和瑞利衰落信道两种传输信道下，基于噪声分布特性[3]和统计检测理论[4]，推导基于多样本的检测信噪比计算式，并研究其近似计算方法[5]。以 BPSK 调制为例，推导误码率的理论计算和近似计算式，并进行仿真验证。

9.1　弱信号模型

考虑基于多样本的信号检测，采样序列为 $m=1,2,\cdots,M$，接收信号模型为

$$z(m) = A\exp\left[jBs(m)\right] + n(m) \tag{9-1}$$

式中，A 为有用信号复数域幅度；B 为相位域幅度；$s(m)$ 为有用信号；$n(m)$ 为复高斯白噪声，$n \sim C\mathcal{N}\left(0,2\sigma^2\right)$。对应的相位为

$$y(m) = Bs(m) + \varphi(m) \tag{9-2}$$

式中，$\varphi(m)$ 表示复高斯白噪声在相位中的等效相位噪声，这里为模糊相位噪声，其概率密度函数为 $f_{\mathrm{w}}(x,K,\vartheta)$。

本章考虑弱信号情况，结合后面对检测统计量和性能的分析，令弱信号为 $|Bs(m)|\lhd 1$。注意，这里的弱信号与复数域较小的复信噪比的含义不

同。由 $K = |A|^2 / 2\sigma^2$ 可知，K 与信号幅度 B 没有关系。

考虑弱信号的现实意义。以 TARF 系统为例，通信信号转化为水面微位移，再使用毫米波雷达捕捉位移，从中解码出信号所携带的信息。毫米波雷达的发送信号可视为复信号，有用信号在复数相位中，需要求复数相位。在此过程中，水面微位移转化为回波的附加相位，其信号幅度很小。

虽然文献[1]没有给出实验参数，但是我们可以通过相关介绍和图示，尽可能模拟信号幅度。

假设在相位中传输的波形为普通正弦波

$$s(m) = \sin\left(2\pi m \frac{f_c}{f_s}\right) \tag{9-3}$$

式中，f_c 为水声信号的载波频率；f_s 为雷达对位移信号的采样频率。虽然正弦波看起来普通，但不能采用复数域方法检测。

该相位信号的幅度可以计算为

$$B = \frac{4\pi}{\lambda} d_s \tag{9-4}$$

式中，λ 是毫米波雷达波形的波长，d_s 为水—空界面的微位移。

根据文献[1]的描述与实验，将相关参数设置如下。

（1）毫米波雷达的典型载波频率 f_r 为 60GHz，脉冲周期 $T_s = 80\mu s$。设置 $\lambda = c / f_r$（c 表示光速），$f_s = 1 / T_s = 12.5MHz$。

（2）微位移主要集中在 $10 \sim 70\mu m$，因此设 $d_s = 10, 20, 40, 80$，单位为 μm，水声信号的载波频率 $f_c = 150Hz$。

结合上述参数，通过式（9-4）可以计算得到 $d_s = 10, 20, 40, 80$ 对应的信号幅度 $B = 0.025, 0.05, 0.1, 0.2$，信号幅度明显小于 1，因此讨论弱信号检测非常有现实意义。

9.2　弱信号检测的分析

本节考虑最基本的情况，设 A 和 B 已确定，即考虑采用平坦衰落信道的情况。在平坦衰落信道下，推导在相位噪声影响下的检测信噪比计算式，并研究针对弱信号的检测信噪比近似计算方法。

9.2.1 检测统计量的分析

对于式（9-2），按能量计算的信噪比为

$$\mathrm{SNR_P}\left(B,K,\boldsymbol{s}\right)=\frac{\sum\limits_{m=1}^{M}\left|Bs(m)\right|^{2}}{\sum\limits_{m=1}^{M}P_{\mathrm{w}}\left[\varphi(m),K\right]} \qquad (9\text{-}5)$$

如果相位噪声的均值不为零，则该信噪比与检测性能没有直接关系。

在模糊相位噪声和无模糊相位噪声下，匹配滤波器的输出信噪比分别为

$$\mathrm{TSNR_w}\left(K,B,\boldsymbol{s}\right)=\frac{E_{\mathrm{Tw}}^{2}\left(K,B,\boldsymbol{s}\right)}{D_{\mathrm{Tw}}\left(K,B,\boldsymbol{s}\right)} \qquad (9\text{-}6)$$

$$\mathrm{TSNR_u}\left(K,B,E_{s}\right)=\frac{B^{2}E_{s}}{\sigma_{\mathrm{u}}^{2}\left(K\right)} \qquad (9\text{-}7)$$

式（9-6）中含有多个不可积的部分，计算困难。

我们曾对模糊相位噪声的数字特征进行了近似计算，在弱信号下具有较高精度。因此，弱信号检测可以根据式（7-17）和式（7-20），将模糊相位噪声下检测统计量的均值和方差近似为

$$E_{\mathrm{Ta}}\left(B,K,\boldsymbol{s}\right)=BE_{s}\left[1-2\pi f_{\mathrm{u}}\left(\pi,K\right)\right] \qquad (9\text{-}8)$$

$$D_{\mathrm{Ta}}\left(B,K,\boldsymbol{s}\right)=\sigma_{\mathrm{u}}^{2}\left(K\right)E_{s}+B^{2}\sum_{m=1}^{M}s^{4}\left(m\right)2\pi f_{\mathrm{u}}\left(\pi,K\right)\left[1-2\pi f_{\mathrm{u}}\left(\pi,K\right)\right] \quad (9\text{-}9)$$

式中

$$2\pi f_{\mathrm{u}}\left(\pi,K\right)=\mathrm{e}^{-K}+\sqrt{K\pi}\left(\mathrm{erf}\sqrt{K}-1\right) \qquad (9\text{-}10)$$

因此，在弱信号下，检测信噪比可以近似为

$$\mathrm{TSNR_{wa}}\left(K,B,\boldsymbol{s}\right)=\frac{E_{\mathrm{Ta}}^{2}\left(K,B,\boldsymbol{s}\right)}{D_{\mathrm{Ta}}\left(K,B,\boldsymbol{s}\right)} \qquad (9\text{-}11)$$

　　检测统计量的均值、方差的理论值和近似值如图 9-1 所示。检测信噪比的根的理论值和近似值如图 9-2 所示。E_{Ta}、D_{Ta} 和 TSNR_{wa} 表示近似值，E_{Tw}、D_{Tw} 和 TSNR_{w} 表示理论值。由图 9-1 和图 9-2 可知，在弱信号下，近似值与理论值非常接近，说明近似计算结果有效。

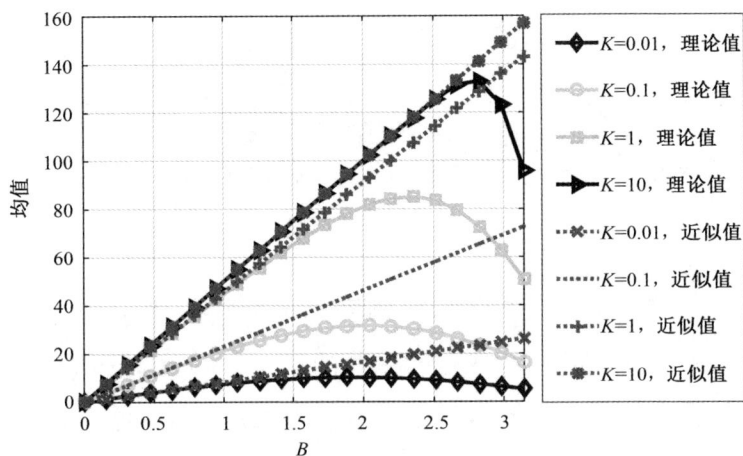

（a）均值的理论值和近似值

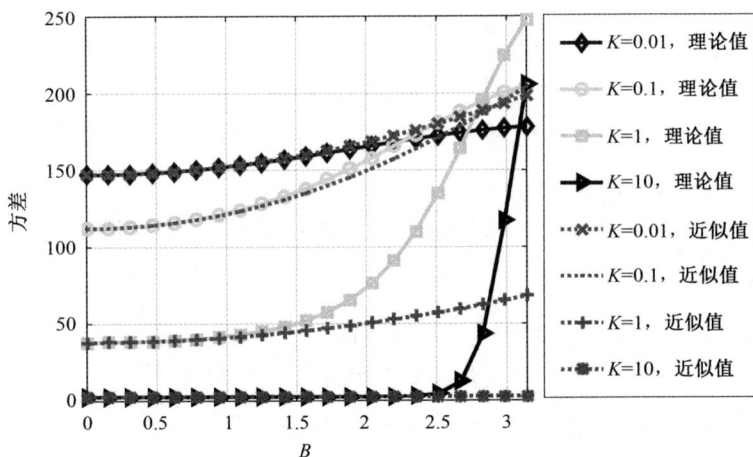

（b）方差的理论值和近似值

图 9-1　检测统计量的均值、方差的理论值和近似值

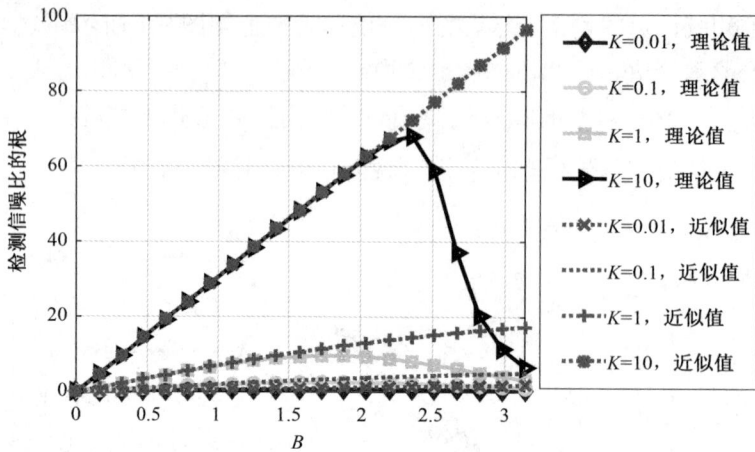

图 9-2 检测信噪比的根的理论值和近似值

由于无模糊相位噪声中检测统计量的均值为 BE_s、方差为 $\sigma_u^2(K)E_s$，对比模糊相位噪声与无模糊相位噪声下的检测统计量可以发现，模糊相位噪声下的均值和方差是无模糊相位噪声下的均值和方差受模糊效应影响的结果。具体表现为以下 3 点。

（1） $E_{\mathrm{Ta}}(K,B,s)$ 是无模糊相位噪声下的检测统计量均值 BE_s 与因子 $\left[1-2\pi f_u(\pi,K)\right]$ 的积。当 K 增大时， $E_{\mathrm{Ta}}(K,B,s)$ 会越来越接近 BE_s。

（2） $D_{\mathrm{Ta}}(K,B,s)$ 与无模糊相位噪声下的方差 $\sigma_u^2(K)E_s$ 很接近。当 K 增大时， $D_{\mathrm{Ta}}(K,B,s)$ 会减小。

（3）信号幅度 B 对于均值 $E_{\mathrm{Ta}}(K,B,s)$ 来说是线性因子，对方差 $D_{\mathrm{Ta}}(K,B,s)$ 有轻微影响。

第 3 点意味着在弱信号下可以实现

$$D_{\mathrm{Ta}}(B,K,s)\approx\sigma_u^2(K)E_s \tag{9-12}$$

上述结论可以通过以下两个方面进行解释。

一方面，在弱信号下，有

$$\sum_{m=1}^{M}B^2s^4(m)<\sum_{m=1}^{M}s^2(m)=E_s \tag{9-13}$$

另一方面，当 K 足够大时，有

$$\sigma_{\mathrm{u}}^2(K) \gg 2\pi f_{\mathrm{u}}(\pi,K)\left[1-2\pi f_{\mathrm{u}}(\pi,K)\right] \tag{9-14}$$

数值分析表明，$\sigma_{\mathrm{u}}^2(K)/\left\{2\pi f_{\mathrm{u}}(\pi,K)\left[1-2\pi f_{\mathrm{u}}(\pi,K)\right]\right\} > 0.14$。因此，有

$$\sigma_{\mathrm{u}}^2(K)E_s \gg B^2 \sum_{m=1}^{M} s^4(m) 2\pi f_{\mathrm{u}}(\pi,K)\left[1-2\pi f_{\mathrm{u}}(\pi,K)\right] \tag{9-15}$$

进而得到 $D_{\mathrm{Ta}}(B,K,\boldsymbol{s}) \approx \sigma_{\mathrm{u}}^2(K)E_s$。

9.2.2　检测信噪比的近似

在弱信号下，对检测统计量的均值和方差进行近似。结合式（9-8），可以得到弱信号下的检测信噪比近似为

$$\mathrm{TSNR}_{\mathrm{wa}} \approx \frac{E_{\mathrm{Ta}}^2(B,K,\boldsymbol{s})}{\sigma_{\mathrm{u}}^2(K)E_s} = \frac{B^2 E_s}{\sigma_{\mathrm{u}}^2(K)}\left[1-2\pi f_{\mathrm{u}}(\pi,K)\right]^2 \tag{9-16}$$

结合无模糊相位噪声下的检测信噪比，即式（9-7），可以得到两种情况下的检测信噪比之比为

$$\frac{\mathrm{TSNR}_{\mathrm{wa}}}{\mathrm{TSNR}_{\mathrm{u}}} = \left[1-2\pi f_{\mathrm{u}}(\pi,K)\right]^2 < 1 \tag{9-17}$$

式（9-17）小于 1 表明模糊效应会引起通信性能降低。

为了分析在弱信号下的检测性能，考虑在弱信号下，即 $|Bs(m)| < 1$ 时，将检测信噪比进一步近似为

$$\mathrm{TSNR}_{\mathrm{weak}} = \begin{cases} B^2 E_s K, & 0 \leqslant K \leqslant 1 \\ B^2 E_s K^{1.3}, & 1 < K < 10 \\ B^2 E_s 2K, & 10 \leqslant K \end{cases} \tag{9-18}$$

式（9-18）给出了复数域的参数 K、信号 $s(m)$ 及幅度 B 的关系，简单明确，易于理解和运用。

推导过程如下。

为了方便分析，令

$$G_{\mathrm{snr}}(K) = \frac{\left[1-2\pi f_{\mathrm{u}}(\pi,K)\right]^2}{\sigma_{\mathrm{u}}^2(K)} \tag{9-19}$$

下面分 3 种情况讨论。

（1）当 $0 \leqslant K \leqslant 1$ 时，利用式（7-14）可以得到

$$1 - 2\pi f_\mathrm{u}(\pi, K) = 1 - \mathrm{e}^{-K} - \sqrt{\pi K}\left(\mathrm{erf}\sqrt{K} - 1\right)$$

$$\approx 1 - (1 - K) - \sqrt{\pi K}\left(\frac{2}{\sqrt{\pi}}\sqrt{K} - 1\right) \qquad (9\text{-}20)$$

$$= \sqrt{\pi K} - K$$

结合式（7-12）可以得到

$$G_\mathrm{snr}(K) = \frac{\left[1 - 2\pi f_\mathrm{u}(\pi, K)\right]^2}{\sigma_\mathrm{ua}^2(K)} \approx \frac{\left(\sqrt{\pi K} - K\right)^2}{\dfrac{\pi^2}{3} - 2\sqrt{\pi K} + \dfrac{K}{2}} \approx K \qquad (9\text{-}21)$$

（2）当 $K \geqslant 10$ 时，可以得到

$$1 - 2\pi f_\mathrm{u}(\pi, K) = 1 - \mathrm{e}^{-K} - \sqrt{\pi K}\left(\mathrm{erf}\sqrt{K} - 1\right) \approx 1 \qquad (9\text{-}22)$$

在复信噪比较大的情况下，相位噪声分布可以近似为高斯分布，其方差可以近似为 $1/2K$。因此，有

$$G_\mathrm{snr}(K) = \frac{\left[1 - 2\pi f_\mathrm{u}(\pi, K)\right]^2}{\sigma_\mathrm{ua}^2(K)} \approx \frac{1}{1/2K} = 2K \qquad (9\text{-}23)$$

（3）当 $1 < K < 10$ 时，利用多项式拟合的思路进行检测信噪比近似。仿真表明：在复信噪比较小的区域，复信噪比近似在 $0 \leqslant K \leqslant 1$ 时表现良好；在复信噪比较大的区域，复信噪比近似在 $K \geqslant 10$ 时表现良好；在复信噪比适中的区域，$\lg \mathrm{TSNR}_\mathrm{wa}$ 与 $\lg K$ 近似具有线性关系。因此，设 $\lg \mathrm{TSNR}_\mathrm{wa}$ 与 $\lg K$ 满足一次线性方程，可以表示为 $\lg \mathrm{TSNR}_\mathrm{wa} = a \lg K + b$。该方程经过两个固定点：当 $K = 1$ 时，$\lg K = 0$，$\lg \mathrm{TSNR}_\mathrm{wa} = 0$；当 $K = 10$ 时，$\lg K = 1$，$\lg \mathrm{TSNR}_\mathrm{wa} = \lg 20$。当 $b = 0$ 时，$a = \lg 20$，所以有

$$\lg \mathrm{TSNR}_\mathrm{wa} \approx \lg 20 \lg K \qquad (9\text{-}24)$$

可以得到

$$G_\mathrm{snr}(K) \approx K^{\lg 20} \approx K^{1.3} \qquad (9\text{-}25)$$

综上所述，可以得到式（9-18）。

为了方便书写，令检测信噪比中 K 与 E_s 的相关量为

$$E_K = \begin{cases} KE_s, & 0 \leqslant K \leqslant 1 \\ K^{1.3}E_s, & 1 < K < 10 \\ 2KE_s, & 10 \leqslant K \end{cases} \tag{9-26}$$

总的来说，在复信噪比较小或较大时，检测信噪比与复信噪比具有线性关系；在复信噪比适中时，两者的非线性关系非常明显。检测信噪比与 $B^2 E_s$ 成正比。

弱信号下的检测信噪比近似值和简化值如图 9-3 所示。可见，在弱信号下，检测信噪比的近似精度很高。

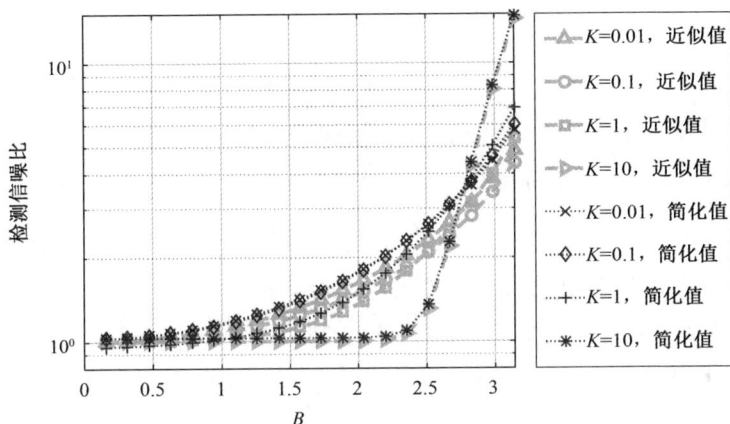

图 9-3　弱信号下的检测信噪比近似值和简化值

9.3　瑞利衰落信道的分析

本节分析当信号幅度 B 为随机变量时的检测信噪比。考虑采用瑞利衰落信道的情况，在瑞利衰落信道下，推导平均检测信噪比的理论表达式和近似表达式。并以 BPSK 调制为例，推导误码率的理论计算和近似计算式。

9.3.1　平均检测信噪比

瑞利衰落信道（Rayleigh Fading Channel）是一种常见的无线电信号传播环境的统计模型，属于小尺度衰落，适用于跨界传输场景。

当 B 服从瑞利分布时，其概率密度函数（PDF）可以表示为

$$f_B(B) = \frac{B}{\sigma_B^2} \exp\left(-\frac{B^2}{2\sigma_B^2}\right), \quad B \geqslant 0 \tag{9-27}$$

式中，σ_B 为瑞利衰落信道的信道参数。

在瑞利衰落信道下，平均检测信噪比 TSNR_{wR} 可以定义为

$$\mathrm{TSNR}_{wR}(\sigma_B^2, K, \boldsymbol{s}) = \int_0^\infty \mathrm{TSNR}_w(B, K, \boldsymbol{s}) f_B(B) \mathrm{d}B \tag{9-28}$$

式中，$\mathrm{TSNR}_w(B, K, \boldsymbol{s})$ 为模糊相位噪声下的检测信噪比。平均检测信噪比是通过积分得到的，由式（9-6）可知，需要使用检测统计量的均值和方差，积分式会变得很复杂，计算困难且难以简化。

结合弱信号下的式（9-18）和式（9-26），平均检测信噪比可以近似为

$$
\begin{aligned}
\mathrm{TSNR}_{wRa}(\sigma_B^2, K, E_s) &= \int_0^\infty \mathrm{TSNR}_{weak}(B, K, E_s) f_B(B) \mathrm{d}B \\
&= \int_0^\infty B^2 E_K \frac{B}{\sigma_B^2} \exp\left(-\frac{B^2}{2\sigma_B^2}\right) \mathrm{d}B \\
&= -E_K\left(B^2 + 2\sigma_B^2\right) \exp\left(-\frac{B^2}{2\sigma_B^2}\right)\Bigg|_0^\infty \\
&= 2\sigma_B^2 E_K
\end{aligned}
\tag{9-29}
$$

可见，利用式（9-29）进行计算较为简单快捷。可以看出，$\mathrm{TSNR}_{wRa}(\sigma_B^2, K, E_s)$ 与 σ_B^2 成正比。

9.3.2　误码率

相位噪声中通信信号的误码率，不仅取决于通信体制和信号调制方式，还在很大程度上受信道参数的影响。本节考虑基于多样本的信号检测

问题，以 BPSK 信号为例，推导误码率的理论计算和近似计算式。在其他调制方式下，可以采用类似的方法进行推导。

从二元假设的角度考虑，设 BPSK 信号 $s(m)$ 传输后接收的复信号为

$$z(m) = \begin{cases} A\exp\{j[-Bs(m)]\} + n(m), & H_0 \\ A\exp\{j[Bs(m)]\} + n(m), & H_1 \end{cases} \tag{9-30}$$

对应的相位信号为 $y(m) = \measuredangle z(m)$。检测统计量渐近服从高斯分布，可以表示为

$$T(y) = \sum_{m=1}^{M} y(m)s(m) \overset{a}{\sim} \begin{cases} \mathcal{N}\left[-E_{\text{Tw}}(B,K,s), D_{\text{Tw}}(B,K,s)\right], & H_0 \\ \mathcal{N}\left[E_{\text{Tw}}(B,K,s), D_{\text{Tw}}(B,K,s)\right], & H_1 \end{cases} \tag{9-31}$$

BPSK 信号解码的判决准则为

$$T(y) = y^{\text{T}}s = \sum_{m=1}^{M} y(m)s(m) \underset{D_0}{\overset{D_1}{\gtrless}} 0 \tag{9-32}$$

得到理论误码率为

$$\text{BER}_{\text{ew}} = Q\left[\sqrt{\text{TSNR}_{\text{w}}(B,K,s)}\right] \tag{9-33}$$

根据式（9-18）和式（9-26），可以将误码率近似为

$$\text{BER}_{\text{eweak}} = Q\left[\sqrt{\text{TSNR}_{\text{weak}}(B,K,E_s)}\right] \tag{9-34}$$

瑞利衰落信道下的误码率可以通过非衰落信道下的误码率积分得到，即

$$\text{BER}_{\text{eR}} = \int_0^{\infty} \text{BER}_{\text{ew}}(B,K,s) f_{\text{B}}(B) \, \text{d}B \tag{9-35}$$

显然，式（9-35）计算复杂且难以简化，只能采用数值计算方法。由前面的分析可知，在式（9-35）和式（7-9）中，均含有需要进行数值计算的不可积部分，式（8-31）需要累加求和，计算量非常大。

采用式（9-34）可以简化计算，瑞利衰落信道下的平均误码率为

$$\text{BER}_{\text{eRa}} = \int_0^{\infty} \text{BER}_{\text{eweak}}(B,K,E_s) f_{\text{B}}(B) \, \text{d}B \tag{9-36}$$

可以得到

$$\begin{aligned} \text{BER}_{\text{eRa}}(\sigma_{\text{B}}^2, K) &= \int_0^{\infty} \text{BER}_{\text{eweak}}(B,K,E_s) f_{\text{B}}(B) \, \text{d}B \\ &= \frac{1}{2}\left(1 - \sqrt{\frac{\text{TSNR}_{\text{wRa}}}{2 + \text{TSNR}_{\text{wRa}}}}\right) \end{aligned} \tag{9-37}$$

式（9-37）可以简单、直接地表示平均误码率与平均信噪比的关系。

在其他调制方式下，如最小频移键控（Minimum Frequency Shift Keying，MSK）、二进制频移键控（Binary Frequency Shift Keying，BFSK）等，可以用类似的方法推导平均误码率与平均信噪比的关系，这里不再赘述。

9.4 仿真分析

下面通过仿真验证检测信噪比与误码率计算方法的有效性。设传输信号为 $s(m)=\sin(0.03\pi m)$，角频率 $\omega=0.03\pi$，每个符号内的样本数 $M=1000$。

9.4.1 检测信噪比仿真分析

在平坦衰落信道下，检测信噪比与 K 和 B 的关系曲线如图9-4所示。其中，虚线表示近似值，实线表示理论值。可见，检测信噪比的近似计算在 $B<1$ 时很准确；在复信噪比适中时，检测信噪比与 K 具有非线性关系，但与 B 具有近似线性关系。

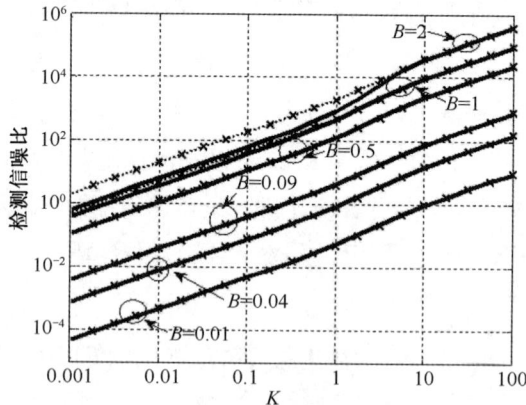

（a）检测信噪比与 K 的关系曲线

图 9-4　在平坦衰落信道下，检测信噪比与 K 和 B 的关系曲线

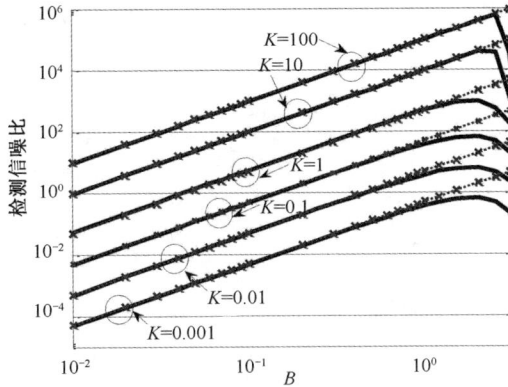

（b）检测信噪比与 B 的关系曲线

图 9-4　在平坦衰落信道下，检测信噪比与 K 和 B 的关系曲线（续）

在瑞利衰落信道下，检测信噪比与 K 和 σ_B 的关系曲线如图 9-5 所示。其中，虚线表示近似值，实线表示理论值。在计算理论值时，B 的积分范围为 $0 \sim \pi$。由于 $\sigma_B^2 \leqslant 1$，积分范围包括 99% 的 B 值分布。

从两个角度分析瑞利衰落信道的检测信噪比。由图 9-5（a）可知，近似检测信噪比能够很好地拟合理论检测信噪比，除了 $\sigma_B > 0.5$ 的情况，这点从图 9-5（b）中也可以看出来。当 $K \leqslant 1$ 时，在 $\sigma_B > 0.5$ 情况下，检测信噪比明显与 σ_B 具有非线性关系；当 $K \geqslant 10$ 时，曲线基本上可以近似为一条直线。

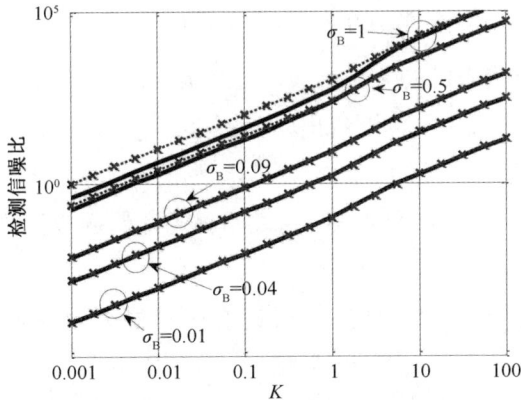

（a）检测信噪比与 K 的关系曲线

图 9-5　在瑞利衰落信道下，检测信噪比与 K 和 σ_B 的关系曲线

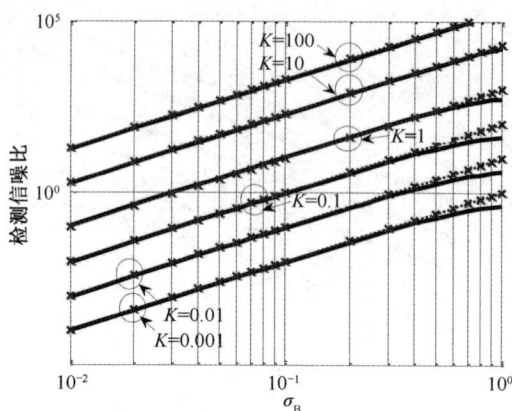

（b）检测信噪比与 σ_B 的关系曲线

图 9-5　在瑞利衰落信道下，检测信噪比与 K 和 σ_B 的关系曲线（续）

综上所述，所提检测信噪比近似方法在 $K \geqslant 10$ （复信噪比较大）和 $\sigma_B \leqslant 0.5$ （弱信号）时的近似效果很好。

9.4.2　误码率仿真分析

对于 BPSK 信号，根据式（9-30）生成复信号 $z(m)$，对其求相位得到 $y(m) = \measuredangle z(m)$，根据式（9-32）进行解码。

误码率与复信噪比的关系曲线如图 9-6 所示。在信号幅度 B 固定的情况下，从图 9-6（a）中可以看出，当 $B \leqslant 0.1$ 时，理论误码率与近似误码率、仿真误码率基本一致；当 $B = 1$ 时，理论误码率与仿真误码率基本一致，但与近似误码率有明显差异。这说明误码率的近似计算方法仅适用于弱信号检测情况。

在瑞利衰落下，由于这里只讨论有用信号无模糊的情况，所以令 $0 < B < \pi$。经过 5×10^5 次蒙特卡罗实验，得到图 9-6（b）。可以看出，当 σ_B 较小时，仿真误码率与理论误码率、近似误码率基本一致；当 σ_B 较大时，误码率的近似不再准确。

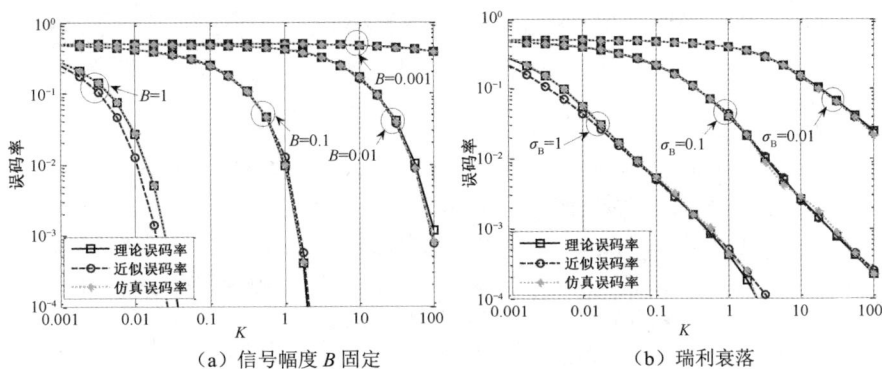

图 9-6　误码率与复信噪比的关系曲线

9.5　相关 MATLAB 程序

9.5.1　检测统计量近似

```
%%-------------------主程序Main_Wrap_TSNRApp_210510.m-------------
clear all; close all; clc;warning('off');
%求模糊相位噪声下的检测统计量及特征
%%----------分布-------------
SNRrg = [-20:-10:0:10];%复信噪比的值（dB）
Ar=1; %复数域信号幅度
thetag=[ 0 :0.05: 1]*pi;%有用信号相位
M=100; %样本数
fs=1e4;%采样频率
fc=150;%载波频率
st=sin(2*pi*fc*(1:M)/fs); %信号波形
s2=st*st';s4=(st.*st)*(st.*st)'; %st的二阶、四阶
%%-----------分布与特征-----------
for iR=1:length(SNRrg)%复信噪比循环
SNRr=SNRrg(iR)
for ith=1:length(thetag)%信号相位循环
Krg(1,iR)=10^(SNRr/10);Ksnr=Krg(1,iR);
```

```
    Kfor(1,iR)=Ksnr;%当前的复信噪比
    Bfor(1,ith)=thetag(ith);%当前的信号相位
    B=Bfor(ith);
    %%-----------统计量相关计算------------
    pwta=TstWrap(Ksnr,B,st);              %计算统计量
    ETafor(iR,ith)=pwta.Ta(1,1);          %均值的近似值
    DTafor(iR,ith)=pwta.Ta(1,2);          %方差的近似值
    EFafor(iR,ith)=pwta.Ta(1,3);          %在模糊相位噪声下，检测信噪比的根的近似值
    ETwfor(iR,ith)=pwta.Tx(1,1);          %均值的理论值
    DTwfor(iR,ith)=pwta.Tx(1,2);          %方差的理论值
    EFwfor(iR,ith)=pwta.Tx(1,3);          %在模糊相位噪声下，检测信噪比的根的理论值
    EFufor(iR,ith)=pwta.Tsnr(1,5);        %在无模糊相位噪声下，检测信噪比的根
    end
    end
    Bfor=thetag;%当前的信号相位
    Kfor=10.^(SNRrg/10);%当前的复信噪比
    %%-----------绘图------------
    %均值的理论值与近似值
    figure(1);
    plot(thetag,ETwfor(1,:),'-bd',thetag,ETwfor(2,:),'-co',thetag,ETwfor(3,:),'-gs',
thetag,ETwfor(4,:),'-k>',...
    thetag,ETafor(1,:),':rx',thetag,ETafor(2,:),':r.',thetag,ETafor(3,:),':r+',thetag,
ETafor(4,:),':r*','linewidth',2);grid on;
    legend('K=0.01，理论值','K=0.1，理论值','K=1，理论值','K=10，理论值','K=0.01，
近似值','K=0.1，近似值','K=1，近似值','K=10，近似值')
    xlabel('B');ylabel('均值');xlim([thetag(1), thetag(end)]);%ylim([4e-2 30])
    %方差的理论值与近似值
    figure(2);
    plot(thetag,DTwfor(1,:),'-bd',thetag,DTwfor(2,:),'-co',thetag,DTwfor(3,:),'-gs',
thetag,DTwfor(4,:),'-k>',...
    thetag,DTafor(1,:),':rx',thetag,DTafor(2,:),':r.',thetag,DTafor(3,:),':r+',thetag,
DTafor(4,:),':r*','linewidth',2);grid on;
    legend('K=0.01，理论值','K=0.1，理论值','K=1，理论值','K=10，理论值','K=0.01，
近似值','K=0.1，近似值','K=1，近似值','K=10，近似值')
    xlabel('B');ylabel('方差');xlim([thetag(1), thetag(end)]);%ylim([4e-2 30])
    %模糊相位噪声下，检测信噪比的根的理论值与近似值
    figure(3);
```

```
plot(thetag,EFwfor(1,:),'-bd',thetag,EFwfor(2,:),'-co',thetag,EFwfor(3,:),'-gs',
thetag,EFwfor(4,:),'-k>',...
    thetag,EFafor(1,:),':rx',thetag,EFafor(2,:),':r.',thetag,EFafor(3,:),':r+',thetag,
EFafor(4,:),':r*','linewidth',2);grid on;
    legend('K=0.01，理论值','K=0.1，理论值','K=1，理论值','K=10，理论值','K=0.01，
近似值','K=0.1，近似值','K=1，近似值','K=10，近似值')
    xlabel('B');ylabel('检测信噪比的根');xlim([thetag(1), thetag(end)]);%ylim([4e-2 30])
```

9.5.2　平坦衰落信道

```
%%---------------------主程序Main_Weak_Bber_210510.m-------------
clear all;close all;clc;warning('off');
[c,MHz,GHz,kHz,ms,us,km,mm,um] = cons_set;%参数设置
%求平坦衰落信道下的检测信噪比和误码率
%%----------分布-------------
M= 1e3; %样本数
P=100;   %周期数
para.P=P;
N=M*P; %采样点数
t=1:N;
fs= 1/80e-6;       %采样频率
fc=180;           %载波频率
s1=sin(2*pi*fc*(1:M)/fs);%信号的基础波形
Es=s1*s1';
%%----------计算-------------
SNRag= [-30:2.5:20]; %复信噪比
SNRbg= [1e-3 1e-2 1e-1 1];%信号幅度
SNRbg=[0.01:0.01:0.09, 0.1:0.1: 1, 1.2 1.5 2 2.5 3 pi];
for mtcl=1:2;%5000
MTCL=mtcl
numoferr0=zeros(length(SNRbg),length(SNRag));
numoferr1=zeros(length(SNRbg),length(SNRag));
numoferr2=zeros(length(SNRbg),length(SNRag));
for ia=1:length(SNRag)%复信噪比循环
SNRa=SNRag(ia);
```

```
A=1;%固定复数域信号幅度
K=10^(SNRa/10);
sgma=A/sqrt(2*K);%复高斯噪声参数
%%---------观察PDF---------
phix=pi*(-1:1e-3:1)+0;        %自变量范围
phas=PhaseDst(phix, K, 0);  %求无模糊相位噪声的参数
for ib=1:length(SNRbg)
B=SNRbg(ib);
%%--------仿真BPSK信号------------
[ para.symbinf ]= bpsk_prdc( para.P );%发射周期数
st1=B*kron(para.symbinf,s1);%相位信号，kron为矩阵运算
wt0=sgma*(randn(size(t))+j*randn(size(t)));%复高斯噪声
rt0=wt0;%无信号
rt1=exp(+j*st1)+wt0;
rt2=exp(-j*st1)+wt0;
%%---------模糊相位信号------------
yt2=angle(rt1);%模糊相位信号
yp2=s1*reshape(yt2,M,P);%MFD数据
%%---------检测与判决---------
eta2 = 0;%-1与+1的检测门限
code_dect2=sign(yp2-eta2);%取统计量与门限之差的符号
numoferr2(ib,ia)=numoferr2(ib,ia)+ sum(abs(code_dect2-para.symbinf))/2;%误码
if mtcl==1 %如果MTCL=1，则为第1次循环
simu_err2(ib,ia)=numoferr2(ib,ia)/P;%模糊误码率
%计算模糊理论值
pwta=TstWrap(K,B,s1);
SNRbt(ib,ia)=pwta.Tx(1,3)^2;%理论检测信噪比
SNRba(ib,ia)= B^2 * SNRKapprx(K)*Es ;%近似检测信噪比
theo_errT(ib,ia)=qfunc(sqrt( SNRbt(ib,ia) ) ); %理论误码率
theo_errA(ib,ia)=qfunc(sqrt( SNRba(ib,ia) ) ); %近似误码率
elseif mtcl>1
simu_err2(ib,ia)=(simu_err2(ib,ia)*(mtcl-1)+numoferr2(ib,ia)/P)/mtcl; %仿真误码率
end
end
end
err_show=[theo_errA; theo_errT ;simu_err2 ]
save data_Bber20520 SNRag SNRbg   theo_errA theo_errT simu_err2
```

```
end
%%---------绘图----------
%误码率
figure(4);semilogy(SNRag,theo_errT(1,:),'-bs', SNRag,theo_errA(1,:),'--ro', SNRag,
simu_err2(1,:),':g*',...
    SNRag,theo_errT(2:end,:),'-bs', SNRag,theo_errA(2:end,:),'--ro', SNRag,
simu_err2(2:end,:),':g*', 'linewidth',2)
    xlabel('K');ylabel('误码率');grid on; ylim([1e-4 1])
    legend('理论误码率','近似误码率','仿真误码率')
    figure(5);semilogy(SNRag,SNRbt([1, 4, 9, 14, 19,22],:),'-k', SNRag,SNRba([1, 4, 9,
14, 19,22],:),':rx','linewidth',2)
    xlabel('K');ylabel('检测信噪比');grid on; ylim([1e-5 1e5])
    figure(6);loglog(SNRbg,SNRbt(:,[1, 5, 9, 13, 17, 21]),'-k', SNRbg,SNRba(:,[1, 5, 9,
13, 17, 21]),':rx','linewidth',2)
    xlabel('B');ylabel('检测信噪比');grid on; ylim([1e-5 1e5])
```

9.5.3　瑞利衰落信道

```
%%--------------------主程序Main_Weak_Rber_210510.m-------------
clear all;close all;clc;warning('off');
[c,MHz,GHz,kHz,ms,us,km,mm,um] = cons_set;
%求瑞利衰落信道下的检测信噪比和误码率
%%---------分布----------
M= 1000; %样本数
P=100;    %周期数
para.P=P;
N=M*P;    %采样点数
t=1:N;
fs= 1/80e-6;%采样频率
fc=180;      %载波频率
s1=sin(2*pi*fc*(1:M)/fs);%信号的基础波形
Es=s1*s1';
%%---------计算-------------
SNRag=[-30:2.5:20]; %复信噪比
sgmBg=[0.01 0.1 1]; %B服从瑞利分布
```

```
%sgmBg=[0.01:0.01:0.09, 0.1: 0.1: 1];
SNRbg=sgmBg;
for mtcl=1:4%5000
MTCL=mtcl
numoferr0=zeros(length(SNRbg),length(SNRag));
numoferr1=zeros(length(SNRbg),length(SNRag));
numoferr2=zeros(length(SNRbg),length(SNRag));
for ia=1:length(SNRag)
SNRa=SNRag(ia);
A=1;%固定复数域信号幅度
K=10^(SNRa/10);sgma=A/sqrt(2*K);
%%----------观察PDF----------
phix=pi*(-1:1e-3:1)+0; %自变量范围
phas=PhaseDst(phix, K, 0);%求无模糊相位噪声的参数
for ib=1:length(SNRbg)
sgmB=SNRbg(ib);B=sgmB* abs(randn+j*randn);%B服从瑞利分布
%%---------仿真BPSK信号------------
  [ para.symbinf ]= bpsk_prdc( para.P );%发射周期数
st1=B*kron(para.symbinf,s1);%相位信号，kron为矩阵运算
wt0=sgma*(randn(size(t))+j*randn(size(t)));%复高斯噪声
rt0=wt0;%无信号
rt1=exp(+j*st1)+wt0;
rt2=exp(-j*st1)+wt0;
%%---------模糊相位信号------------
yt2=angle(rt1);%模糊相位信号
yp2=s1*reshape(yt2,M,P);%MFD数据
%%----------检测与判决----------
eta2 = 0;%-1与+1的检测门限
code_dect2=sign(yp2-eta2);%取统计量与门限之差的符号
numoferr2(ib,ia)=numoferr2(ib,ia)+ sum(abs(code_dect2-para.symbinf))/2;
if mtcl==1 %如果MTCL=1,则为第1次循环
simu_err2(ib,ia)=numoferr2(ib,ia)/P;%模糊误码率
%计算模糊理论值
SNRra(ib,ia)= 2* sgmB^2 * SNRKapprx(K)*Es ;%近似检测信噪比
theo_errRA(ib,ia)=0.5*(1-sqrt(SNRra(ib,ia)/(2+SNRra(ib,ia)))) ;%瑞利分布下的近似
误码率
Bsimug=linspace(0, min(pi, sgmB*sqrt(-log(1- 0.99999)) ), 100);    %待积分
```

292

```
    dB=Bsimug(2)-Bsimug(1);
    SNRrt(ib,ia)=0; SNRta(ib,ia)=0; theo_errRT(ib,ia)=0; %初始化
    for iB=1:length(Bsimug)
    Bsimu=Bsimug(iB);
    pwta=TstWrap(K,Bsimu,s1);%方差与均值
    SNRT=pwta.Tx(1,3)^2 ;%pwta.Tx(1)^2/pwta.Tx(2); %信噪比
    SNRrt(ib,ia)=SNRrt(ib,ia)+
SNRT* dB* Bsimu/sgmB^2*exp(-Bsimu^2/(2*sgmB^2)); %瑞利分布下的理论检测信噪比
    SNRta(ib,ia)=SNRta(ib,ia)+
Bsimu^2* SNRKapprx(K)*Es*dB*Bsimu/sgmB^2 *exp(-Bsimu^2/ (2*sgmB^2)); %瑞利
分布下的近似检测信噪比
    theo_errRT(ib,ia)=theo_errRT(ib,ia)+
qfunc(sqrt(SNRT))*dB*Bsimu/sgmB^2 *exp(-Bsimu^2/ (2*sgmB^2)); %瑞利分布下的理
论误码率
    end
    elseif mtcl>1
    simu_err2(ib,ia)=(simu_err2(ib,ia)*(mtcl-1)+numoferr2(ib,ia)/P)/mtcl; %仿真误码率
    end
    end
    end
    err_show=[theo_errRA; simu_err2]
    save data_WSNR SNRag SNRbg theo_errRA theo_errRT simu_err2    SNRra SNRrt
    end
    %%%---------绘图----------
    %误码率
    figure(7);semilogy(SNRag,theo_errRT,'-ks', SNRag,theo_errRA,'-bo', SNRag,simu_err2,
':g>','linewidth',2)
    xlabel('K');ylabel('误码率');grid on; ylim([1e-10 1])
    legend('理论误码率','近似误码率','仿真误码率')
    %瑞利衰落下的测试信噪比
    figure(8);semilogy(SNRag,SNRrt([1, 4, 9, 14 19],:),'-k', SNRag,SNRra([1, 4, 9, 14 19],
:),':rx','linewidth',2)
    xlabel('K');ylabel('SNR of Reyleigh');grid on; ylim([1e-5 1e5])
    figure(9);loglog(SNRbg,SNRrt(:,[1, 5, 9, 13, 17, 21]),'-k',SNRbg,SNRra(:,[1, 5, 9, 13,
17, 21]),':rx','linewidth',2)
    xlabel('\sigma_B');ylabel('SNR of Reyleigh');grid on; ylim([1e-5 1e5])
```

参 考 文 献

[1]   Tonolini F, Adib F. Networking Across Boundaries: Enabling Wireless Communication Through the Water-Air Interface[C]//The 2018 Conference of the ACM Special Interest Group. ACM, 2018.

[2]   Luo Zhongtao, Guo Renming, Liu Meiding. Parameter Conditions for Phase Unwrapping and Coherent Processing in the TARF Communication[C]// 2019 International Conference on Computer and Communications(ICCC). Cheng Du, China: IEEE Press, 2019:831-836.

[3]   Luo Zhongtao, Zhan Yanmei, Edmond J. Analysis on Functions and Characteristics of the Rician Phase Distribution[C]//2020 International Conference on Communications in China(ICCC), Chongqing, China: IEEE Press, 2020:306-311.

[4]   Kay S M. 统计信号处理基础：估计与检测理论[M]. 罗鹏飞, 等译. 北京：电子工业出版社, 2014.

[5]   罗忠涛, 夏杭, 詹燕梅, 等. 相位噪声中弱信号检测的信噪比计算与分析[J]. 信号处理, 2022, 38(3):659-666.

第 10 章
相位域的局部最优检测

　　由 PDF 分析可知，相位噪声不是高斯噪声[1]。在统计信号处理理论中，对于非高斯噪声下的信号检测问题，局部最优检测能取得近似最优性能[2]。本章研究相位噪声下的局部最优检测。相位噪声与大多数连续噪声（如高斯噪声）的一个重要区别是：解模糊后的噪声有两个边界，即 $\pm\pi$，边界对误差概率有额外影响[3]。本章分析在无模糊相位噪声下，考虑边界效应时的信号检测问题，推导检测器[4]。然后，研究无模糊相位噪声与模糊相位噪声下的局部最优检测，推导非线性变换函数与效能函数的计算式，并对效能函数进行近似。

10.1　无模糊相位噪声下的最大似然检测

　　本节分析在无模糊相位噪声下，考虑边界效应时的信号检测问题。在模糊相位噪声下，B 是未知的，因此无法进行最大似然检测。但是，在无模糊相位噪声下，B 是已知的，因此可以进行最大似然检测。本节推导考虑边界效应的检测器，并分析 BPSK 信号的多种判决准则，仿真分析检测器的性能及边界效应的影响。

10.1.1　关于边界的讨论

在假设 H_0 和 H_i（$i=1$ 表示二元假设，$i\geqslant 2$ 表示多元假设）下，无模糊相位为

$$\theta(m)=\begin{cases} B_0 s_0(m)+\phi_0(m), & H_0 \\ B_i s_i(m)+\phi_i(m), & H_i \end{cases} \tag{10-1}$$

式中，$s_0(m)$ 和 $s_i(m)$ 是待检测波形；B_0 和 B_i 是有用信号的幅度；$\phi_0(m)$ 和 $\phi_i(m)$ 是无模糊相位噪声。

为了从式（10-1）中检测信号 $s_i(m)$，最大似然检测可以表示为

$$\max_i \prod_{m=1}^{M} f_u\big[\theta(m)-B_i s_i(m),K\big] \tag{10-2}$$

最大似然检测的判决准则为

$$\prod_{m=1}^{M} f_u\big[\theta(m)-B_i s_i(m),K\big] \underset{D_0}{\overset{D_i}{\gtrless}} \prod_{m=1}^{M} f_u\big[\theta(m)-B_0 s_0(m),K\big] \tag{10-3}$$

向量形式为

$$L_i(\boldsymbol{\theta}) \underset{D_0}{\overset{D_i}{\gtrless}} L_0(\boldsymbol{\theta}) \tag{10-4}$$

式中，$\boldsymbol{\theta}=\big[\theta(1),\theta(2),\cdots,\theta(M)\big]^{\mathrm{T}}$，似然函数为

$$L_i(\boldsymbol{\theta})=\prod_{m=1}^{M} f_u\big[\theta(m)-B_i s_i(m),K\big] \tag{10-5}$$

高斯白噪声的似然函数乘积可以转化为对数和。但是，在无模糊相位噪声下，受边界的影响，$\ln\big[f(x,K)\big]$ 可能不存在，因为 $f(x,K)$ 可能等于零。下面具体分析。

考虑假设 H_0 为真的情况。此时，$\theta(m)=B_0 s_0(m)+\phi_0(m)$，有 $\theta(m)-B_0 s_0(m)\in[-\pi,\pi]$。因此，似然函数 $f_u\big[\theta(m)-B_0 s_0(m),K\big]>0$，$L_0(\boldsymbol{\theta})>0$。但是，$\big|\theta(m)-B_i s_i(m)\big|$ 可能超出边界，从而导致 $f_u\big[\theta(m)-B_i s_i(m),K\big]=0$。如果这种情况发生，则 $L_i(\boldsymbol{\theta})=0<L_0(\boldsymbol{\theta})$。

（1）在 $\big|\theta(m)-B_i s_i(m)\big|$ 超出边界的情况下，式（10-3）会变得很简单。由于 $L_i(\boldsymbol{\theta})=0<L_0(\boldsymbol{\theta})$，可以得到：如果 $\exists\,\theta(m)-B_i s_i(m)\notin[-\pi,\pi]$，可以

做出正确判决 D_0。

（2）在 $\left|\theta(m)-B_i s_i(m)\right|$ 未超出边界的情况下，$L_i(\boldsymbol{\theta}) \neq 0$ 意味着 $\forall \theta(m)-B_i s_i(m) \in [-\pi, \pi]$。此时依然有可能做出正确判决，其概率表示为 $\Pr\left[D_0 \mid L_i(\boldsymbol{\theta}) \neq 0, H_0\right]$。

总的来说，最大似然检测可能出现两种情况：一是未超出边界，即 $L_i(\boldsymbol{\theta}) \neq 0$；二是超出边界，即 $L_i(\boldsymbol{\theta})=0$。因此，判决准则可以表示为

$$\begin{cases} \exists \theta(m)-B_i s_i(m) \notin [-\pi, \pi], & \text{则判决不为 } D_i \\ \exists \theta(m)-B_0 s_0(m) \notin [-\pi, \pi], & \text{则判决不为 } D_0 \\ \text{否则，计算} \max\limits_{i,0} \sum\limits_{m=1}^{M} \ln f_{\mathrm{u}}\left[\theta(m)-B_i s_i(m), K\right] \end{cases} \tag{10-6}$$

做出正确判决的总概率可以表示为

$$\begin{aligned} \Pr(D_0 \mid H_0) = {} & \Pr\left[L_i(\boldsymbol{\theta})=0 \mid H_0\right] + \\ & \Pr\left[D_0 \mid L_i(\boldsymbol{\theta}) \neq 0, H_0\right] \Pr\left[L_i(\boldsymbol{\theta}) \neq 0 \mid H_0\right] \end{aligned} \tag{10-7}$$

假设 H_0 下的总错误概率为

$$\begin{aligned} P_{\mathrm{e}}(H_0) = {} & 1 - \Pr(D_0, H_0) \\ = {} & P_{\mathrm{e}}\left[L_i(\boldsymbol{\theta}) \neq 0 \mid H_0\right] \Pr\left[L_i(\boldsymbol{\theta}) \neq 0 \mid H_0\right] \end{aligned} \tag{10-8}$$

式中

$$P_{\mathrm{e}}\left[L_i(\boldsymbol{\theta}) \neq 0 \mid H_0\right] = 1 - \Pr\left[D_0 \mid L_i(\boldsymbol{\theta}) \neq 0, H_0\right] \tag{10-9}$$

式（10-9）表示在假设 H_0 下，$L_i(\boldsymbol{\theta}) \neq 0$ 时的错误概率。

综上所述，边界效应是指：正确假设对应的似然函数总为正，而错误假设对应的似然函数可能为零，称为零似然函数事件。在发生零似然函数事件时，最大似然检测器总能做出正确判决；在不发生零似然函数事件时，最大似然检测器可能做出正确判决。

10.1.2　发生零似然函数事件的概率

本节计算发生零似然函数事件的概率 $\Pr\left[L_i(\boldsymbol{\theta})=0 \mid H_0\right]$。由前面的推导可知，在假设 H_0 下，只要样本 $\theta(m)$ 满足 $f_{\mathrm{u}}\left[\theta(m)-B_i s_i(m), K\right]=0$，

就总能做出正确判决。当复信噪比较小时，$f_u\big[\theta(m)-B_is_i(m),K\big]=0$ 的可能性更大，因为噪声的幅度越大，$|\theta(m)-B_is_i(m)|$ 越有可能超出边界。

为 了 计 算 发 生 零 似 然 函 数 事 件 的 概 率 ， 需 要 知 道 $f_u\big[\theta(m)-B_is_i(m),K\big]=0$ 的概率，此过程依赖无模糊相位噪声的 CDF。设假设 H_0 为真，在假设 H_i 下，单样本的似然函数为零的概率为

$$\Pr\big\{f_u\big[\theta(m)-B_is_i(m)\big]=0\,|\,H_0\big\}$$
$$=\Pr\big[\theta(m)-B_is_i(m)>\pi\,|\,H_0\big]+\Pr\big[\theta(m)-B_is_i(m)<-\pi\,|\,H_0\big]$$
$$=\Pr\big[|\phi(m)+B_0s_0(m)-B_is_i(m)|>\pi\big]$$
$$=1-\Pr\big[\phi(m)<\pi-|B_0s_0(m)-B_is_i(m)|\big] \tag{10-10}$$
$$=1-F_u\big[\pi-|B_0s_0(m)-B_is_i(m)|,K\big]$$
$$=F_u\big[|B_0s_0(m)-B_is_i(m)|-\pi,K\big]$$

CDF 满足 $F_u(x,K)+F_u(-x,K)=1$。只要 $B_is_i(m)\neq B_0s_0(m)$，式(10-10)就始终为正。

在假设 H_i 下，发生零似然函数事件的条件是某个样本的似然函数为零。发生零似然函数事件的概率为

$$\Pr\big[L_i(\theta)=0\,|\,H_0\big]$$
$$=\Pr\Big\{\prod_{m=1}^{M}f_u\big[\theta(m)-B_is_i(m),K\big]=0\,|\,H_0\Big\}$$
$$=1-\Pr\Big\{\prod_{m=1}^{M}f_u\big[\theta(m)-B_is_i(m),K\big]\neq0\,|\,H_0\Big\}$$
$$=1-\prod_{m=1}^{M}\Big(1-\Pr\big\{f_u\big[\theta(m)-B_is_i(m),K\big]=0\,|\,H_0\big\}\Big) \tag{10-11}$$
$$=1-\prod_{m=1}^{M}\big\{1-F_u\big[|B_0s_0(m)-B_is_i(m)|-\pi,K\big]\big\}$$
$$=1-\prod_{m=1}^{M}F_u\big[\pi-|B_0s_0(m)-B_is_i(m)|,K\big]$$

由此得到了零似然函数事件的概率。

在式（10-8）中，有

$$\Pr\big[L_i(\theta)\neq0\,|\,H_0\big]=1-\Pr\big[L_i(\theta)=0\,|\,H_0\big] \tag{10-12}$$

设假设 H_0 为真，当 $i=0$ 时，$\Pr\left[L_0(\theta)=0\,|\,H_0\right]=0$；当 $i\neq0$ 时，存在 $B_i s_i(m)\neq B_0 s_0(m)$，使得 $0<\Pr\left[L_i(\theta)=0\,|\,H_0\right]<1$，可以得到 $0<\Pr\left[L_i(\theta)\neq0\,|\,H_0\right]<1$。

因此，可以得到假设 H_0 下的总错误概率为

$$
\begin{aligned}
P_e(H_0)&=P_e\left[L_i(\theta)\neq0\,|\,H_0\right]\Pr\left[L_i(\theta)\neq0\,|\,H_0\right]\\
&<P_e\left[L_i(\theta)\neq0\,|\,H_0\right]
\end{aligned}
\tag{10-13}
$$

总错误概率 $P_e(H_0)$ 总是小于条件错误概率 $P_e\left[L_i(\theta)\neq0\,|\,H_0\right]$。换言之，零似然函数事件的发生，使得总错误概率低于一般检测情况（无零似然函数事件发生时）的错误概率，相当于零似然函数事件的发生提高了检测性能。因为这个现象归根结底是由噪声边界引起的，所以称为边界效应。

10.1.3　非零似然函数事件下的检测

本节讨论所有样本在边界内的信号检测情况，求概率 $\Pr\left[D_0\,|\,L_i(\theta)\neq0,H_0\right]=0$，即在边界内做出正确判决的概率。

当假设 H_0 为真时，考虑 $L_i(\theta)\neq0$，有 $\forall\theta(m)-B_i s_i(m)\in[-\pi,\pi]$，做出正确判决的概率为

$$
\Pr\left[D_0\,|\,L_i(\theta)\neq0,H_0\right]=\Pr\left[L_0(\theta)>L_i(\theta)\,|\,L_i(\theta)\neq0,H_0\right]
\tag{10-14}
$$

在假设 H_0 下，$\forall\theta(m)-B_i s_i(m)\in[-\pi,\pi]$，所以有 $B_0 s_0(m)+\phi(m)-B_i s_i(m)\in[-\pi,\pi]$。

因此，$\phi(m)\in\left[-\pi-B_0 s_0(m)+B_i s_i(m),\pi-B_0 s_0(m)+B_i s_i(m)\right]$，考虑噪声的有效范围为 $\phi(m)\in[-\pi,\pi]$，则有

$$
\begin{aligned}
\phi(m)\in\big\{&\max\left[-\pi,-\pi+B_i s_i(m)-B_0 s_0(m)\right],\\
&\min\left[\pi+B_i s_i(m)-B_0 s_0(m),\pi\right]\big\}
\end{aligned}
\tag{10-15}
$$

为了方便分析，用 τ 表示间隔变化，噪声范围可以表示为

$$
\phi_\tau\in\left[\max(-\pi,-\pi-\tau),\min(\pi-\tau,\pi)\right]
\tag{10-16}
$$

显然，ϕ_τ 不能完全覆盖 $[-\pi, \pi]$。ϕ_τ 是 ϕ 的一个子集，ϕ_τ 的均值和方差分别为

$$M_K(\tau) = \int_{\max(-\pi, -\pi-\tau)}^{\min(\pi-\tau, \pi)} x f_u(x, K) \, \mathrm{d}x \qquad (10\text{-}17)$$

$$V_K(\tau) = \int_{\max(-\pi, -\pi-\tau)}^{\min(\pi-\tau, \pi)} x^2 f_u(x, K) \, \mathrm{d}x \qquad (10\text{-}18)$$

可以证明，均值是关于 τ 的奇函数，方差是关于 τ 的偶函数。

如果使用匹配滤波器进行检测，则检测器可以表示为

$$\sum_{m=1}^{M} y(m) s_i(m) \underset{D_0}{\overset{D_i}{\gtrless}} \sum_{m=1}^{M} y(m) s_0(m) \qquad (10\text{-}19)$$

式（10-19）的约束条件为

$$\begin{cases} \forall \theta(m) - B_i s_i(m) \in [-\pi, \pi] \\ \forall \theta(m) - B_0 s_0(m) \in [-\pi, \pi] \end{cases} \qquad (10\text{-}20)$$

可以看出，检测统计量的均值和方差都与信号 $s_0(m)$ 和 $s_i(m)$ 有关。在假设 H_0 下，检测统计量的均值和方差可以表示为

$$\begin{cases} H_0: \ E_T = \mathrm{Mean}\left[\sum_{m=1}^{M} \theta(m) s_i(m)\right] = B_0 E_{0i} + \sum_{m=1}^{M} M_K[\tau_{0i}(m)] s_i(m) \\ H_0: \ V_T = \mathrm{Var}\left[\sum_{m=1}^{M} \theta(m) s_i(m)\right] = \sum_{m=1}^{M} V_K[\tau_{0i}(m)] s_i^2(m) \end{cases}$$

$$(10\text{-}21)$$

式中，$\tau_{0i}(m) = B_0 s_0(m) - B_i s_i(m)$；$E_{0i} = \sum_{m=1}^{M} s_0(m) s_i(m)$ 表示能量。

基于检测统计量的分布，可以求得概率 $\Pr[D_0 \mid L_i(\theta) \neq 0, H_0]$。对于多样本的信号检测，均值 E_T 和方差 V_T 具有渐近正态性，因此能够通过 Q 函数计算错误概率 $P_e[L_i(\theta) \neq 0, H_0]$。10.1.4 节以 BPSK 信号为例进行误码率分析。

注意，式（10-14）至式（10-21）也适用于 $i=0$ 的情况。另外，虽然前面的推导是在假设 H_0 为真的条件下进行的，但在假设 H_i 为真时，上述结论同样成立。

10.1.4　误码率

本节以 BPSK 信号为例，分析边界效应的影响。在考虑边界的情况下，可以使用式（10-6）进行判决。为了简化计算，本节设计了新的判决准则。

相位信号模型为

$$\theta(m) = \begin{cases} -Bs(m) + \phi_0(m), & H_0 \\ Bs(m) + \phi_1(m), & H_1 \end{cases} \qquad (10\text{-}22)$$

考虑边界效应的检测器将最大似然检测器与匹配滤波器结合，可以表示为

$$\begin{cases} \exists \theta(m) - Bs(m) \notin [-\pi, \pi], \ 则判决为 D_0 \\ \exists \theta(m) + Bs(m) \notin [-\pi, \pi], \ 则判决为 D_1 \\ 否则, \ \sum\limits_{m=1}^{M} \theta(m)s(m) \underset{D_0}{\overset{D_i}{\gtrless}} 0 \end{cases} \qquad (10\text{-}23)$$

式中，第 3 种情况需要计算检测统计量方差和均值的分布。注意 $\tau_{01}(m) = -2Bs(m)$ 和 $E_{01} = -E_s$。

由于均值 $M_K(\tau)$ 是奇函数，可以证明

$$\sum_{m=1}^{M} M_K \left[-2Bs(m) \right] s(m) = \sum_{m=1}^{M} M_K \left[-\left| 2Bs(m) \right| \right] \left| s(m) \right| \qquad (10\text{-}24)$$

式（10-24）关于 $s(m)$ 是偶函数，关于 B 是奇函数。式（10-24）可以近似为

$$\sum_{m=1}^{M} M_K \left[-2Bs(m) \right] s(m) \approx -BE_s 2\pi f_u(\pi, K) \qquad (10\text{-}25)$$

因此，二元假设下检测统计量 $\boldsymbol{\theta}^{\mathrm{T}} \boldsymbol{s}$ 的均值为

$$\begin{aligned} H_0: \ E_{\mathrm{T}} &= -BE_s + \sum_{m=1}^{M} M_K \left[-2Bs(m) \right] s(m) \\ &\approx -BE_s + BE_s 2\pi f_u(\pi, K) \end{aligned} \qquad (10\text{-}26)$$

$$H_1: \quad E_T = BE_s + \sum_{m=1}^{M} M_K \big[2Bs(m) \big] s(m) \tag{10-27}$$
$$\approx BE_s - BE_s 2\pi f_u (\pi, K)$$

二元假设下检测统计量 $\boldsymbol{\theta}^T \boldsymbol{s}$ 的方差为

$$H_0: \quad V_T = \sum_{m=1}^{M} V_K \big[-2Bs(m) \big] s^2(m) \approx E_s \sigma_u^2 (K) \tag{10-28}$$

$$H_1: \quad V_T = \sum_{m=1}^{M} V_K \big[2Bs(m) \big] s^2(m) \approx E_s \sigma_u^2 (K) \tag{10-29}$$

因此，检测统计量可以表示为

$$\mathrm{TSNR}_{\mathrm{liu}}^{\mathrm{b}} = \frac{E_T^2}{V_T} = \frac{B^2 \big[1 - 2\pi f_u (\pi, K) \big]^2}{\sigma_u^2 (K)} \tag{10-30}$$

式中，"liu" 中的 "li" 表示 linear（线性），"u" 表示 unwrapping（无模糊）。

结合式（10-8）和式（10-12），在考虑边界的情况下，误码率可以表示为

$$\mathrm{BER}_{\mathrm{bd}} = \prod_{m=1}^{M} F_u \big[\pi - 2B|s(m)|, K \big] Q\left(\frac{E_T}{\sqrt{V_T}} \right) \tag{10-31}$$

根据式（10-31）得到考虑边界效应时的误码率，如图 10-1 所示。参数为：信号 $s(m) = \sin(\omega m)$，角频率 $\omega = 0.03\pi$，样本数 $M=100$，复信噪比 K 的范围为 [0.01, 100]，信号幅度 B=0.01, 0.03, 0.1, 0.3, 1。

由图 10-1 可知，考虑边界效应时的仿真误码率和理论误码率非常接近，说明我们关于该检测器的性能推导是正确的。在边界效应的影响下，误码率随信号幅度 B 的增大而降低（当 $B>1$ 时，误码率极低，在图 10-1 中不可见）。当复信噪比较小时，误码率随 K 的增大而提高；当复信噪比较大时，误码率随 K 的增大而降低，与常规检测情况相似。

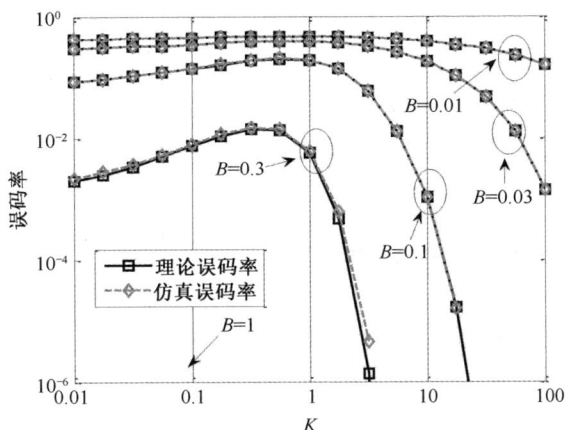

图 10-1　考虑边界效应时的误码率

10.2　无模糊相位噪声下的非线性变换函数与效能函数

本节分析无模糊相位噪声下的局部最优检测，推导效能函数的计算式，并对效能函数进行近似。

10.2.1　非线性变换函数

10.1 节结合匹配滤波检测分析了所有样本在边界内的情况，计算了概率 $\Pr\left[D_0 \mid L_i(\theta) \neq 0, H_0\right]$。本节分析当假设 H_0 为真且 $L_i(\theta) \neq 0$ 时的信号检测问题，并考虑采用局部最优检测。

当假设 H_0 为真时，由式（10-16）可知，ϕ_τ 是 ϕ 的一个子集。如果采用最大似然检测，则可以表示为

$$\max_i \prod_{m=1}^{M} f_u\left[\theta(m) - B_i s_i(m), K\right] \tag{10-32}$$

进行一阶泰勒级数展开，可以得到

$$\max_i \prod_{m=1}^{M} f_{\mathrm{u}}\left[\theta(m) - B_i s_i(m), K\right]$$

$$\Rightarrow \max_i \sum_{m=1}^{M} \ln f_{\mathrm{u}}\left[\theta(m) - B_i s_i(m), K\right] \tag{10-33}$$

$$\Rightarrow \max_i \sum_{m=1}^{M} \ln f_{\mathrm{u}}\left[\theta(m), K\right] - \sum_{m=1}^{M} \frac{f_{\mathrm{u}}'\left[\theta(m), K\right]}{f_{\mathrm{u}}\left[\theta(m), K\right]} B_i s_i(m)$$

式中，$f_{\mathrm{u}}'\left[\theta(m), K\right]$ 是无模糊相位噪声的概率密度函数 $f_{\mathrm{u}}\left[\theta(m), K\right]$ 的导数。

由式（6-27）可得

$$f_{\mathrm{G}}'(x, K) = -\frac{K}{2\pi} \sin(2x) \exp(-K) - $$
$$\frac{1}{2}\sqrt{\frac{K}{\pi}} \sin x \, \mathrm{e}^{-K\sin^2 x}\left[1 + \mathrm{erf}\left(\sqrt{K}\cos x\right)\right]\left(1 + 2K\cos^2 x\right) \tag{10-34}$$

相位噪声的有效范围为 $[-\pi, \pi]$。因此，考虑边界效应时的 $f_{\mathrm{u}}'(x, K)$ 为

$$f_{\mathrm{u}}'(x, K) = f_{\mathrm{u}}(-\pi, K)\delta(x+\pi) - f_{\mathrm{u}}(\pi, K)\delta(x-\pi) + f_{\mathrm{G}}'(x, K) \tag{10-35}$$

式中，$\delta(\cdot)$ 表示脉冲函数。

$f_{\mathrm{u}}'(x, K)/f_{\mathrm{u}}(x, K)$ 的形式与局部最优检测的非线性变换函数相似。因此，相位噪声下的信号检测可以考虑使用局部最优检测（LOD）。将非线性变换函数定义为

$$g(x, K) = -\frac{f_{\mathrm{G}}'(x, K)}{f_{\mathrm{G}}(x, K)} \tag{10-36}$$

$f_{\mathrm{u}}'(x, K)$ 中的脉冲函数会影响对式（10-33）的处理（脉冲函数产生的效果就是边界效应）。下面不考虑边界处的脉冲函数，可以得到

$$f_{\mathrm{\&}}'(x, K) = f_{\mathrm{G}}'(x, K) = -\frac{K}{2\pi} \sin 2x \, \mathrm{e}^{-K} - $$
$$\frac{1}{2}\sqrt{\frac{K}{\pi}} \sin x \, \mathrm{e}^{-K\sin^2 x}\left[1 + \mathrm{erf}\left(\sqrt{K}\cos x\right)\right]\left(1 + 2K\cos^2 x\right) \tag{10-37}$$

因此，不考虑脉冲函数的非线性变换函数为

$$g(x, K) = -\frac{f_{\mathrm{\&}}'(x, K)}{f_{\mathrm{G}}(x, K)} \tag{10-38}$$

将无模糊相位噪声下的非线性变换函数定义为

$$g_{\mathrm{u}}(x,K) = \begin{cases} g(x,K), & x \in [-\pi,\pi] \\ 0, & x \notin [-\pi,\pi] \end{cases} \tag{10-39}$$

值得注意的是，$g_{\mathrm{u}}(x,K)$ 是连续函数。考虑每个码元的信号幅度相等且大于 0，即 $B_0 = B_i > 0$。因此，分析式（10-33）等价于分析

$$\max_i \sum_{m=1}^{M} g_{\mathrm{u}}[\theta(m),K] s_i(m) \tag{10-40}$$

10.2.2　效能函数

本节分析在无模糊相位噪声下，利用局部最优检测时的检测性能。当噪声的 PDF 为偶函数且方差有界时，非线性信号的检测性能可以用效能函数衡量。

当在相位噪声 ϕ 下进行非线性信号检测时，虽然 ϕ_τ 不是对称的，但是 ϕ 是对称的。当 τ 很小时，ϕ_τ 是近似对称的。因此，可以用效能函数衡量检测性能。

使用非线性变换函数 $h(x)$ 进行信号检测，其效能函数可以表示为

$$\mathcal{E}(h) = \frac{\left[\int_{-\pi}^{\pi} h(x) f'(x)\mathrm{d}x\right]^2}{\int_{-\pi}^{\pi} h^2(x) f(x)\mathrm{d}x} \tag{10-41}$$

式中，$h(x)$ 为奇函数。

对于无模糊相位噪声，使用非线性变换函数 $g_{\mathrm{u}}(x,k)$，得到效能函数为

$$\mathcal{E}(g) = \frac{\left[\int_{-\pi}^{\pi} g_{\mathrm{u}}(x,K) f_{\mathrm{u}}'(x,K)\mathrm{d}x\right]^2}{\int_{-\pi}^{\pi} g_{\mathrm{u}}{}^2(x,K) f_{\mathrm{u}}(x,K)\mathrm{d}x} \tag{10-42}$$

式中

$$\int_{-\pi}^{\pi} g_{\mathrm{u}}(x,K) f_{\mathrm{u}}'(x,K)\mathrm{d}x$$
$$= \int_{-\pi}^{\pi} \left[g(x,K) f_{\mathrm{G}}'(x,K) + g(x,K)\delta(x+\pi) + g(x,K)\delta(x-\pi) \right]\mathrm{d}x \tag{10-43}$$
$$= \int_{-\pi}^{\pi} g^2(x,K) f_{\mathrm{G}}(x,K)\mathrm{d}x$$

计算得到无模糊相位噪声下的效能函数，即

$$\mathcal{E}_{\text{lou}}(K) = \int_{-\pi}^{\pi} g^2(x,K) f_{\text{G}}(x,K) \mathrm{d}x \qquad (10\text{-}44)$$

式中，"lou"中的"lo"表示 local optimal（局部最优），"u"表示 unwrapping（无模糊）。

效能计算对于匹配滤波检测来说也是适用的。在无模糊相位噪声下，线性关系可以表示为 $h(x)=x$，则线性效能函数为

$$
\begin{aligned}
\mathcal{E}_{\text{liu}}(K) &= \frac{\left[\int_{-\pi}^{\pi} x f_{\text{u}}'(x,K) \mathrm{d}x\right]^2}{\int_{-\pi}^{\pi} x^2 f_{\text{u}}(x,K) \mathrm{d}x} \\
&= \frac{1}{\sigma^2(K)} \left[x f(x,K) \big|_{-\pi}^{\pi} - \int_{-\pi}^{\pi} f(x,K) \mathrm{d}x - 2\pi f(-\pi,K) \right]^2 \\
&= \frac{1}{\sigma_{\text{u}}^2(K)}
\end{aligned}
\qquad (10\text{-}45)
$$

根据式（10-44）和式（10-45）得到效能与 K 的关系曲线，如图 10-2 所示。由图 10-2 可知，效能随复信噪比 K 的增大而增大。

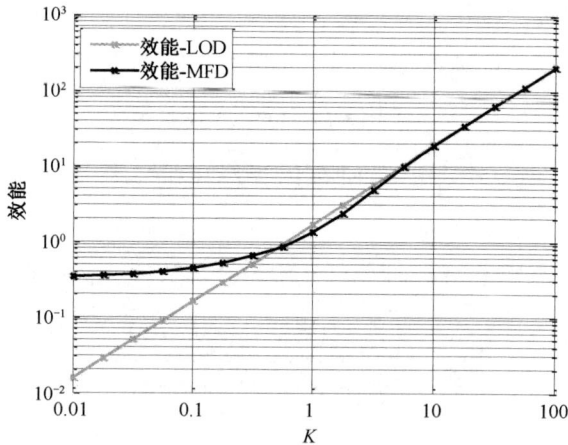

图 10-2　效能与 K 的关系曲线

考虑 BPSK 信号，相位为

$$\theta(m) = \begin{cases} B_0 s_0(m) + \phi(m), & H_0 \\ B_i s_i(m) + \phi(m), & H_1 \end{cases} \quad （10\text{-}46）$$

式中，$i = 0, 1, 2, \cdots, I$。使用 LOD，判决准则可以表示为

$$\forall \theta(m) - B_i s_i(m) \in [-\pi, \pi] \text{且} \max_i \sum_{m=1}^{M} s(m) g_u [\theta(m), K] > 0 \Rightarrow D_i \quad （10\text{-}47）$$

10.2.3　效能函数近似

无模糊相位噪声下的效能函数为式（10-44），可以通过数值积分计算。

为了简化计算，考虑在不同的复信噪比下进行近似，具体情况如下。

（1）设置 K_1 和 K_2 两个断点，在复信噪比适中时，$K_1 < K < K_2$。假设 $\lg[\mathcal{E}_{\text{lou}}(K)/K]$ 关于 $\lg K$ 是线性的，即 $\lg[\mathcal{E}_{\text{lou}}(K)/K] = a_k \lg K + b_k$。基于数值仿真，令 $K_1 = 0.3$、$K_2 = 30$。

基于点 $\left(0.3, \lg\dfrac{\pi}{2}\right)$ 和点 $(30, \lg 2)$，可以得到

$$\begin{cases} a_k = \dfrac{1}{2} \lg \dfrac{4}{\pi} \\ b_k = \dfrac{\pi}{2} \\ \lg \dfrac{\mathcal{E}_{\text{lou}}(K)}{K} = \dfrac{1}{2} \lg \dfrac{4}{\pi} \lg K + \dfrac{\pi}{2} \end{cases} \quad （10\text{-}48）$$

因此，在 $0.3 < K < 30$ 时，效能函数可以近似为

$$\mathcal{E}_{\text{loa}}(K) = K \frac{\pi}{2} \left(\frac{K}{0.3} \right)^{\frac{1}{2} \lg \frac{4}{\pi}} \quad （10\text{-}49）$$

（2）在复信噪比较小时，$0 \leqslant K \leqslant 0.3$，$g(x, K) \approx \sqrt{\pi K} \sin x \exp(K)$ 且 $f_u(x, K) \approx [\exp(-K)]/2\pi$，因此，在 $0 \leqslant K \leqslant 0.3$ 时，效能函数可以近似为 $\mathcal{E}_{\text{loa}}(K) \approx (\pi K)/2$。

（3）在复信噪比较大时，$K \geqslant 30$，相位噪声分布近似为高斯分布，因此 LOD 近似为线性 MFD。考虑 $g(x, K) \approx x$ 且无模糊相位噪声下的方差约等于 $1/(2K)$，则效能函数可以近似为 $2K$。

综上所述，无模糊相位噪声下的效能函数近似为

$$\mathcal{E}_{\text{loa}}(K) = \begin{cases} (\pi K)/2, & 0 \leqslant K \leqslant 0.3 \\ K\dfrac{\pi}{2}\left(\dfrac{K}{0.3}\right)^{\frac{1}{2}\lg\frac{4}{\pi}} \approx 1.67K^{1.05}, & 0.3 < K < 30 \\ 2K, & K \geqslant 30 \end{cases} \quad （10\text{-}50）$$

近似效能、LOD 下的效能及两者之比与 K 的关系曲线如图 10-3 所示。

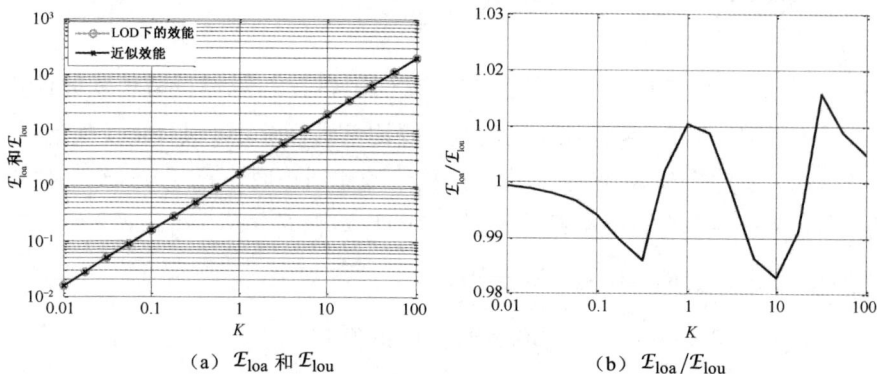

（a）$\mathcal{E}_{\text{loa}}$ 和 $\mathcal{E}_{\text{lou}}$　　　　（b）$\mathcal{E}_{\text{loa}}/\mathcal{E}_{\text{lou}}$

图 10-3　近似效能、LOD 下的效能及两者之比与 K 的关系曲线

由图 10-3 可知，近似效能与 LOD 下的效能相差很小，说明该效能函数近似方法具有很高的精度。

10.2.4　误码率

本节以 BPSK 信号为例，分析无模糊相位噪声下的判决准则和检测性能。

假设在平坦衰落信道下且 $A>0$、$B>0$。在二元假设下，BPSK 信号模型为

$$\theta(m) = \begin{cases} -Bs(m) + \phi_0(m), & H_0 \\ Bs(m) + \phi_1(m), & H_1 \end{cases} \quad （10\text{-}51）$$

最大似然检测的判决准则为

$$\prod_{m=1}^{M} f_{\mathrm{u}}\left[\theta(m)-B_i s_i(m), K\right] \underset{D_0}{\overset{D_i}{\gtrless}} \prod_{m=1}^{M} f_{\mathrm{u}}\left[\theta(m)-B_0 s_0(m), K\right] \tag{10-52}$$

在无模糊相位噪声下，考虑边界效应时的信号检测可以采用线性检测方法或非线性检测方法。

当假设 H_0 为真时，对于非线性检测，判决准则可以表示为

$$\exists \theta(m)-B s(m) \notin[-\pi, \pi] \text{或} \sum_{m=1}^{M} s(m) g\left[\theta(m), K\right]<0 \Rightarrow D_0 \tag{10-53}$$

$$\exists \theta(m)+B s(m) \notin[-\pi, \pi] \text{或} \sum_{m=1}^{M} s(m) g\left[\theta(m), K\right]>0 \Rightarrow D_1 \tag{10-54}$$

误码率为

$$\mathrm{BER}_{\mathrm{lou}}^{\mathrm{b}}=Q\left[B \sqrt{E_{\mathrm{lou}}(K)}\right] \prod_{m=1}^{M} F_{\mathrm{u}}\left[\pi-2B|s(m)|, K\right] \tag{10-55}$$

当假设 H_0 为真时，对于线性检测，判决准则可以表示为

$$\exists \theta(m)-B s(m) \notin[-\pi, \pi] \text{或} \sum_{m=1}^{M} s(m) \theta(m)<0 \Rightarrow D_0 \tag{10-56}$$

$$\exists \theta(m)+B s(m) \notin[-\pi, \pi] \text{或} \sum_{m=1}^{M} s(m) \theta(m)>0 \Rightarrow D_1 \tag{10-57}$$

根据 9.1 节的分析，得到误码率为

$$\mathrm{BER}_{\mathrm{liu}}^{\mathrm{b}}=Q\left(\frac{E_{\mathrm{T}}}{\sqrt{V_{\mathrm{T}}}}\right) \prod_{m=1}^{M} F_{\mathrm{u}}\left[\pi-2B|s(m)|, K\right] \tag{10-58}$$

可以近似为

$$\mathrm{BER}_{\mathrm{liu}}^{\mathrm{b}}=Q\left[B \frac{1-2\pi f_{\mathrm{u}}(\pi, K)}{\sigma_{\mathrm{u}}(K)}\right] \prod_{m=1}^{M} F_{\mathrm{u}}\left[\pi-2B|s(m)|, K\right] \tag{10-59}$$

仿真得到考虑边界效应时的误码率，如图 10-4 所示。参数为：信号 $s(m)=\sin(\omega m)$，角频率 $\omega=0.03\pi$，样本数 $M=100$。由图 10-4 可知，使用 LOD 与 MFD 时的误码率相差不大。

在无模糊相位噪声下，不考虑边界效应时的信号检测也可以采用线性检测方法或非线性检测方法。

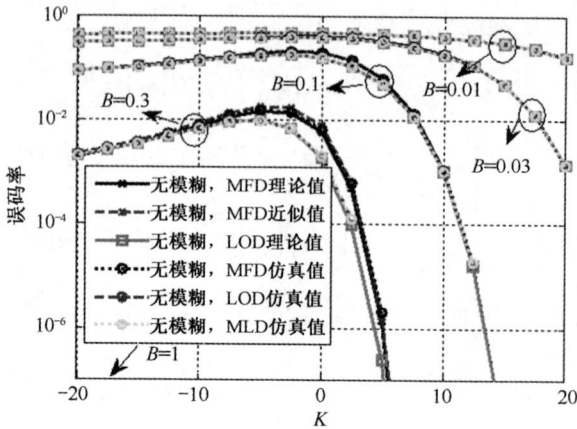

图 10-4　考虑边界效应时的误码率

当假设 H_0 为真时，对于非线性检测，判决准则可以表示为

$$\sum_{m=1}^{M} s(m) g\big[\theta(m), K\big] < 0 \Rightarrow D_0 \tag{10-60}$$

$$\sum_{m=1}^{M} s(m) g\big[\theta(m), K\big] \gtrless 0 \Rightarrow D_1 \tag{10-61}$$

误码率为

$$\mathrm{BER}_{\mathrm{lou}}^{\mathrm{ub}} = Q\Big[B\sqrt{\mathcal{E}_{\mathrm{lou}}(K)} \Big] \tag{10-62}$$

当假设 H_0 为真时，对于线性检测，判决准则可以表示为

$$\sum_{m=1}^{M} s(m)\theta(m) < 0 \Rightarrow D_0 \tag{10-63}$$

$$\sum_{m=1}^{M} s(m)\theta(m) \gtrless 0 \Rightarrow D_1 \tag{10-64}$$

误码率为

$$\mathrm{BER}_{\mathrm{liu}}^{\mathrm{ub}} = Q\left[B\sqrt{\frac{E_s}{\sigma_{\mathrm{u}}^2(K)}} \right] \tag{10-65}$$

仿真得到不考虑边界效应时的误码率，如图 10-5 所示。图 10-5 的参数与图 10-4 的参数相同。由图 10-5 可知，误码率随 K 和 B 的增大而降低。当 B 较小时，使用各种检测方法时的误码率差不多，而当 $B=1$ 时，使用 MFD 时的性能优于使用 LOD 和 MLD 时。这是因为，此时的 LOD

和 MLD 没有计入边界效应，在性能上有很大衰减。

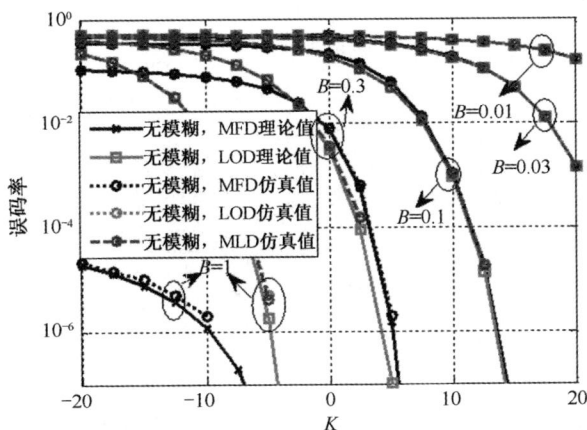

图 10-5　不考虑边界效应时的误码率

10.3　模糊相位噪声下的效能函数

本节考虑在模糊相位噪声下应用 LOD，推导效能函数的计算式，并对效能函数进行近似。

10.3.1　效能函数

模糊相位噪声的 PDF 为

$$f_{\mathrm{w}}(x,K,\vartheta) = \begin{cases} f_{\mathrm{G}}(x,K), & x \in [-\pi-\vartheta_{\mathrm{w}}, \pi-\vartheta_{\mathrm{w}}] \\ 0, & \text{其他} \end{cases} \quad (10\text{-}66)$$

可以得到

$$\begin{aligned} f_{\mathrm{w}}'(x,K,\vartheta) = f_{\mathrm{G}}'(x,K) + \\ \left[f(-\pi-\vartheta_{\mathrm{w}})\delta(x+\pi+\vartheta_{\mathrm{w}}) - f(\pi-\vartheta_{\mathrm{w}})\delta(x-\pi+\vartheta_{\mathrm{w}}) \right] \end{aligned} \quad (10\text{-}67)$$

式中，$f_{\text{g}}'\left(x,K\right)=f_{\text{G}}'\left(x,K\right)$，表示不考虑边界处的脉冲函数的无模糊相位噪声 PDF 的导数。

模糊相位噪声下的非线性变换函数可以表示为

$$g_{\text{w}}\left(x,K,\vartheta\right)=g\left(x,K\right)+\delta\left(x+\pi+\vartheta_{\text{w}}\right)-\delta\left(x-\pi+\vartheta_{\text{w}}\right) \quad （10\text{-}68）$$

式中，$x\in\left[-\pi-\vartheta_{\text{w}},\pi-\vartheta_{\text{w}}\right]$。

由于脉冲函数的影响十分复杂，下面的分析也不考虑脉冲函数。

基于 $g\left(x,K\right)$ 和 $f_{\text{w}}\left(x,K,\vartheta\right)$ 计算模糊相位噪声下的效能函数，即

$$\mathcal{E}_{\text{low}}\left(K\right)=\frac{\left[\int_{-\pi-\vartheta_{\text{w}}}^{\pi-\vartheta_{\text{w}}}g\left(x,K\right)f_{\text{w}}'\left(x,K,\vartheta\right)\mathrm{d}x\right]^{2}}{\int_{-\pi-\vartheta_{\text{w}}}^{\pi-\vartheta_{\text{w}}}g^{2}\left(x,K\right)f_{\text{w}}\left(x,K,\vartheta\right)\mathrm{d}x} \quad （10\text{-}69）$$

在不考虑脉冲函数的前提下，根据式（10-67）和式（10-36）可以得到

$$\int_{-\pi-\vartheta_{\text{w}}}^{\pi-\vartheta_{\text{w}}}g\left(x,K\right)f_{\text{w}}'\left(x,K,\vartheta\right)\mathrm{d}x$$

$$=\int_{-\pi-\vartheta_{\text{w}}}^{\pi-\vartheta_{\text{w}}}g^{2}\left(x,K\right)f_{\text{G}}\left(x,K\right)\mathrm{d}x+f_{\text{G}}'\left(-\pi-\vartheta_{\text{w}},K\right)-f_{\text{G}}'\left(\pi-\vartheta_{\text{w}},K\right) \quad （10\text{-}70）$$

$$=\int_{-\pi-\vartheta_{\text{w}}}^{\pi-\vartheta_{\text{w}}}g^{2}\left(x,K\right)f_{\text{G}}\left(x,K\right)\mathrm{d}x$$

式中，$f_{\text{G}}'\left(-\pi-\vartheta_{\text{w}},K\right)-f_{\text{G}}'\left(\pi-\vartheta_{\text{w}},K\right)=0$，因为 $f_{\text{G}}'\left(x,K\right)$ 是关于 x 的周期函数，周期为 2π。

因此，模糊相位噪声下的效能函数为

$$\mathcal{E}_{\text{low}}\left(K\right)=\int_{-\pi-\vartheta_{\text{w}}}^{\pi-\vartheta_{\text{w}}}g^{2}\left(x,K\right)f_{\text{G}}\left(x,K\right)\mathrm{d}x \quad （10\text{-}71）$$

值得注意的是，$g\left(x,K\right)$ 和 $f_{\text{G}}\left(x,K\right)$ 都是周期函数。比较式（10-44）和式（10-71）可以看出，在无模糊相位噪声和模糊相位噪声下采用 LOD 的效能相同，即

$$\mathcal{E}_{\text{low}}\left(K\right)=\mathcal{E}_{\text{lou}}\left(K\right) \quad （10\text{-}72）$$

区别在于，无模糊相位噪声是对称的，因此 $\mathcal{E}_{\text{lou}}\left(K\right)$ 是准确效能；而模糊相位噪声是不对称的，$\mathcal{E}_{\text{low}}\left(K\right)$ 是在信号很弱时的近似效能。

10.3.2　效能函数近似

利用 $h(x)=x$ 和 $f_{\text{w}}(x,K,\vartheta)$ 计算线性效能，可以得到

$$\mathcal{E}_{\text{xw}}(K)=\frac{1}{\sigma_{\text{u}}^2(K)}\qquad(10\text{-}73)$$

对比无模糊相位噪声下的线性效能函数，即式（10-45），可以看出，两种噪声下的线性效能是一致的。但是，由于模糊相位噪声不是对称的，利用 $\mathcal{E}_{\text{xw}}(K)$ 评估检测性能不准确，因此不可用。

事实上，我们在弱信号检测中，已经推导了模糊相位噪声下 MFD 的检测性能。在复信噪比较小的情况下，输出的检测信噪比可以表示为 K、B 和 s 的函数，即

$$\text{TSNR}_{\text{wa}}(K,B,s)=\frac{E_{\text{Ta}}^2(K,B,s)}{D_{\text{Ta}}(K,B,s)}\qquad(10\text{-}74)$$

式中

$$E_{\text{Ta}}(B,K,s)=BE_s\big[1-2\pi f_{\text{u}}(\pi,K)\big]\qquad(10\text{-}75)$$

$$D_{\text{Ta}}(B,K,s)=\sigma_{\text{u}}^2(K)E_s+B^2\sum_{m=1}^{M}s^4(m)2\pi f_{\text{u}}(\pi,K)\big[1-2\pi f_{\text{u}}(\pi,K)\big]\qquad(10\text{-}76)$$

在弱信号下，检测信噪比可以近似为

$$\text{TSNR}_{\text{wa}}=\frac{E_{\text{Ta}}^2(B,K,s)}{\sigma_{\text{u}}^2(K)E_s}=\frac{B^2E_s}{\sigma_{\text{u}}^2(K)}\big[1-2\pi f_{\text{u}}(\pi,K)\big]^2\qquad(10\text{-}77)$$

因此，可以定义线性效能函数为

$$\mathcal{E}_{\text{liw}}(K)=\frac{\text{TSNR}_{\text{wa}}(K,B,s)}{B^2E_s}\qquad(10\text{-}78)$$

为了对效能函数进行近似，将其表示为以 K 为变量的关系式，即

$$\mathcal{E}_{\text{lia}}(K)=\begin{cases}(3K)/\pi,&0\leqslant K\leqslant0.3\\K^{1.3},&0.3<K<30\\2K,&K\geqslant30\end{cases}\qquad(10\text{-}79)$$

式（10-79）可以作为弱信号检测的一个简单近似。

回顾效能函数分析，$\mathcal{E}_{\text{low}}(K)=\mathcal{E}_{\text{lou}}(K)$，可以得到在模糊相位噪声下，

LOD 相对 MFD 的增益为

$$\mathcal{E}_{\text{gain}}\left(K\right)=\frac{\mathcal{E}_{\text{low}}\left(K\right)}{\mathcal{E}_{\text{liw}}\left(K\right)}\approx\frac{\mathcal{E}_{\text{loa}}\left(K\right)}{\mathcal{E}_{\text{lia}}\left(K\right)}$$

$$=\begin{cases} \dfrac{\left(\pi K\right)/2}{\left(3K\right)/\pi}=\dfrac{\pi^2}{6}, & 0\leqslant K\leqslant0.3 \\[3mm] \dfrac{1.673K^{1.0525}}{K^{1.3}}=1.673K^{-0.2475}, & 0.3<K<30 \\[3mm] \dfrac{2K}{2K}=1, & K\geqslant30 \end{cases} \quad (10\text{-}80)$$

上述结果表明，在复信噪比较小的情况下，增益为 $\pi^2/6\approx1.665$。当 $0.3<K<30$ 时，增益随 K 的增大而减小；当 $K\geqslant30$ 时，增益几乎可以忽略。

10.3.3 误码率

在二元假设下，BPSK 信号模型为

$$y\left(m\right)=\begin{cases} -Bs\left(m\right)+\varphi_0\left(m\right), & H_0 \\ Bs\left(m\right)+\varphi_1\left(m\right), & H_1 \end{cases} \quad (10\text{-}81)$$

在模糊相位噪声下，不能假设边界是已知的，否则不现实。如果边界是已知的，则 $Bs\left(m\right)$ 是已知的，就可以得到无模糊相位噪声了。

在模糊相位噪声下，对于非线性检测，判决准则可以表示为

$$\sum_{m=1}^{M}s\left(m\right)g\left[y\left(m\right),K\right]<0\Rightarrow D_0 \quad (10\text{-}82)$$

$$\sum_{m=1}^{M}s\left(m\right)g\left[y\left(m\right),K\right]\geqslant0\Rightarrow D_1 \quad (10\text{-}83)$$

误码率为

$$\text{BER}_{\text{low}}=Q\left[B\sqrt{\mathcal{E}_{\text{low}}\left(K\right)}\right] \quad (10\text{-}84)$$

对于线性检测，判决准则可以表示为

$$\sum_{m=1}^{M}s\left(m\right)y\left(m\right)<0\Rightarrow D_0 \quad (10\text{-}85)$$

$$\sum_{m=1}^{M} s(m) y(m) \geqslant 0 \Rightarrow D_1 \qquad (10\text{-}86)$$

误码率为

$$\mathrm{BER_w} = Q\left(\sqrt{\mathrm{TSNR_w}}\right) \qquad (10\text{-}87)$$

根据弱信号下的检测统计量近似，可以将误码率近似为

$$\mathrm{BER_{liw}} = Q\left[B \frac{1 - 2\pi f_u(\pi, K)}{\sigma_u(K)} \right] \qquad (10\text{-}88)$$

仿真得到模糊相位噪声下的误码率，如图 10-6 所示。图 10-6 的参数与图 10-4 的参数相同。由图 10-6 可知，误码率随 K 和 B 的增大而降低，使用 LOD 时的性能优于使用 MFD 时。

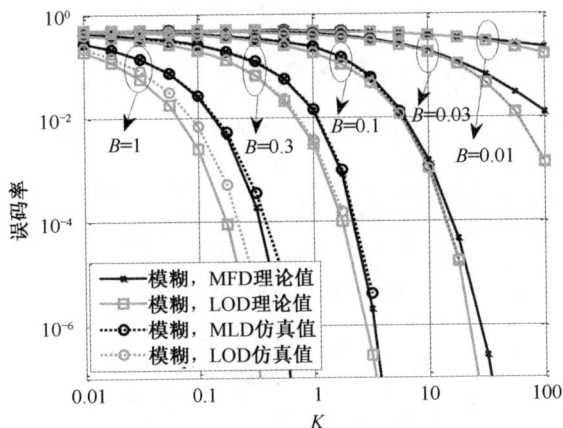

图 10-6　模糊相位噪声下的误码率

10.4　相关 MATLAB 程序

```
%%--------------------主程序Main_Ber_nold_210510.m-------------
clear all;close all;clc;warning('off');
[c,MHz,GHz,kHz,ms,us,km,mm,um] = cons_set;
%求模糊相位噪声与无模糊相位噪声下的LOD
```

```matlab
%%---------分布------------
M=100;                %样本数
P=1000;               %周期数
para.P=P;N=M*P;       %采样点数
t=1:N;
fs=1e4;               %采样频率
fc=150;               %载波频率
s1=sin(2*pi*fc*(1:M)/fs); %信号的基础波形
Es=s1*s1';
%%---------计算------------
SNRag=[-20:2.5:20];            %复信噪比K
SNRbg= [0.01 0.03 0.1 0.3 1]; %信号幅度B
MTCL=5;
for mtcl=1:MTCL
if mtcl==1
%初始化
simu_mfdu=zeros(length(SNRag),length(SNRbg));
simu_lodu=simu_mfdu;    simu_mldu=simu_mfdu;
simb_mfdu=simu_mfdu;   simb_lodu=simu_mfdu;   simb_mldu=simu_mfdu;
simu_mfdw=simu_mfdu;   simu_lodw=simu_mfdu;   simu_mldw=simu_mfdu;
%初始化
mcan_mfdu=simu_mfdu;   var_mfdu=simu_mfdu;
mean_lodu=simu_mfdu;   var_lodu=simu_mfdu;
end
MTCL=mtcl
for ia=1:length(SNRag)         %复信噪比循环
SNRa=SNRag(ia);
A=1;                           %固定复数域信号幅度
K=10^(SNRa/10);
sgma=A/sqrt(2*K);              %复高斯噪声参数
%%---------观察PDF--------------
phix=pi*(-1:1e-3:1)+0;         %自变量范围
phas=PhaseDst(phix, K, 0);     %求无模糊相位噪声的参数
for ib=1:length(SNRbg)
B=SNRbg(ib);
%%--------仿真BPSK信号------------
[para.symbinf]= bpsk_prdc(para.P);
```

316

```
st1=B*kron(para.symbinf,s1);                     %相位信号，kron为矩阵运算
wt0=sgma*(randn(size(t))+j*randn(size(t)));        %复高斯噪声
rt0=wt0;   %无信号
rt1=exp(+j*st1)+wt0;
rt2=exp(-j*st1)+wt0;
%%-----------无模糊相位信号---不考虑边界效应----------
yt1=angle(rt1.*exp(-j*st1))+st1;         %无模糊相位信号
%%----------无模糊相位信号---MFD-----------
ypmfd0=s1*reshape(yt1,M,P);         %MFD数据
ypmfd0=ypmfd0.*para.symbinf;         %正确码元匹配输出
ypmfd1=-ypmfd0;            %数据
%%--------无模糊相位信号---LOD-----------
ytd = -fdGlob(yt1,K)./ftGlob(yt1,K);    %非线性变换函数
yplod0=s1*reshape(ytd,M,P);          %LOD数据
yplod0=yplod0.*para.symbinf;          %正确码元匹配输出
yplod1=-yplod0;            %数据
%%--------无模糊相位信号---MLD-----------
zt0=ftGlob(yt1-st1,K);
zt1=ftGlob(yt1+st1,K);
ypmld0=sum(reshape(log(zt0),M,P));
ypmld1=sum(reshape(log(zt1),M,P));
%%-----------无模糊相位信号---考虑边界效应----------
%yt1=angle(rt1.*exp(-j*st1))+st1;
zt0=ftStd0(yt1-st1,K,0);
zt1=ftStd0(yt1+st1,K,0);
%prod表示各元素相乘
p0b=prod(reshape(sign(zt1),M,P));%对于错误假设H1
p0b=find(p0b==0);     %如果样本中有0，p0和p1处的统计量将被替换
%%------------考虑边界效应---MFD-----------
ybmfd0=s1*reshape(yt1,M,P);   %MFD数据
ybmfd0=ybmfd0.*para.symbinf; %正确码元匹配输出
ybmfd1=-ybmfd0;        %数据
ybmfd0(p0b)=1;           %para.symbinf(p0b);替换
ybmfd1(p0b)=-1;          %-para.symbinf(p0b);
%%-------------考虑边界效应---LOD-----------
ytd =-fdGlob(yt1,K)./ftGlob(yt1,K);     %非线性变换函数
yblod0=s1*reshape(ytd,M,P);          %LOD数据
```

```
yblod0=yblod0.*para.symbinf;              %正确码元匹配输出
yblod1=-yplod0;           %数据
yblod0(p0b)=1;            %para.symbinf(p0b);
yblod1(p0b)=-1;          %-para.symbinf(p0b);
%%%--------------考虑边界效应---MLD-----------
ybmld0=sum(reshape(log(zt0),M,P));
ybmld1=sum(reshape(log(zt1),M,P));
ybmld0(p0b)=1;           %para.symbinf(p0b);
ybmld1(p0b)=-1;          %-para.symbinf(p0b);
%%%----------模糊相位噪声------------
yt2=angle(rt1);           %模糊相位信号
%%%-------------MFD-----------
ywmfd0=s1*reshape(yt2,M,P);          %MFD数据
ywmfd0=ywmfd0.*para.symbinf;         %正确码元匹配输出
ywmfd1=-ywmfd0;                      %数据
%%%------------LOD-----------
ytd =-fdGlob(yt2,K)./ftGlob(yt2,K);   %非线性变换函数
ywlod0=s1*reshape(ytd,M,P);           %LOD数据
ywlod0=ywlod0.*para.symbinf;          %正确码元匹配输出
ywlod1=-ywlod0;                       %数据
%%%------------MLD-----------
zt0=ftWrap(yt2-st1,K,+st1);
zt1=ftWrap(yt2+st1,K,-st1);
ywmld0=sum(reshape(log(zt0),M,P));
ywmld1=sum(reshape(log(zt1),M,P));
%%%----------检测与判决----------
test0=[ypmfd0; yplod0; ypmld0; ybmfd0; yblod0; ybmld0; ywmfd0; ywlod0;
ywmld0 ];%0
test1=[ypmfd1; yplod1; ypmld1; ybmfd1; yblod1; ybmld1; ywmfd1; ywlod1;
ywmld1 ];%1
for itest=1:length(test0(:,1))
code_dect=max(sign(real(test0(itest,:)-test1(itest,:))),0);       %统计次数
numoferr= P-sum(code_dect);       %如果与发射码不相等，则为误码
if mtcl==1
if itest==1
%%%---------对于不考虑边界效应的LOD，用真值计算----------
for m=1:length(s1)
```

```
t0=(-1: 1e-4:1)*pi;dt=t0(2)-t0(1);            %坐标轴与间隔
ft0 = ftGlob(t0,K);                           %计算PDF的子程序
fd0 = fdGlob(t0,K);                           %计算PDF导数的子程序
gt0 =-fd0./ft0;                               %全局非线性变换函数
%利用非线性变换函数计算均值、能量、方差
Emlod(1,m)= gt0* ftGlob(t0-B*s1(m),K)'*dt;    %计算均值
Pmlod(1,m)= gt0.^2* ftGlob(t0-B*s1(m),K)'*dt; %计算能量
Vmlod(1,m)= Pmlod(1,m) - Emlod(1,m)^2;        %计算方差
end
%利用非线性变换函数计算统计量
ETlodu(ia,ib)= Emlod*s1';          %均值
VTlodu(ia,ib)= Vmlod*(s1.^2)';     %方差
RTlodu(ia,ib)= ETlodu(ia,ib)/sqrt(VTlodu(ia,ib));   %检测信噪比的根
%%----------对于考虑边界效应的LOD----------
for m=1:length(s1)
t0=(-1: 1e-4:1-abs(2*B*s1(m))/pi)*pi;    %定义自变量的坐标轴与间隔
ft0 = ftStd0(t0,K,0);     %计算PDF的子程序
%计算均值、能量、方差
Emmfd(1,m)= ft0* t0'*dt;          %计算均值
Pmmfd(1,m)= ft0* (t0.^2)'*dt;     %计算能量
Vmmfd(1,m)= Pmmfd(1,m) - Emmfd(1,m)^2;     %计算方差
end
%利用局部噪声的均值和方差求检测统计量
ETmfdu(ia,ib)= B*s1*s1' + Emmfd*abs(s1)';      %统计量均值
%均值近似
ETmfda(ia,ib)=B*s1*s1'*(1-2*pi*ftStd0(pi,K,0))+2*B^2*pi*ftStd0(pi,K,0)*
(s1.*s1*abs (s1)');
VTmfdu(ia,ib)= Vmmfd*(s1.^2)';          %方差
RTmfdu(ia,ib)= ETmfdu(ia,ib)/sqrt(VTmfdu(ia,ib));      %检测信噪比的根
Attmfd(ia,ib)=B*sqrt((1-2*pi*ftStd0(pi,K,0))^2/(phas.D2) *s1*s1' ); %检测信噪比的
根的近似
%%----------不考虑边界效应时的误码率计算----------
snrLOD=SNRLapprx(K);     %LOD对应的效能，无模糊相位噪声下的效能函数
近似
Eloa(ia,ib)=snrLOD;
%LOD下的误码率
theo_lodu (ia,ib)=qfunc( RTlodu(ia,ib) ) ;     %使用真值计算
```

```
    %MFD下的误码率
    theo_mfdu (ia,ib)=qfunc( sqrt(B^2 * s1*s1' ) *sqrt(1/phas.D2 ));
    %%----------考虑边界效应时的误码率计算----------
    %边界效应
    theb_bndr(ia,ib)=prod( Fcphs( pi-abs(B * (s1-(-s1)) ) ,K,0) );    %各元素相乘，此时
有样本在边界外
    theb_qemld(ia,ib)=qfunc(B*sqrt( s1*s1'*phas.Eff(1,1)));              %所有样本在边界内
时的局部最优检测
    Eff_LOD(ia,ib)=phas.Eff(1,1);      %17*5
    Eff_MFD(ia,ib)=phas.Eff(2,1);
    theb_lodu(ia,ib)=theb_qemld(ia,ib)*theb_bndr(ia,ib);            %考虑边界效应时的
总误码率，使用LOD得到
    theb_qemfd(ia,ib)=qfunc( RTmfdu(ia,ib) );
    theb_mfdu(ia,ib)=theb_qemfd(ia,ib)*theb_bndr(ia,ib);            %使用MFD得到的总
误码率
    theb_qemfd(ia,ib)=qfunc( Attmfd(ia,ib) );
    bap1_mfdu(ia,ib)=theb_qemfd(ia,ib)*theb_bndr(ia,ib);
    %%----------模糊相位噪声---LOD与MFD----------
    pwta=TstWrap(K,B,s1);              %计算统计量
    snrMFDw=SNRKapprx(K);         %模糊相位噪声下的线性效能函数近似
    snrLOD=SNRLapprx(K);           %无模糊相位噪声下的效能函数近似
    theo_lodw(ia,ib)= qfunc( sqrt(B^2 * s1*s1' ) *sqrt(snrLOD)) ;
    theo_mfdw(ia,ib)= qfunc( (pwta.Tsnr(1,1)));
    end
    end
    switch itest
    case 1        %无边界时的MFD
    simu_mfdu(ia,ib)=(simu_mfdu(ia,ib)*(mtcl-1)+numoferr/P)/mtcl;
    case 2        %无边界时的LOD
    simu_lodu(ia,ib)=(simu_lodu(ia,ib)*(mtcl-1)+numoferr/P)/mtcl;
    case 3        %无边界时的MLD
    simu_mldu(ia,ib)=(simu_mldu(ia,ib)*(mtcl-1)+numoferr/P)/mtcl;
    case 4        %有边界时的MFD
    simb_mfdu(ia,ib)=(simb_mfdu(ia,ib)*(mtcl-1)+numoferr/P)/mtcl;
    case 5        %有边界时的LOD
    simb_lodu(ia,ib)=(simb_lodu(ia,ib)*(mtcl-1)+numoferr/P)/mtcl;
    case 6        %有边界时的MLD
```

```
       simb_mldu(ia,ib)=(simb_mldu(ia,ib)*(mtcl-1)+numoferr/P)/mtcl;
       case 7        %模糊的MFD
       simu_mfdw(ia,ib)=(simu_mfdw(ia,ib)*(mtcl-1)+numoferr/P)/mtcl;
       case 8        %模糊的LOD
       simu_lodw(ia,ib)=(simu_lodw(ia,ib)*(mtcl-1)+numoferr/P)/mtcl;
       case 9        %模糊的MLD
       simu_mldw(ia,ib)=(simu_mldw(ia,ib)*(mtcl-1)+numoferr/P)/mtcl;
       end
       %%-------均值和方差的近似值和理论值----
       switch itest
       case 1        %无边界时的MFD
       mean_mfdu(ia,ib)=(mean_mfdu(ia,ib)*(mtcl-1)+
mean(test0(itest,:))   )/mtcl;   %Unwrapped MF
       var_mfdu(ia,ib)=(var_mfdu(ia,ib)*(mtcl-1)+
var(test0(itest,:))   )/mtcl;       %Unwrapped MF
       case 2        %无边界时的LOD
       mean_lodu(ia,ib)=(mean_lodu(ia,ib)*(mtcl-1)+mean (test0(itest,:))   )/mtcl; %Unwrapped MF
       var_lodu(ia,ib)=(var_lodu(ia,ib)*(mtcl-1)+
var(test0(itest,:))   )/mtcl;       %Unwrapped MF
       if var_lodu(ia,ib)==0
       break
       end
       end
       end
       end
       end
       save data19926_BndrBer5000 SNRag SNRbg   theo_mfdu theo_lodu simu_mfdu
simu_lodu simu_mldu theb_mfdu theb_lodu simb_mfdu simb_lodu simb_mldu simu_mfdw
simu_lodw simu_mldw
       BER_iter_show=[theo_mfdu theo_lodu   simu_mfdu simu_lodu simu_mldu   simu_mfdw
simu_lodw simu_mldw]
       end
       %%-------结合匹配滤波的讨论-------
       figure(1);        %无模糊相位噪声，不考虑边界效应
       semilogy(SNRag,theo_mfdu(:,1),'-rx',SNRag,simu_mfdu(:,1),'-gs',
SNRag,simu_mldu(:,1),':ko',...
       SNRag,theo_mfdu(:,2:end),'-rx',SNRag,simu_mfdu(:,2:end),'-gs',
```

```
SNRag,simu_mldu(:,2:end),':ko','linewidth',2)
    xlabel('K');ylabel('误码率');grid on;ylim([1e-10 1])
    legend('UwUb, MFD theo','UwUb, MFD simu', 'UwUb, MLD simu')
    figure(2);        %无模糊相位噪声，考虑边界效应
    semilogy(SNRag,theb_mfdu(:,1),'--rx',
SNRag,simb_mfdu(:,1),':gs',SNRag,simb_mldu(:,1),':ko',...
    SNRag,theb_mfdu(:,2:end),'--
rx',SNRag,simb_mfdu(:,2:end),':gs',SNRag,simb_mldu(:,2:end),':ko', 'linewidth',2)
    xlabel('K');ylabel('误码率');grid on;ylim([1e-15 1])
    legend('UwuB, MFD theo','UwuB, MFD simu', 'UwuB, MLD simu')
    %%-------效能函数仿真-------
    %Eff_LOD(ia,ib)=phas.Eff(1,1);    %17*5
    %Eff_MFD(ia,ib)=phas.Eff(2,1);
    %Eloa(ia,ib)=snrLOD;
    figure(3);semilogy(SNRag,Eff_LOD(:,1),'-go',SNRag,Eff_MFD(:,1),'-bx',
'linewidth',2)
    xlabel('K');ylabel('Elou、Eliu');grid on;ylim([1e-4 1])
    legend('Eff-LOD','Eff-MFD')
    %观察效能函数的近似情况
    figure(4);semilogy(SNRag,Eff_LOD(:,1),'-go',SNRag,Eloa(:,1),'-rx', 'linewidth',2)
    xlabel('K');ylabel('Elou、Eloa');grid on;ylim([1e-4 1])
    legend('Eff-LOD','Eff-loa')
    %误差分析
    figure(5);plot(SNRag,Eloa(:,1)./Eff_LOD(:,1),'-r', 'linewidth',2)
    xlabel('K');ylabel('Eloa/Elou');grid on;ylim([1e-4 1])
    %legend('Eff-LOD','Eff-loa')
    %%-------误码率仿真-------
    %theb_lodu(ia,ib)
    %theb_mfdu(ia,ib)
    %bap1_mfdu(ia,ib)
    figure(6);        %无模糊相位噪声，考虑边界效应
    semilogy(SNRag,theb_mfdu(:,1),'-rx',SNRag,bap1_mfdu(:,1),'-bx',
SNRag,theb_lodu(:,1),'-gs',SNRag, simb_mfdu(:,1),':ko',SNRag,simb_lodu(:,1),
':bo',SNRag,simb_mldu(:,1),':co',...
    SNRag,theb_mfdu(:,2:end),'-rx',SNRag,bap1_mfdu(:,2:end),'-bx',
SNRag,theb_lodu(:,2:end),'-gs',SNRag, simb_mfdu(:,2:end),':ko',
SNRag,simb_lodu(:,2:end),':bo',...
```

```
SNRag,simb_mldu(:,2:end),':co','linewidth',2)
xlabel('K');ylabel('误码率');grid on;ylim([1e-10 1])
legend('UwUB, MFD theo','UwUB, MFD app','UwUB, LOD theo','UwUB, MFD
simu','UwUB, LOD simu','UwUB, MLD simu')
%theo_lodu (ia,ib)
%theo_mfdu (ia,ib) simu_mfdu simu_lodu
figure(7);      %无模糊相位噪声，不考虑边界效应
semilogy(SNRag,theo_mfdu(:,1),'-rx',SNRag,theo_lodu(:,1),'-gs',
SNRag,simu_mfdu(:,1),':ko',SNRag, simu_lodu(:,1),':go',SNRag,simu_mldu(:,1),':bo',...
    SNRag,theo_mfdu(:,2:end),'-rx',SNRag,theo_lodu(:,2:end),'-gs',
SNRag,simu_mfdu(:,2:end),':ko', SNRag,simu_lodu(:,2:end),
':go',SNRag,simu_mldu(:,2:end),':bo','linewidth',2)
xlabel('K');ylabel('误码率');grid on;ylim([1e-10 1])
legend('UwUb, MFD theo','UwUb, LOD theo','UwUb, MFD simu','UwUb, LOD
simu','UwUb, MLD simu')
%%-------误码率仿真-------
%theo_lodw(ia,ib)   theo_mfdw     simu_mfdw simu_lodw
%app1_mfdw(ia,ib)= qfunc( pwta.Tsnr(1,3) ) ;
figure(8);      %模糊相位噪声
 semilogy(SNRag,theo_mfdw(:,1),'-rx',SNRag,theo_lodw(:,1),'-gs',
SNRag,simu_mfdw(:,1),':ko', SNRag,simu_lodw(:,1),':go',...
    SNRag,theo_mfdw(:,2:end),'-rx',SNRag,theo_lodw(:,2:end),'-gs',
SNRag,simu_mfdw(:,2:end),':ko', SNRag,simu_lodw(:,2:end),':go','linewidth',2)
xlabel('K');ylabel('误码率');grid on;ylim([1e-10 1])
legend('wrap, MFD theo','wrap, LOD theo','wrap, MFD simu','wrap, LOD simu')
%%-------------- SNRLapprx -------------
function Dk=SNRLapprx(Kg)
%近似计算信噪比中与K有关的系数，可用于LOD的效能近似计算
%所需系数
cove=[16    17   -232   -903   -278]/1000;      %用于exp运算
Dk=zeros(1,length(Kg));   %方差初始化
for ik=1:length(Kg)
K=Kg(ik);
K1=0.3;
K2=30;
if K<=K1 %K<=1
Dk=pi/2*K;
```

```
elseif K>=K2; %K>=10
Dk=2*K;
else
Dk=1.673*K^(1.0525);
Dk=1.67*K^(1.05);
end
end
end
```

参 考 文 献

[1] Luo Zhongtao, Zhan Yanmei, Edmond J. Analysis on Functions and Characteristics of the Rician Phase Distribution[C]//2020 International Conference on Communications in China(ICCC), Chongqing, China: IEEE Press, 2020:306-311.

[2] Kay S M. 统计信号处理基础：估计与检测理论[M]. 罗鹏飞, 等译. 北京：电子工业出版社, 2014.

[3] Tonolini F, Adib F. Networking Across Boundaries: Enabling Wireless Communication Through the Water-Air Interface[C]//The 2018 Conference of the ACM Special Interest Group. ACM, 2018.

[4] Luo Zhongtao, Zhan Yanmei, Zhang Yangyong. Analysis of the Boundary Effect on Signal Detection in Unwrapped Phase Noise[C]//2020 International Conference on Information Communication and Signal Processing(ICICSP), Shanghai, China: IEEE Press, 2020:63-68.